城乡空间
协调生长机制及规划方法
——以渭南为例

程芳欣　张　沛　著

中国建筑工业出版社

图书在版编目（CIP）数据

城乡空间协调生长机制及规划方法：以渭南为例 / 程芳欣，张沛著. —北京：中国建筑工业出版社，2019.8
ISBN 978-7-112-23892-7

Ⅰ. ①城… Ⅱ. ①程… ②张… Ⅲ. ①城乡规划 — 空间规划 — 研究 — 渭南 Ⅳ. ① TU984.241.3

中国版本图书馆CIP数据核字（2019）第129123号

本书以西北地区中等城市区域城乡空间协调为研究对象，以渭南为例，构建了城乡空间网络、城乡空间生长复合中枢与城乡空间单元耦合的结构模式，阐述了相应空间要素的协调机制，初步建立了（泛）“多规合一”视域下城乡空间一体的规划技术方法体系，提出了城乡空间协调生长的技术框架和制度框架。

本书可为西北地区及其他地区城乡空间规划编制和管理工作提供借鉴，适合广大城乡规划、人居环境、乡村复兴工作者参考。

责任编辑：许顺法
责任校对：张惠雯

城乡空间协调生长机制及规划方法——以渭南为例
程芳欣　张　沛　著
*
中国建筑工业出版社出版、发行（北京海淀三里河路9号）
各地新华书店、建筑书店经销
北京点击世代文化传媒有限公司制版
北京建筑工业印刷厂印刷
*
开本：787×1092毫米　1/16　印张：15¼　字数：288千字
2019年10月第一版　2019年10月第一次印刷
定价：69.00元
ISBN 978-7-112-23892-7
（34190）

版权所有　翻印必究
如有印装质量问题，可寄本社退换
（邮政编码 100037）

自 序

当前，我国正处于城镇化中后期，城乡关系由城市主导型向城乡双向型转变。但从全国范围来看，东西部地区、大中小城市发展差异巨大，东部先发地区已转向“城乡一体化”阶段，西北地区中小城市的城乡地位仍难以对称。因此，城乡二元融合为一元的路径仍然需要有针对性地进行探索。

在西部大开发的第一个十年里，西北地区整体得到了迅猛发展。但对中等城市来说，工业化和城镇化对城乡空间发展的带动也显现出一些阶段特征。从中等城市整体来看，能源型城市迅速崛起，但产业结构极不平衡，半数的中等城市刚刚脱离工业化初期阶段。从城镇体系上看，西北地区城市首位度普遍较高，人口规模分布不平衡，人口流向大城市与特大城市，城镇体系极化明显。虽然国家大力进行政策扶持，但工业发展有其自身的市场经济规律，企业选址对区位、交通、劳动力、技术、资本等因素均有一定要求。东部地区在土地上仍余有一定承载空间，并不需要将向西进行“梯度转移”作为背水一战。在与大城市、特大城市的产业资源争夺中，中等城市除土地成本外，各种要素均不占优势，工业化倍感乏力。同时，中等城市二三产业转型升级缓慢，无法提供更多薪酬优厚的工作岗位，市域人口外迁现象严重。

非农产业发展是城镇化中期乡村地区发展的重要途径，在沿海地区，农村集体企业、民营企业积极推动了这一地区农村发展，但非农产业的发展需要中心城市技术投入和消费市场作为支撑。西北地区中等城市尚且自身营养不良，更难以带动市域面积巨大的乡村地区发展。缺乏人才、技术和资本的农村地区，严重缺乏自我造血能力，无法形成自下而上的发展模式。

西北地区中等城市在上一轮发展中收益并不丰厚，还同时背负着“小马拉大车”的城乡统筹使命，因此必须寻找适宜的城乡协调模式。

“五位一体”总体布局明确指出了经济建设、政治建设、文化建设、社会建设、生态文明建设在全面建设小康社会中的重要作用，同时也指明了文化、生态作为区域发展带动力的重要价值。生态和文化既是建设任务，也赋予了区域新的动力。“五化同步”

成为城乡空间协调发展的重要支撑点。

在新的城镇化阶段，需要更好地挖掘在地资源，使中等城市焕发新的动能。市域面积广大的乡村地区，唯有在农业产业化过程中减少人口规模、调整人口的年龄结构，才能发挥乡村空间的生态、农业和文化功能。生态农业＋乡村旅游这一乡村发展的普遍模式，只有城市近郊农业产业化水平高的村庄和具有地方文化资源的村庄，才有实施空间……

因此，需要深入研究西北地区中等城市城乡空间生长的协调机制，并形成与自身城乡一体化发展阶段相匹配的规划方法体系，促进城乡空间发展转型。本书将中心城市及其周边的小城镇、乡村地区作为一个有机整体，按照整体协调生长的思路控制相关要素，使中心城区与周边各乡镇、村在经济、社会和自然生态环境等方面优势互补、融为一体，形成市域城乡统筹发展的带动区域。

本书首先对国内外城乡空间协调生长的基础理论和相关研究进行了总结；基于可持续的城乡空间“美好图景”的探求，分析了经典理论与实践案例，从中梳理了“美好”城乡空间的典型特征；从普遍价值观的公平与效率出发，探讨了城市规划视角下城乡空间生长的协调目标；并对西北地区中等城市区域城乡空间的价值进行了再审视，在此基础上建立了以目标导向、全程评价、机制设计、规划方法于一体的西北地区中等城市区域城乡空间协调生长的规划框架。

其次，检讨了西北地区中等城市区域城乡空间协调生长的问题，并对渭南中心城市区域城乡空间生长的协调性进行了评价，认为“中心城市区域”是一个城乡高度一体化的区域，比“全域”更加适合西北地区中等城市目前的城乡一体化发展阶段，应将其作为现阶段城乡空间的重点协调区域,引导城乡空间有序融合,带动市域城乡统筹。

研究将城乡空间生长的协调过程作为城乡空间的再生产过程，为引导要素重组并形成城乡空间利益协同的空间载体，构建了城乡空间网络、城乡空间生长复合中枢与城乡空间单元耦合的结构模式，阐述了相应空间要素的协调机制。在回顾传统规划方法的基础上，建立了（泛）“多规合一”视域下城乡空间一体的规划技术方法体系，从技术流程、技术准则和技术手段三个方面提出了城乡空间协调生长的技术框架，并从中心城市区域整体协调和城乡空间单元内部协调两个层面，进一步细化了渭南中心城市区域空间生长协调的重点；从编制过程调整、经济手段创新、行政管理协调和法律途径保障等四个方面提出了渭南城乡空间协调生长的制度框架。

目　录

1

绪　论

1.1　背景、目的与意义

1.1.1　研究背景

（1）理论背景：新型城镇化背景下已有研究方法的不适应性

《国家新型城镇化规划（2014—2020年）》提出了以人的城镇化为核心，强调了小城镇及农村的就地城镇化，强调“把加快发展中小城市作为优化城镇规模结构的主攻方向”①。城乡空间是城乡经济、结构的空间投影，城乡经济、社会结构的变化必然导致城乡空间结构变化，迫切需要加强城乡空间协调发展，使其与新型城镇化相适应。过去具有“城市偏向”的规划方法难以解决城乡发展新阶段所遇到的问题，而现有的城乡空间机制与规划方法的研究成果在地域类型上以东部居多，在研究区域上大多为全域规划，在协调机制的构建上与西北中等城市的城乡一体化发展阶段不能完全匹配，而针对中等城市区域的城乡空间协调生长理论与方法体系也需要相应地进一步补充完善。

（2）实践背景：西北地区中等城市对城乡空间协调生长理论与方法的现实需求

快速发展的中心城市需要强大的腹地为载体，而乡村也需要中心城市的发展带动，在产业发展、空间协调和生态建设上，城乡都互为需求。目前西北地区中等城市普遍处于城乡初步一体化向中度一体化过渡阶段，中心城市区域作为一个相对完整的地域空间单元，涵盖了中心城区、城乡结合部、小城镇、工业园区、村庄等各种人居环境类型，既包含“城”的部分，也包含“乡”的部分，其区域规模、辐射半径、功能构成，最有利于目前城乡一体化发展阶段空间协调目标的实现，因此也需要相对应的城乡空

① 中华人民共和国国务院．国家新型城镇化规划（2014 — 2020年）[R]．2014．

间协调生长理论与方法进行指导。

1.1.2 研究目的

通过对国内外城乡空间协调生长等相关理论和实践的研究总结，为城乡空间协调生长在规划编制和实施管理等方面提供理论支撑。

通过对西北地区中等城市区域城乡空间协调生长现状问题的总体分析，以及渭南中心城市区域城乡空间协调生长现状问题的具体分析，更加理性地把握西北地区中等城市区域城乡空间协调生长的普遍特征。

通过对城乡空间协调生长因子的选择与协调生长机制的设计，探索西北地区中等城市及渭南中心城市区域城乡空间协调生长的机制体系。

系统总结、整理出一整套适用于西北地区中等城市及渭南中心城市区域城乡空间协调生长的规划方法，指导其空间规划。

1.1.3 研究意义

目前对于西北地区中等城市城乡空间发展理论与方法的深入、系统研究尚显不足。具体体现在：一方面，许多城乡空间发展研究成果在全国普适性的基础上有很多不适应西北地区中等城市具体情况的地方；另一方面，针对西北地区的大量研究尚未形成完整的理论体系，从科学性、系统性上都不能满足西北地区中等城市区域城乡空间理论与实践快速发展的需要。基于这些现实状况，需要有针对西北地区中等城市城乡空间发展的现状特征，兼具理论与实践价值的系统性、创新性研究成果。

（1）理论意义

1）探讨城乡空间协调生长的动力机制

在网络化发展的城乡空间结构模式的基础上，进一步探讨西北地区中等城市区域城乡空间协调生长的动力机制。通过对新形势下城乡空间发展现状与趋势的分析，进一步探讨城乡空间关联作用的机制，形成解决城乡空间协调生长问题的方法论体系。

2）补充与完善城乡空间协调生长等相关理论与方法

紧扣《城乡规划法》和《城市规划编制办法》的相关内容，在此基础上进行城乡空间协调生长理论与实践的探索,形成相应的理论与方法体系,指导城乡空间发展实践。

（2）实践意义

1）重组城乡空间关系

以新的发展视角来看待城乡关系，改变长期以来的城乡二元结构，有利于正确处理城市化过程中的公平与效率、集聚与扩散问题，形成区域发展的“合力”，提高区域系统生产力，有利于增强区域综合竞争力，营造和谐城乡关系。

2）优化城乡空间结构

以新的空间模式来优化城乡空间结构，可拓宽城乡发展空间，提高城乡经济发展的整合度和空间经济的组织化程度，促进城乡空间结构的高度化，并有效改善城乡人居环境质量。

3）整合城乡设施网络

以网络体系来整合城乡空间的各种资源，可消除城乡发展壁垒，使城乡各类生产要素按照市场经济的原则自由流动，在市场作用力和政府有效干预下，保持城乡双向流动趋势，重构产业发展网络、基础设施与公共服务设施网络。

4）改善城乡生态环境

从城乡生态空间整体出发，将城市与乡村两个系统通过耦合形成“城乡融合体”，可充分发挥中心城市外围广大乡村腹地的生态效益，营造具有不同景观特质的空间，并通过社会、经济和自然三者的和谐，实现城乡空间生态和谐。

5）协调城乡空间管理

以综合协调的机构部门来提升区域生长管理的综合协调能力，改变目前城与乡规划与实施各自为政的局面。

1.2 概念界定

1.2.1 西北地区中等城市

我国地域有自然区划、地理区划、经济区划等多种划分方法，我国先后实施过多套区划方案。2000 年我国政府提出的西部大开发战略部署中的地域范围包括重庆市等 12 个省（自治区、直辖市）。2005 年，国务院发展研究中心将“十一五”期间内地划分为四大板块、八大综合经济区，陕西、内蒙古、青海、宁夏、西藏、新疆分属两大经济区。《中国统计年鉴》与《中国城市建设统计年鉴 2013》也有不同的地区划分。

研究主要参考《中国统计年鉴》中的区域划分，书中“西北地区”包括陕西省、甘肃省、青海省、宁夏回族自治区、新疆维吾尔自治区等五个省（自治区、直辖市）（表 1-1）。

《中华人民共和国城乡规划法》（2008）对城市按照规模进行了划分，2014 年国务院《关于调整城市规模划分标准的通知》对原有标准进行了调整。在统计口径上，旧标准为市区和近郊区非农业人口，新标准为城区常住人口；在规模划分上，新标准对旧标准的小城市和大城市进行了细分（表1-2）。

中国统计年鉴中的地区划分（部分） 表1-1

年鉴名称	地区	省（自治区、直辖市）
中国统计年鉴2013 中国统计年鉴2014	华北地区	北京、天津、河北、山西、内蒙古
	东北地区	辽宁、吉林、黑龙江
	西北地区	陕西、甘肃、青海、宁夏、新疆

资料来源：
根据中华人民共和国统计局．中国统计年鉴2013[Z]．北京：中国统计出版社，2013．
中华人民共和国统计局．中国统计年鉴2014[Z]．北京：中国统计出版社，2014．总结绘制

新旧城市规划划分标准比较 表1-2

城市人口规模划分标准	《中华人民共和国城乡规划法》(2008)	《关于调整城市规模划分标准的通知》(2014)	
20万以下	小城市	小城市	Ⅱ型
20万-50万	中等城市		Ⅰ型
50万-100万	大城市	中等城市	
100万-300万		大城市	Ⅱ型
300万-500万			Ⅰ型
500万-1000万		特大城市	
1000万以上		超大城市	

资料来源：根据《中华人民共和国城乡规划法》(2008)、《关于调整城市规模划分标准的通知》(2014)总结绘制

对《中国城市建设统计年鉴2013》中2013年城区人口进行统计，以新划分标准进行归类，西北五省均出现了不同程度的断层（图1-1、图1-2）。比较新旧划分标准，根本性区别在于新划分标准重点对原标准中的大城市进行了细分，而对于20万-50万人口城市来说，新旧标准只是名称不同。相对于东部地区，西北地区城市数量少、密度低，城市整体规模偏小，尤其大城市、特大城市数量少，20万-50万人口城市在城镇体系中占据着承上启下的"中间地位"。因此，本书中的"中等城市"，指城区常住人口20万-50万的城市，共有21个，占西北地区城市总数的32.3%（表1-3）。

西北地区各省（自治区）中等城市及其人口规模 表1-3

省（自治区）	中等城市及人口规模（万人）	中等城市数量（个）
陕西	铜川（39.36）、渭南（42.00）、延安（28.64）、汉中（38.04）、榆林（26.00）、安康（30.55）	6
甘肃	白银（36.27）、武威（31.40）、平凉（28.40）、酒泉（23.63）、临夏（20.81）	5
青海	—	0

续表

省（自治区）	中等城市及人口规模（万人）	中等城市数量（个）
宁夏	石嘴山（42.10）、吴忠（20.32）	2
新疆	克拉玛依（27.47）、哈密（24.83）、昌吉（23.23）、库尔勒（28.61）、阿克苏（31.16）、喀什（23.98）、伊宁（32.20）、石河子（27.50）	8

资料来源：根据中华人民共和国住房和城乡建设部．中国城市建设统计年鉴 2013[Z]．北京：中国统计出版社，2014．统计绘制

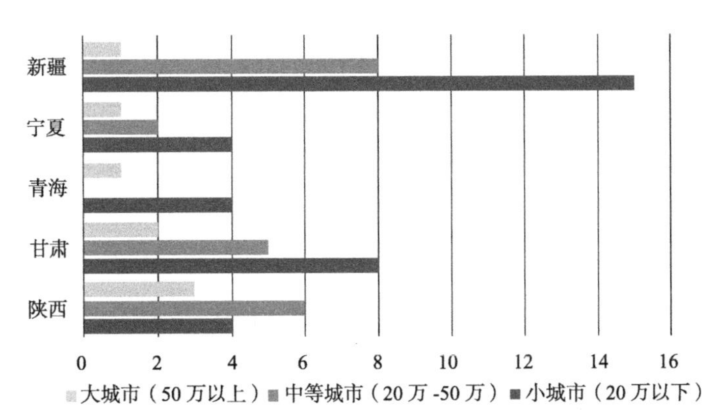

图 1-1　西北地区城镇体系结构（2013 年）（旧城市规模划分标准）

资料来源：根据中华人民共和国住房和城乡建设部．中国城市建设统计年鉴 2013[Z]．北京：中国统计出版社，2014．统计绘制

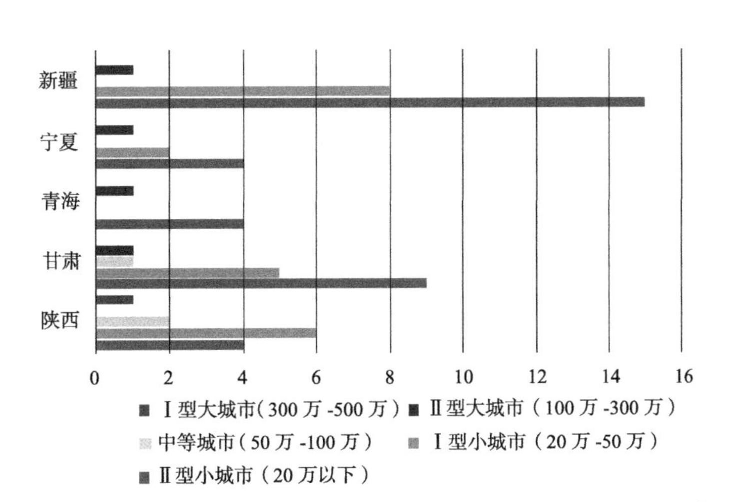

图 1-2　西北地区城镇体系结构（2013 年）（新城市规模划分标准）

资料来源：根据中华人民共和国住房和城乡建设部．中国城市建设统计年鉴 2013[Z]．北京：中国统计出版社，2014．统计绘制

1.2.2　中心城市区域

《中华人民共和国城乡规划法》（2008）中明确“规划区”是指“城市、镇和村庄的建成区以及因城乡建设和发展需要，必须实行规划控制的区域”，中心城区是“以城

镇主城区为主体，并包括邻近各功能组团以及需要加强土地用途管制的空间区域”①。

“规划区”侧重空间的整体管控，相对于其他区域，它具有更强的法律约束力；“中心城区”是一个土地利用全覆盖的区域，强调对未来土地使用准确的引导和约束。它们虽具有一定的城乡空间协调作用，但以空间生长过程中城乡关系最为紧密以及城乡矛盾最为突出为标准，它们均不是西北中等城市城乡空间生长的最佳协调区域。“中心城市区域”更加强调中心城区功能的完整性与城乡空间的关联性，是应用“核心—外围”理论模式对城乡空间关系进行协调的有效区域。

因此，本书“中心城市区域”指中等城市所在的城乡高度一体化的区域，为中心城区及其城市集中建设区，包括中心城市已建成区和规划中确定的新城、新区及各类开发区，组团式城市的主城和副城，以及中心城市周边与城市关系密切的乡镇、村庄，不包括外围独立发展的县城、县级市。

对这一区域进行研究，旨在将中心城区及外围小城镇、乡村地区作为一个有机整体，按照整体协调生长的思路控制相关要素，使中心城区与周边各乡镇、村在经济、社会和自然生态环境等方面优势互补、融为一体，形成市域城乡统筹发展的带动区域。

1.2.3 城乡空间协调生长机制

（1）城乡空间

《城市规划基本术语标准》对城乡空间的理解主要是从居民点角度出发，明确提出“人类按照生产和生活需要而形成的集聚定居地点。按性质和人口规模，居民点分为城市和乡村两大类”②。杨培峰（2005）从实体概念出发，认为“城乡空间包括城市和乡村聚落以及与之生活、生产活动密切相关、可以直接作用的自然环境范围”③。赵钢（2004）提出了“城乡整体生长空间（City-Rural Growth Space）”的概念，即“由城市实体空间和供城市实体空间生长发展的周围乡村腹地共同组成的区域空间。其中，城市实体空间（City Substance Space）一般指城市建成区，它既包括市区集中连片建成部分，也包括分布在郊区内但与市区关系密切的城镇建设用地；乡村腹地（Rural Hinterland Space）指与城市实体空间在生态、经济、社会、文化等方面紧密联系、相互影响的乡村空间”④。

（2）协调

涂序彦（2012）认为“协调意味着：协调和谐、友好协商、协同配合、齐心协力、

① 中华人民共和国城乡规划法 [R]. 2007.

② GB/T 50280—98. 城市规划基本术语标准 [S]. 中华人民共和国建设部，1998.

③ 杨培峰. 城乡空间生态规划理论与方法研究 [M]. 北京：科学出版社，2005：8.

④ 赵钢. 城乡整体生长空间的规划建设策略 [M]. 城市发展研究，2004（1）.

分工协作，取长补短、求同存异、相生相克、相辅相成，统筹兼顾、合理配置、合情合理、兼容并存，全局优化、综合集成，相互适应、和平共处、动态平衡、持续发展”[①]。

（3）生长

《现代汉语词典》定义生长为“①生物体在一定的生活条件下，体积和重量逐渐增加。②出生和成长”[②]。本书中借用生物学概念，将城乡空间作为一个生物体，认为“生长”是城乡空间存在的出生、成长、成熟、衰老、死亡等一系列生物学变化。

（4）机制

《中国百科大辞典》认为机制“原指机器的构造和动作原理。生物学和医学论述机能时借用此语，用以表示活动方式或发生过程，还含有原理的涵义。阐明一种生物功能的机制，意味着对它的认识从现象的描述进到本质的说明”[③]。《现代汉语大词典》认为机制“现已广泛应用于自然现象和社会现象，指其内部组织和运行变化的规律”[④]。《哲学百科小辞典》认为机制常用来“表征事物或系统的内在机理、内在联系和运动规律”[⑤]。

（5）城乡空间协调生长机制

本书中“城乡空间协调生长机制”，是指发现影响西北地区中等城市区域城乡空间演变的内在机理，并通过调整各因素之间的关系，促进空间资源在城乡之间合理分配，空间整体有序发展的过程。

1.2.4 规划方法

（1）一般性科学方法（表 1-4）

《科学方法辞典》认为方法是“人们在认识世界和改造世界的一切活动中所运用的各种途径、方式和手段的总称”[⑥]。“人类在认识世界和改造世界的各种活动中，总要确定一定的目的和达到目的的各种方法。目的与方法，是人类一切活动中不可或缺的两个方面。‘目的’是回答‘做什么’的问题，而‘方法’则是解决‘怎么做’的问题”[⑦]。《方法大辞典》认为方法是“人们认识世界和改造世界所应用的行为方式、程序及手段的总和”[⑧]。在作用上，《马克思主义辞典》认为“方法是人们达到认识、改造世界的桥梁”[⑨]。

① 涂序彦，韩力群，马忠贵．协调学 [M]．北京：科学出版社，2012.
② 中国社会科学院语言研究所词典编辑室．现代汉语词典 [M]．北京：商务印书馆，1983：1027.
③ 中国百科大辞典编委会．中国百科大辞典．北京：华夏出版社，1990：961.
④ 阮智富，郭忠新．现代汉语大词典・下册 [M]．上海：上海辞书出版社，2009，2024.
⑤ 刘文英．哲学百科小辞典 [M]．兰州：甘肃人民出版社，1987：500.
⑥ 王海山，王续琨．科学方法辞典 [M]．杭州：浙江教育出版社，1992：1-2.
⑦ 王海山，王续琨．科学方法辞典 [M]．杭州：浙江教育出版社，1992：1-2.
⑧ 刘蔚华，陈远．方法大辞典 [M]．济南：山东人民出版社，1991：9.
⑨ 许征帆．马克思主义辞典 [M]．长春：吉林大学出版社，1987：198.

方法的分类　表 1-4

分类角度	类型划分
一般划分	实践性（经验性）方法
	理论性方法
适用范围	适用于具体活动领域的特殊方法
	适用于众多活动领域或学科的一般方法
	适用于一切活动领域的最普遍的哲学方法
实践领域	科学方法、技术方法、生产方法、管理方法、文艺创作方法、教育和训练方法、医疗保健方法、社会交往方法、闲暇生活方法等

资料来源：根据王海山，王续琨．科学方法辞典 [M]．杭州：浙江教育出版社，1992：1-2．总结绘制

（2）城市规划方法

《交叉科学学科辞典》认为城市规划是一门建立在土木建筑工程知识基础上的科学技术，在 20 世纪 50 年代，现代城市矛盾空前尖锐，城市规划理论与实践吸收了社会学、人口学、法律学等学科的内容，“城市规划方法也引进了许多新内容，运筹学和系统工程学、数理统计和电子计算机新技术的应用，使城市规划学逐步由定性分析走向更科学的定量技术经济的比较阶段”①。

李惟科（2015）将城市规划方法分为了三个层次，第一层次是认识论的内容，可以看作是规划理论的外延；第二层次是方法论的内容，主要为达到规划目的的手段；第三层次是具体的规划方法，一般是结构现行规划体系和规划条件生成的策略②。

城市规划体系庞大，包括了制定、实施、修改、监督检查等过程，对应的规划方法内容繁多。本书中“规划方法”，是在城市规划、生态学、经济学、社会学等学科理论指导下，运用某项研究技术，为实现“促进西北地区中等城市区域城乡空间协调生长”这一规划目的，在规划编制过程中运用的规划途径、方式或手段。在研究层次上，本书也侧重于李惟科所述第二层次，即作为达到规划目的所使用的手段。规划方法包括技术流程、技术准则和技术手段。

1.3 研究思路

1.3.1 研究内容

本书的研究对象为西北地区中等城市区域城乡空间协调生长的机制和规划方法，

① 姜振寰．交叉科学学科辞典 [M]．北京：人民出版社，1990：493-495．

② 李惟科．城乡统筹规划方法 [M]．北京：中国建筑工业出版社，2015：7．

整体上按照“总—分—总”结构进行，对应前置研究、体系建构、研究总结等三部分内容，在体系建构部分，本书沿着“对象特点—问题指认—目标提炼—协调机制—方法策略”的逻辑展开。

第一部分是前置研究，包括第 1、2 章。

第 1 章以问题的提出为切入点，主要论述西北地区中等城市区域城乡空间协调生长研究的相关背景、目的和意义，总结西北地区中等城市区域城乡空间协调生长研究的现实性和必要性；并从研究内容、研究框架及研究方法上论述研究将如何展开。

第 2 章总结国内外研究现状，以期从城乡二元结构理论、城乡空间关系理论、区域空间发展理论等方面系统梳理城乡空间协调生长的相关理论基础，整理城乡空间关系演变的历史纵向、城乡空间生长的协调机制、城乡空间协调的规划方法等方面的已有研究方法和研究成果，并与西北中等城市城乡空间协调生长研究的主要问题进行比对，探寻本次研究的着力点。

第二部分是体系构建，为 3 ~ 7 章。

第 3 章基于西北地区中等城市区域城乡空间生长的现实，从城市、乡村和城乡空间整体等三个层面对其空间生长的现状进行关联分析，把握西北中等城市区域城乡空间协调生长的基本特征、主要问题以及导致这些问题的原因。

第 4 章对渭南中心城市区域城乡空间发展的特点进行总结，探讨渭南的典型性，在对相关评价方法进行总结的基础上，对渭南中心城市区域城乡空间生长进行定性与定量相结合的评价。

第 5 章基于对可持续的城乡空间“美好图景”的探求，从经典理论和实践案例中梳理“美好”城乡空间的典型特征，从公平与效率的关系中分析“美好”城乡空间的价值观，并对西北地区中等城市区域城乡空间的价值进行重新审视。

第 6 章按照从原理层面到实践层面的逻辑顺序，融合中心城市区域发展的现实动力机制和目标引导机制，对西北地区中等城市区域和渭南中心城市区域城乡空间协调生长机制进行设计。

第 7 章在对现有城市规划成果检讨的基础上，确立了渭南中心城市区域城乡空间协调生长的技术框架和制度框架。

第三部分是研究总结，为第 8 章。本章在总结全文主要内容的基础上，提出本书的主要结论与创新点，并展望后续研究需要进一步深化的内容。

1.3.2 研究框架

本书研究框架见图 1-3。

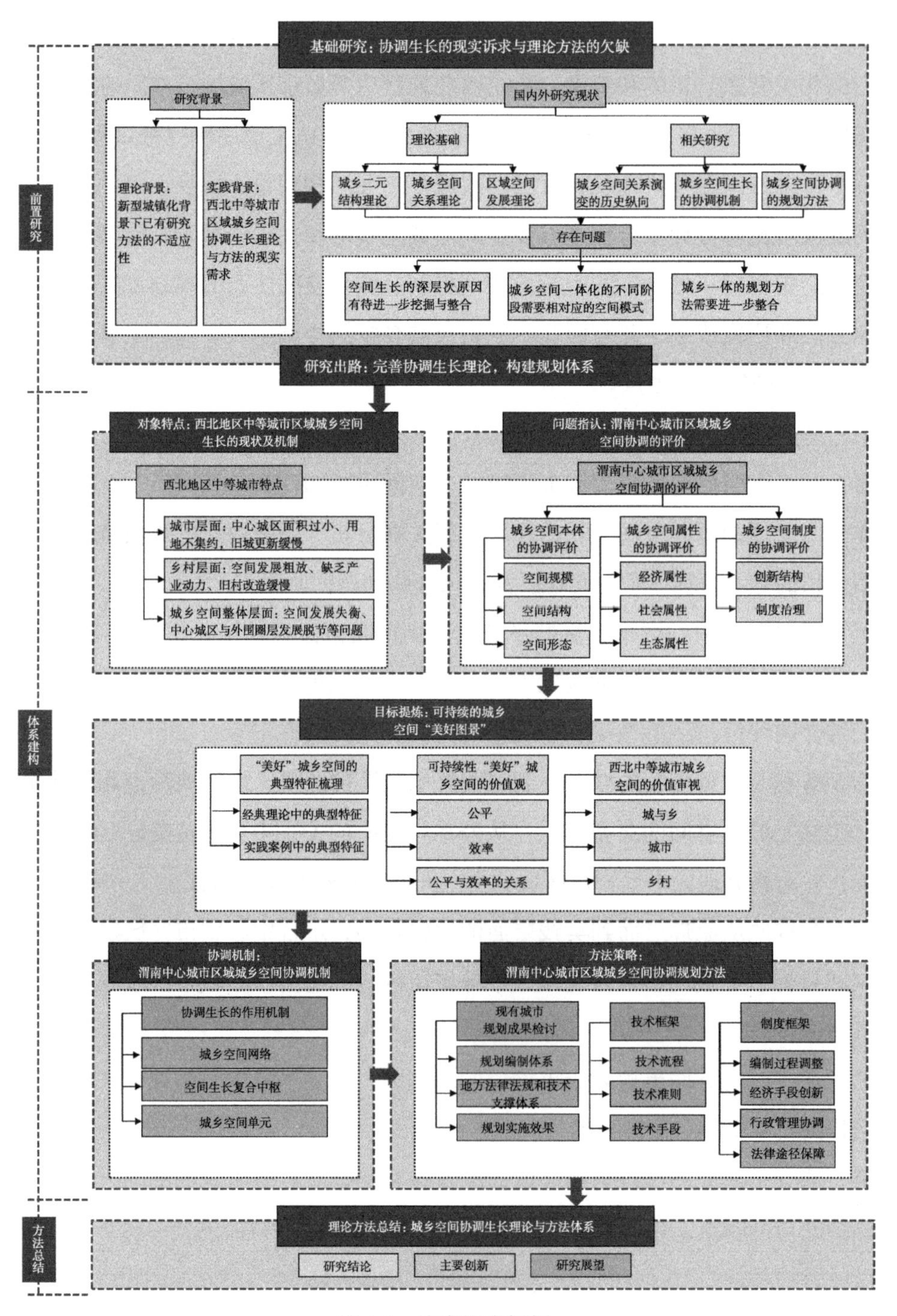

图 1-3 本书研究框架

1.3.3 研究方法

（1）现场调研，广泛收集与梳理相关资料

对西北典型地区及西北地区多个中等城市进行现场踏勘、发放问卷与部门访谈，并广泛收集和梳理与西北地区中等城市区域城乡空间演变相关的政策文件、统计年鉴、规划设计成果、研究报告等资料。

（2）文献阅读的方法

从历史演变、动力机制、规划方法等方面检索和查阅与西北地区中等城市区域城乡空间发展相关的文献，对相关理论与实践经验进行分析、归纳、总结，概括出西北地区中等城市区域城乡空间发展的规律与结论。同时，对国内外经典城乡空间发展理论与实践案例进行特征的梳理，提炼出适宜西北地区中等城市区域城乡空间发展的经验，为本书研究提供理论基础、方法基础与逻辑框架。

（3）定性与定量综合集成的方法

对西北地区中等城市区域城乡空间发展的阶段、城乡空间关联存在的问题及原因以及渭南中心城市区域城乡空间生长的协调性进行定性与定量的比较、分析、评价。

（4）理论与实践相结合的方法

有目的性和针对性地选取西北地区多个中等城市区域城乡空间做整体分析，明确共性特征及类型特征，同时基于渭南的典型性，对渭南做实证剖析，作为本次研究的结论支撑。通过相关理论和案例的整理，将城乡空间协调生长的理论和方法与西北地区的实证经验相结合，寻找可供指导西北地区中等城市城乡空间协调生长的规律性认识。

1.4 本章小结

本章以西北地区中等城市城乡空间协调生长问题的提出为切入点，论述了西北地区中等城市区域城乡空间协调生长研究的相关背景，认为新型城镇化背景下城乡空间关系转型，迫切需要加强城乡空间协调发展，使其与新型城镇化相适应，而西北地区中等城市区域也需要有相应的城乡空间协调生长理论与方法进行指导。本书的研究目的是通过对国内外研究现状、西北地区中等城市区域城乡空间发展问题的剖析，系统总结、整理出西北地区中等城市区域城乡空间协调生长的机制与规划方法，以指导其空间规划。本章还对研究的主要概念进行了界定，阐述了研究的主要思路。

2

相关理论基础及研究综述

2.1 相关理论基础

2.1.1 城乡二元结构理论

（1）城乡二元结构的提出

伯克（Burke J. H.）最早提出了“二元结构”，认为农村主要依靠劳动力生产，城市主要依靠机器生产,这种生产方式的不同决定了城乡二元结构社会[①]。“二元”是指“发展中国家普遍存在的以传统生产方式为主的农业部门和以现代生产方式为主的工业部门”[②]。

（2）刘易斯模式

刘易斯（Lewis W. A.）在《劳动无限供给条件下的经济发展》中提出了二元经济结构思想，后被称为刘易斯模式，也被称为无限过剩劳动力发展模式[③]。刘易斯提出了两个假设，一是发展中国家存在着以农业部门为代表的非资本主义部门和以工业部门为代表的资本主义部门，二是发展中国家人力资源丰富，现代产业部门在现行固定的工资水平上，可以得到所需的任何数量的劳动力，即“无限劳动力供给”[④]。

刘易斯模式“第一次提出发展中国家存在现代部门和传统部门的结构差异，把经济增长过程与工业化过程以及人口流动紧密结合在一起分析，为经济发展研究开创了结构分析方法，引致了后来各种二元经济结构理论的出现；把经济增长过程与劳动力

① Borke J. H. Economics and Economics Policy of Dual Societies as Exmplified by Indonesia[M]. New York: Institute of Pacific Relation，1953.

② 李冰. 二元经济结构理论与中国城乡一体化发展研究 [D]. 西安：西北大学，2010：7.

③ Lewis W. A. Eeonomic Development with Unlimited Supply of Labor[J]. The Manchester School of Economic and Social Studies，1954（5）：139-191.

④ 刘易斯. 二元经济论 [M]. 北京：北京经济学院出版社，1989.

转移有机地结合在一起，对发展中国家制定经济发展战略有重要参考意义；把经济增长过程中工业化与城市化联系在一起，认为劳动力职业转换与人口地域迁移是同一个过程，避免了城市化滞后和过度城市化问题”①。

（3）费景汉—拉尼斯模式

费景汉（Fei C. H.）和拉尼斯（Ranis G.）在《一个经济发展理论》中提出了二元经济发展模式，后被称为“费景汉—拉尼斯模式”，该模式认为发展中国家的二元经济结构转变需要经济三个阶段，第一阶段是在不变工资条件下的劳动力无限供给，类似于刘易斯模式；第二阶段农业部门的劳动者向工业部门转移过程中，由于农业剩余劳动力减少，粮价和工资上涨；第三阶段为农业商业化阶段，农业的劳动边际生产率已上升到不变制度工资以上，工业部门为了吸引更多的农业劳动力，需提高工资达到农业边界生产率水平，至此，农业部门与工业部门的工资水平达到平衡②③。

该理论强调了农业剩余劳动力转移对生产率提升的作用，为西北中等城市区域的人口转移模式提供了理论依据。

（4）托达罗模式

托达罗（Todaro M.P.）从城市存在大量失业现象出发，较早地解释了发展中国家城乡二元结构的现象，认为发展中国家农业劳动边际生产率始终是正值，农村不存在剩余劳动；农业劳动者迁入城市的意愿，取决于城乡预期收入差异和城市就业（失业）率④⑤。根据该理论，增加西北地区中等城市的就业机会，不仅仅要依靠城市工业扩张，还应当同时改善农村生活条件、充分发展农村经济。

2.1.2 城乡空间关系理论

（1）埃比尼泽·霍华德的“田园城市”理论（图 2-1）

埃比尼泽·霍华德（Ebenezer Howard）认为在快速城市化阶段，大城市的城市问题需要在更大范围内统筹解决，“引力”是吸引人口集聚的主要原因，只有建立新的“引力”来克服旧的“引力”，才可能重新分布人口。他认为集中了城市和乡村优点的聚居地是人们向往的理想聚居地，“可以把一切最生动活泼的城市生活的优点和美丽、愉快

① 李冰．二元经济结构理论与中国城乡一体化发展研究 [D]．西安：西北大学，2010：8.

② Fei C． H，Rains G． A Theory of Economics Development[J]． American Economic Revies，1961（9）：533-565.

③ 费景汉，拉尼斯．劳动剩余经济的发展 [M]．北京：经济科学出版社，1992.

④ Harris J． R，Todaro M． P． Migration Unemployment and Devlopment：A Two-sector Analysis[J]． American Economic Revies，1970（3）：126.

⑤ European Commison． Fact Sheet：Rural Development in the European Union[M]． European Commison，Brussels，2003.

的乡村环境和谐地组合在一起。这种生活的现实性将是一种‘磁铁’，它将产生大家梦寐以求的效果——人民自发地从拥挤的城市投入大地母亲的仁慈怀抱，这个生命、快乐、财富和力量的源泉”①。

1919年，田园城市协会定义田园城市是“为安排健康的生活和工业而设计的城镇，其规模要有可能满足各种社会生活，但不能太大；被乡村带包围；全部土地归公共所有或者托人为社区代管”②。

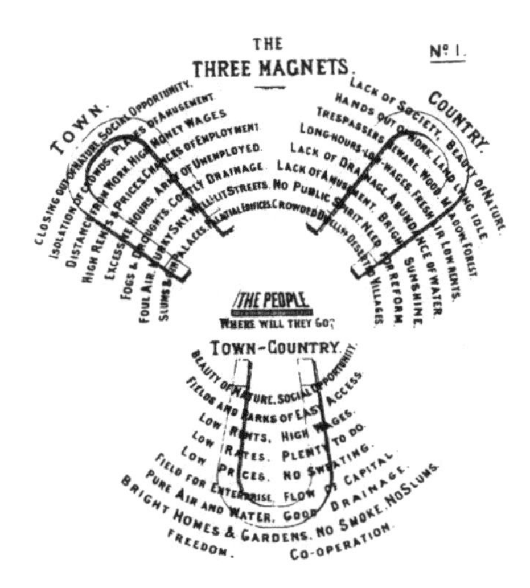

图 2-1　霍华德田园城市的城市、乡村和城乡结合体“吸引力”模型

资料来源：[英] 埃比尼泽·霍华德．明日的田园城市 [M]．北京：商务印书馆，2010．

该理论提出了城乡一体的社会结构和空间结构，以此取代城乡分离的旧结构，将其作为理想的人类聚居发展模式。肯定了城市与乡村各自的空间价值，将城乡结合作为“田园城市”的主要特征。在城市规模上，并不赞成大城市，而倾向于被乡村带环绕的中小城市。西北地区中等城市规模适宜，没有大城市的拥挤，却又能够享受到靠近乡村的美好环境，具有规模上的优越性。西北地区中等城市区域在空间生长上应当充分汲取城市与乡村的优点，通过城乡协调的“吸引力”成为所在区域城镇化的重要承载空间。

（2）伊列尔·沙里宁的“有机疏散”理论（图 2-2 ~图 2-4）

伊列尔·沙里宁（Eliel Saarinen）描述了城市的快速扩张、部分区域衰败等问题，从自然界有机体生长中得到解决问题的启示，“有机体通过不断的细胞繁殖，而逐步生

① （英）埃比尼泽·霍华德，金经元译．明日的田园城市 [M]．北京：商务印书馆，2010．

② 金经元．再谈霍华德的明日的田园城市 [J]．国外城市规划，1996（4）：31-36．

长，它的每一个新的细胞，都向邻近的空间扩展，这种空间是预留出来的，供细胞繁殖之用的。上述预留的空间，使有机体的生长具有灵活性，同时又能保护有机体，使其避免发生内部的冲突，而妨碍它的健康成长”①。沙里宁提出的改造方法是借助于现代交通，“把大城市目前的那一整块拥挤的区域，散布成为若干集中单元，例如郊区中心、卫星城镇以及社区单元等；此外，还要把这些单元，组织成为‘在活动上相互关联的有功能的集中点’”②。

图 2-2　大芝加哥的分散方案

资料来源：[芬兰] 伊列尔 · 沙里宁，顾启源译. 明日的田园城市 [M]. 北京：中国建筑工业出版社，1986：176.

图 2-3　大底特律的分散方案

资料来源：[芬兰] 伊列尔 · 沙里宁，顾启源译. 明日的田园城市 [M]. 北京：中国建筑工业出版社，1986：177.

图 2-4　希腊雅典和庇拉于斯的分散方案

资料来源：[芬兰] 伊列尔 · 沙里宁，顾启源译. 明日的田园城市 [M]. 北京：中国建筑工业出版社，1986：178.

① （芬兰）伊列尔 · 沙里宁，顾启源译. 明日的田园城市 [M]. 北京：中国建筑工业出版社，1986：122.
② （芬兰）伊列尔 · 沙里宁，顾启源译. 明日的田园城市 [M]. 北京：中国建筑工业出版社，1986：127.

沙里宁提出的“有机生长”强调了“生长时的‘灵活性’和对生长的‘保护性’”①，将该理论应用于西北中等城市区域，城市的部分区域和广大的农村区域具有生长潜力，在规划时应突出其“灵活性”，适合不同的发展可能，为潜在的生长留有余地；而在旧城改造中，应挖掘并延续其历史价值，突出规划的“保护性”。在空间上，可采用大分散、小集中的模式，组织功能有机联系的若干个功能区形成空间单元。

（3）斯坦因的“区域城市”理论（图 2-5）

斯坦因（C. Stein）认为理想的区域城市（Regional City）由若干社区（Community）组成，“每个社区都具有支持现代经济生活和城市基本设施的规模。每个社区除了居住的功能之外，还可具备一至几项为这个组群服务的专门职能——工业和商业，文化和教育，金融和行政，娱乐和休养。社区的四周有自然绿带环绕，既保持良好的环境，又控制社区的向外蔓延。各社区之间的开放空间将永久保存，只用于农业、林业和休憩。便捷的公路系统四通八达，并与不穿越城镇的高速公路相连，交通十分方便”②。

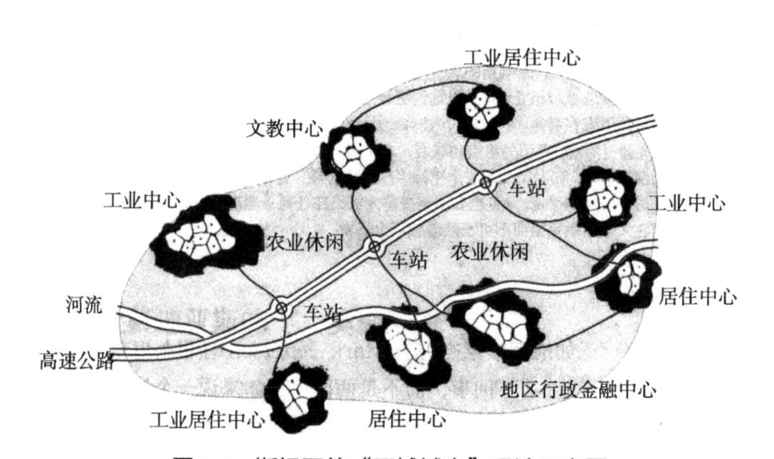

图 2-5　斯坦因的“区域城市”理论示意图

资源来源：吴良镛．人居环境科学导论 [M]．北京：中国建筑工业出版社，2001：13.

斯坦因的“区域城市”包含生产、生活、生态等多种城市功能空间，可以视为一个功能完善的独立的城市单元，高速公路是“区域城市”的发展轴和若干个“区域城市”的联系轴。构建“区域城市”空间单元的方法，可作为对西北中等城市区域空间进一步划分的方法借鉴。

（4）弗兰克·劳埃德·赖特的“广亩城”设想（图 2-6）

弗兰克·劳埃德·赖特（Henry Wright）反对城市集聚，认为理想空间模式是居住

① （芬兰）伊列尔·沙里宁，顾启源译．明日的田园城市 [M]．北京：中国建筑工业出版社，1986：122.

② 吴良镛．人居环境科学导论 [M]．北京：中国建筑工业出版社，2001：13.

地分散、低密度的空间形态，强调依赖于真正的自然乡土环境。“通过将人口和工业有计划地分布到许多大小不一、功能不同的较小社区去，组成部分新的城市中心，使城市相对集中，自然空间相对集中，各种类型的城市位于主要交通的结点相互联系，从而达到区域平衡，建立一种新的城市模式；通过扩散权力形成一个更大区域综合体”①。

城乡居民渴望在城市的任何一个地方都可以享受到城市生活的益处，同时又拥有多样化的乡村环境，网络的发展使这一需求成为可能。赖特的“广亩城”设想更加强调城与乡的平等关系，更加强调重建城乡之间的平衡。对西北中等城市区域目前的空间发展阶段来说，这种平衡尚无法达到，但这一设想所体现的城乡空间均衡的终极目标仍是空间协调的方向。对于西北中等城市区域的乡村地区来说，借助于发达的通信与交通网络，既拥有乡村宁静、美好的环境，又拥有与大城市同等的就业机会和教育机会，并不是遥不可及的。

（5）道萨迪亚斯的“动态聚居”理论

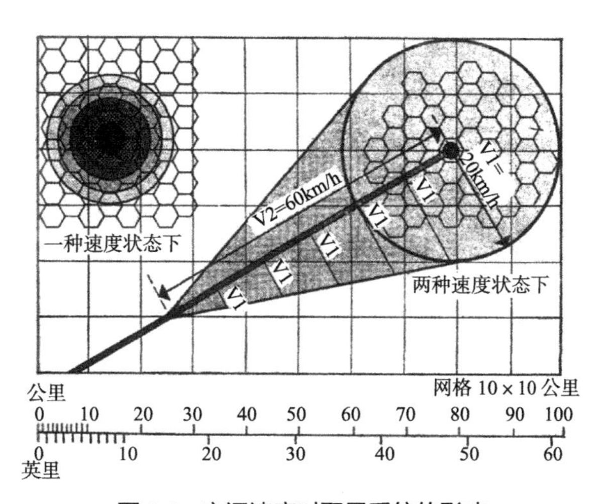

图 2-6 交通速度对聚居系统的影响

资料来源：C. A. Doxiadis. Ekistics：An Introduction to the Science of Human Settlements：147.

道萨迪亚斯（C.A.Doxiadis）认为“现代世界的聚居系统可以分为六边形模型的聚居系统和动态聚居系统，现代的聚居系统往往是六边形模式与动态系统的结合体”“从聚居系统的演变上看，我们正处于从静态六边形体系向动态体系转变的过程中”②。

该理论认为10万人口为动态与静态城市的分界线，西北地区中等城市规模均在20万以上，都属于动态城市。按照该理论，西北地区中等城市在这样的动态系统中，

① 吴良镛．芒福德的学术思想及其对人居环境学建设的启示 [J]．城市规划，1996（1）：35-41+48．

② 吴良镛．人居环境科学导论 [M]．北京：中国建筑工业出版社，2001：249-258．

伴随着人口城镇化进程，城市功能也在不断增加，人的新的生产、生活、生态活动均不断出现，自然、人、社会、建筑、支撑网络等五项元素一直处于不平衡状态。为避免打破自然的生态平衡，应严格保护城市所在的自然生态环境，避免其受盲目的城市扩张所影响。

（6）刘易斯·芒福德对城乡关系的认识

刘易斯·芒福德强调以“人”为中心，我国新型城镇化也同样强调以“人”的城镇化为核心，提高城镇化质量，造福百姓，富裕农民，突出“人”的全面而自由的发展。

芒福德提出了城乡应关联发展的观点，认为城乡互动发展有利于保护城市人居环境，主张大中小城市相结合，城市与乡村相结合，人工环境与自然环境相结合，这些认识均可作为西北地区中等城市区域空间协调生长的规划原则。

在区域发展上，芒福德提出“将区域作为规划分析的主要单元，在地区生态极限内建立独立自存又互相联系、密度适中的社区”[①]。在城乡空间演变上，芒福德（Lewis Munford）认为“村庄向城市的过渡决不仅仅是规模大小的变化，虽然包括规模变化在内；相反，这种过渡首先是方向和目的上的变化，体现在一种新型组织之中”[②]。这一观点为西北中等城市区域作为整个市域城乡空间协调的先行区域奠定了理论基础，为城乡空间功能的演化分析提供了理论支撑。

2.1.3 区域空间发展理论

（1）赫希曼的“不均衡发展”理论

美国经济学家赫希曼（Albert O. Hirschman）提出的“不均衡发展”理论认为“对于不发达国家来说，多部门的齐头并进，多元发展，是不现实的，因为这些国家缺乏资金，最现实的办法是在各部门之间，保持某种比例的不均衡增长，不均衡就有压力，压力本身推动发展”[③]，同时肯定了政府在区域发展中的作用，“在不均衡的发展过程中需要政府干预，支持发展某些私人资本不愿意投资的薄弱部门，如果政府在不均衡发展过程中不能做到不断地发生诱发性的决策行为及行动去克服不断出现的在供求上的比例失调，那么政府就无力采取一系列均衡增长所要求的主动性决策”[④]。

西北地区中等城市属于经济欠发达区域，将上述理论运用于中等城市空间发展研

① 吴良镛. 芒福德的学术思想及其对人居环境学建设的启示 [J]. 城市规划，1996（1）：35-41+48.

② （美）刘易斯·芒福德，宋俊岭，倪文彦译. 城市发展史——起源、演变和前景 [M]. 北京：中国建筑工业出版社，2005：62.

③ 张沛. 区域规划概论 [M]. 北京：化学工业出版社，2006：7.

④ 张沛. 区域规划概论 [M]. 北京：化学工业出版社，2006：7.

究，可在市域范围内确定一个资源、区位等条件较为优越的快速成长区域，政府通过政策和财政方式主动地、不断地干预、引导这一区域的优先发展，形成与市域其他区域不平衡的发展格局，从而形成不均衡的发展压力，带动区域整体发展。

（2）弗里德曼的“核心—边缘”理论

弗里德曼（J. R. Friedmann）的“核心—边缘”理论解释了“一个区域如何由互不关联、孤立发展，变成彼此联系、发展不平衡，以及由极不平衡发展成为相互关联地平衡发展的区域系统”①。

该理论认为经济活动的空间结构形态分为离散型、聚集型、扩散型和均衡型等四种。目前西北地区中等城市的工业化正逐渐成熟，中心城市具有一定的规模，周围城镇也得到一定程度的发展，中心城市对区域的扩散作用日益明显。按照该理论，西北地区中等城市正处于由聚集型向扩散型过渡的阶段，中心城市区域的小城镇将成为新的增长点。小城镇数量增加，城镇职能的分工和互补性增强，城市的等级规模结构将进一步强化。

（3）弗朗索瓦・佩鲁的“增长极”理论

弗朗索瓦・佩鲁（Fransois Perroux）等人在赫希曼“不均衡发展”理论的基础上提出了“增长极（Poles of Development）”理论，认为“经济发展的速度不可能均匀分布在一个区域内的每一个点上，经济增长是不同地区、部门或产业，按不同速度不平衡增长的；一定区域内经济发展之所以会出现不平衡现象，主要在于一些地区特别是一些中心城市，能优先集聚推动经济快速发展的主导产业或有创新能力的企业和企业家集团，从而形成‘磁场极’式的多功能经济发展极”②。该理论认为经济增长在空间上是不平衡的，那些集中了很多主导部门和具有创新能力的地区，构成国家或地区经济发展的“增长极”。在这一研究基础上，后续研究者逐渐将“增长极”的概念由抽象的经济空间拓展到地理空间。布代维尔在进一步发展该理论时将经济学概念的“增长极”进行了空间化：“增长极是指在城市区配置不断扩大的工业综合体，并在其影响范围内导致经济活动的进一步发展”③。

国内研究中，苗建军（2004）认为发展极（Poles of Development）至少包括三种内涵，“一是在经济意义上的某一推进型产业或企业；二是地理意义上的空间单元，即指区位条件优势的地区，它通过极化效应和扩散效应带动整个区域及相邻企业的经济

① 张沛. 区域规划概论 [M]. 北京：化学工业出版社，2006：7.

② （法）弗朗索瓦・佩鲁. 增长极概念 [J]. 经济学译丛，1988（9）.

③ 张沛. 区域规划概论 [M]. 北京：化学工业出版社，2006：9.

发展；三是在经济意义和地理意义上的推进型产业的城市”[①]。张沛（2006）认为“增长极”包括两个内涵，“一是作为经济空间上的某种推动型产业；二是作为地理空间上产生集聚的城镇，即增长中心”[②]。

按照该理论，西北地区中等城市的经济发展存在着“增长极”，通过扶持这些“增长极”的发展，可带动区域经济的整体发展。识别“增长极”的方法是寻找主导产业部门和具有创新能力的区域。延续“部门增长极（推动型产业）”和“空间增长中心（集聚空间）”的两大脉络。对于西北地区中等城市区域，主导产业是城乡发展的“增长极”，而人口和产业不断集聚、经济地位不断提升的小城镇和乡村也可以作为区域的“增长极”。

（4）“点—轴渐进”理论

萨伦巴（Piotr Zarembat）和马利士（B. Marachi）最早提出了该理论。“点”理论认为“由于资金的限制，要开发和建设一个地区，不能在面上铺开，而要集中建设一个或几个据点，通过这些据点的开发和建设来影响与带动周围地区经济的发展”[③]。“轴”理论认为“区域发展与基础设施建设密切相关。将联系城市与区域的交通、通信、供电、供水、各种管道等主要工程性基础设施的建设适当集中成束，形成发展轴，沿着这些轴线布置若干个重点建设的工业点、工业区和城市，这样既可以避免孤立发展几个城市，又可以较好的引导和影响区域的发展”[④]。

按照该理论，西北地区中等城市的空间发展应将政策力量集中于区域内的一个或几个重点子区域，形成空间开发的“点”；并通过由交通等基础设施构成的“轴”来串接各个重点子区域，从而全面地带动区域空间发展。

（5）克里斯塔勒的“中心地理论”

中心地理论有两个源泉，分别是克里斯塔勒理论与廖什理论。克里斯塔勒（W.Christaller）提出了一定区域内城市等级与规模的六边形模型，认为在市场原则、交通原则和行政原则等三个原则上共同导致了城市等级体系；中心地的等级越高，提供的商品和服务种类就越齐全；在均质空间下，两个相邻同级中心地之间的距离相等；各级中心地及其市场构成各个六边形网络[⑤]。

---

① 苗建军．城市发展路径——区域性中心城市发展研究 [M]．南京：东南大学出版社，2004：49.

② 张沛．区域规划概论 [M]．北京：化学工业出版社，2006：9.

③ 张沛．区域规划概论 [M]．北京：化学工业出版社，2006：13.

④ 张沛．区域规划概论 [M]．北京：化学工业出版社，2006：9.

⑤（德）克里斯塔勒．德国南部中心地原理 [M]．北京：商务印书馆，2010.

2.2 相关研究及评价

20 世纪 80 年代中期起，国内学界从社会、经济等领域对城乡协调展开了广泛的研究，提出了城乡一体化、城乡统筹等发展模式，在城乡空间协调方面，研究主要聚焦于动力机制、建设模式以及规划实施等内容。

2.2.1 城乡空间关系演变的历史纵向

王振亮（2000）将人类发展史上城乡空间关系演变过程划分为城乡空间共生、城乡空间分离、城乡空间对立、城乡空间平等发展和城乡空间融合等五个历史阶段①。曾菊新（2001）从城乡系统关联发展角度将城乡空间的演变划分为原始的分割状态、传统的城乡二元发展状态以及现代的城乡协调发展状态等三个阶段②。刘玉（2003）认为城乡二元结构形态被打破，区域空间经济联系错综复杂，中国城市化进程中出现“半城市化”现象；城乡经济功能转变，地域空间形态得到优化；处于都市区与都市连绵区空前发展阶段③。杨晓娜、曾菊新（2004）提出了根据城乡要素流所作的城乡空间发展阶段划分，分别为城乡要素隔离、城乡要素单向流动以及城乡要素互动条件下的城乡发展状态④。张沛（2015）将城乡一体化分为“城乡初步一体化（初始建设）阶段、城乡中度一体化（成长发展）阶段和城乡高度一体化（成熟成型）阶段”，并提出了各阶段城乡一体化的功能与空间匹配模式⑤。

前述研究成果表明我国城乡空间的演进整体上正步入协调、关联的重要转折时期，也必然遇到发展转型的一系列问题。未来城乡二元结构被打破，城乡空间走向高水平的均衡，城乡要素能够双向交流，是城乡空间发展的必然趋势。

不同城乡空间发展阶段有着不同的发展目标，国内学者普遍认为城乡空间的发展首先要与经济、社会、生态的发展相匹配；同时城乡空间自身还应具备弹性化、紧凑化等特征，并具有很好的空间结构与城乡功能组合；生态开敞空间是城乡空间发展的重点，应塑造城乡不同的空间景观特质；最后，城乡空间的发展还应与基础设施及公共服务设施等相协调。

---

① 王振亮．城乡空间融合论——我国城市化可持续发展过程中城乡空间关系的系统研究 [M]．上海：复旦大学出版社，2000：253．

② 曾菊新．现代城乡网络化发展模式 [M]．北京：科学出版社，2001：238．

③ 刘玉．信息时代城乡互动与区域空间结构演进研究 [J]．现代城市研究，2003（2）：33-36．

④ 杨晓娜，曾菊新．城乡要素互动与区域城市化的发展 [J]．开发研究，2004（1）：83-85．

⑤ 张沛，孙海军，张中华，等．中国城乡一体化的空间路径与规划模式——西北地区实证解析与对策研究 [M]．北京：科学出版社，2015：276-279．

按照上述标准划分，西北地区中等城市城乡空间协调普遍处于初步一体化与中度一体化阶段，我国城乡空间发展差异巨大，西北地区中等城市城乡空间协调在范围、内容与深度上也有自身特征，应基于特定对象做具体分析。

2.2.2 城乡空间协调生长的动力机制

崔功豪（1999）认为城乡互动发展的动力机制主要有乡镇企业的发展和乡村的工业化、小城镇的发展和乡镇城镇化、农业的产业化和现代化[①]。方创琳（2010）认为城乡要素市场的联动和城乡基础设施一体化的启动也是城乡相互作用的动力之一[②]。姚士谋（2010）从自上而下的扩散力机制、自下而上的集聚力机制、外资驱动和生态动力四个方面分析了城乡相互作用的机制[③④]。张沛（2015）认为城乡一体化的影响因素具有多元性，因此决定了动力机制类型的多样性，并系统地对动力机制的类型进行了划分[⑤]（表 2-1）。

城乡一体化的空间动力机制类型划分　　表 2-1

划分依据	动力机制类型	动力机制释义
形成原因与内在属性	内生动力机制	蕴含在城乡系统内部的且能够主导城乡空间系统演变与发展的核心力量
	外生动力机制	源自城乡系统之外的且对城乡空间系统演变与发展产生影响的外在力量
作用强度与作用功效	主导动力机制	对城乡空间演变与发展具有根本性的作用，持续性地作用于城乡空间系统演变过程中，决定着城乡空间演变方向
	辅导动力机制	对城乡空间系统运用与发展起着辅助的作用，间隔性地作用于城乡空间系统，不能决定城乡空间演变的方向
影响方式与演变特征	直接动力机制	直接作用于城乡系统之上，引导城乡空间系统运动与发展的力量
	间接动力机制	间接作用于城乡系统之上，影响城乡空间系统运动与发展的力量
内容类型与表达形式	经济发展类机制	促进城乡一体化空间的核心动力，包括经济总量、产业发展及其经济指标，如城乡经济发展水平、城镇化水平、工业化程度、信息化水平、产业结构比例、农业机械化水平、城市居民人均可支配收入、农村居民人均纯收入等
	社会发展类机制	包括城乡利益差别、社会要素融合协同等
	设施建设类机制	新城设立与新城建设、市政基础设施与基本公共服务设施
	制度政策类机制	包括城乡规划空间指导、城乡空间发展政策等

资料来源：张沛，孙海军，张中华，等. 中国城乡一体化的空间路径与规划模式——西北地区实证解析与对策研究 [M]. 北京：科学出版社，2015：145-146.

① 崔功豪，马润潮. 中国自下而上城市化的发展及其机制 [J]. 地理学报，1999（2）：106-115.
② 方创琳，等. 中国城市群可持续发展理论与实践 [M]. 北京：科学出版社，2010.
③ 姚士谋，李青，武清华，陈振光，张落成. 我国城镇群总体发展方向与趋势初探 [J]. 地理研究，2010（8）：45-49.
④ 姚士谋，等. 城市群重大发展战略问题探索 [J]. 人文地理，2011（1）：1-6.
⑤ 张沛，孙海军，张中华，等. 中国城乡一体化的空间路径与规划模式——西北地区实证解析与对策研究 [M]. 北京：科学出版社，2015：145-146.

2.2.3 城乡空间协调生长的规划方法

（1）城市规划一般方法

传统的城市规划脱胎于建筑学，在规划方法上也有建筑学方法的痕迹，数理学科方法的引入，推动了城市规划学科方法体系的革新。

李康（1983）认为“系统方法是现代设计方法学的核心”[①]，“以系统论、信息论和控制论为基础的系统分析与系统综合的方法，是辩证唯物主义哲学的方法论在现代科学技术中的应用和深化，是我们认识复杂事物的结构及其随机变化的内部规律、处理各种错综复杂矛盾和制定正确的政策、计划、规划、设计方案的锐利武器”[②]。高中岗（1994）认为对城市规划学科方法革新有重要作用的其他学科的理论与方法主要包括系统科学方法、数学方法和新技术、信息理论及其方法，同时在科学方法论一般原理下，还可以运用“比较的方法、动态的方法、区域的观点等”进行探索[③]。在国内城市规划学科方法论的早期研究中，上述观点均强调了系统科学方法体系对城市规划学科的重大指导意义，以及电子计算机技术作为城市规划研究重要工具的现实意义。

董晓峰（2011）梳理了西方现代城市规划思潮与方法论各发展阶段的主要理论[④]，整体呈现了城市规划学科发展过程中规划思潮与方法工具相伴相生的普遍状态，但是没有明确地提出各个阶段具体有哪些方法体系。王巍（2011）回顾了麦克劳林的《系统方法在城市与区域规划中的应用》，对系统论在城市规划学科发展中的积极作用与负面影响两方面进行了评价，在负面影响方面认为“‘科学的’规划是一个海市蜃楼，科学和规划是非常不同的事业，科学家寻求对事物的观察、描述和解释，规划师正相反，他们的意图是改变他们面对的一切”[⑤]。张丽梅，赵立志（2014）对让 - 保罗·拉卡兹（Jean-Paul Lacaze）所著《城市规划方法》进行了简评，认为“城市规划方法往往产生于特定的历史和社会经济背景，而且这种背景在很大程度上决定了提出问题的方式、预定的决策标准，乃至决策的方式”，“方法不仅和专业技术因素相关，而且和空间管理者所指定的规范标准密切相关，并贯穿从立项研究到行政报批、实施完成全过程”[⑥]。该论文重点对城市规划方法具有复杂性特点的原因进行了分析，列举了方法

① 李康．试论建筑设计和城市规划方法的改革与现代化 [J]．新建筑，1983（1）：55-61．
② 李康．试论建筑设计和城市规划方法的改革与现代化 [J]．新建筑，1983（1）：55-61．
③ 高中岗．杂谈城市规划方法的变革 [J]．现代城市研究，1994（4）：18-19．
④ 董晓峰．西方城市规划方法的基本类型与演变方向分析 [C]. 南京：东南大学出版社，2011：9524-9534．
⑤ 王巍．关于城市规划方法的一些思考 [J]．山西建筑，2011（14）：1-2．
⑥ 张丽梅，赵立志．《城市规划方法》简评 [J]．建筑与文化，2014（8）：163-164．

的影响因素。

城市规划是一个典型的交叉学科，受城市这一学科研究对象复杂性的影响，研究方法多借用其他学科的研究方法，目前尚无法形成自己独立的、系统化的研究方法。本书将针对西北地区中等城市区域城乡空间生长出现的具体问题，以及城乡空间协调生长的预期目标，探索性地建立有针对性的解决问题与实现目标的规划方法体系。

（2）以城乡空间协调生长为规划目标的规划方法

赵钢（2004）提出了城乡整体生长空间的规划方法，即树立城乡整体生长观念—统一规划体系—城乡功能相结合—实施时部门相协调,并在整体上强调运用"生长管理"的发展策略与操作机制。认为应当在"城乡不该'生长'的地方坚决制止,在允许'生长'的地方要给予支持，并控制开发的量和度。同时，在发展时序上，强调建立'滚动机制'"[①]。与此同时,还强调应建立"城乡整体的生态-经济-社会综合建设与保护机制"[②]。赵珂、冯月（2009）将生态耦合作为城乡空间关系再认识的基础，建构了由城乡用地综合解译辨识、城乡非建设用地规划、城乡耦合条件环境评价、城乡空间协同发展和城乡空间分形优化所组成的基于生态耦合城乡空间规划方法体系[③]。朱健（2011）提出了城乡空间一体化规划的核心内容,包括城乡空间管制分区、城乡空间组织和建设引导、乡村居民点的整合原则和空间布局、城乡产业的发展策略和空间布局、城乡基础设施的规模和空间布局、城乡公共服务设施的分级配置标准和空间布局[④]。

袁奇峰（2005）提出了南海东部地区城乡空间规划的原则和具体的规划策略[⑤]。顾朝林（2009）对经济波动时期的城市与区域规划中城乡规划方法和策略进行了思考[⑥]。张晓瑞，宗跃光（2010）从理论和技术方法两个层面构建了一套系统的规划技术方法体系[⑦]。厉以宁（2010）对成都城乡发展模式及规划方法进行了系统的研究[⑧]。

李惟科（2015）从逻辑层、支撑层和运作层三个层次构建了城乡统筹规划方法的体系，"逻辑层包含城乡统筹规划方法总体思路、理论拓展和方法论构造；支撑层包含法律、政策和事权方面的三项支撑；运作层包含具体的城乡统筹规划运作的方法，是空间规划的方法和社会治理的方法集合，通过这些方法集合的运作，可以建立城乡统

① 赵钢．城乡整体生长空间的规划建设策略 [J]．城市发展研究，2004（1）．

② 赵钢．城乡整体生长空间的规划建设策略 [J]．城市发展研究，2004（1）．

③ 赵珂，冯月．城乡空间规划的生态耦合理论与方法体系 [J]．土木建筑与环境工程，2009（2）：94-98．

④ 朱健．城乡空间一体化规划初探——以苏南地区为例 [D]．苏州科技学院，2011．

⑤ 袁奇峰，等．从"城乡一体化"到"真正城市化"——南海东部地区的反思和对策 [J]．城市规划学刊，2005（1）：98-101．

⑥ 顾朝林．经济波动时期的城市与区域规划思考 [J]．规划师，2009（3）：41-45．

⑦ 张晓瑞，宗跃光．区域主体功能规划研究进展与展望 [J]．地理与地理信息科学，2010（6）：41-45．

⑧ 厉以宁．成都模式中的"三阶梯" [J]．经济研究参考，2010（10）：55-59．

筹规划的空间架构和社会规则。”[①]

城乡空间协调生长各方面内容的实现，都直接或间接地依赖于相关政策和制度的支撑。石忆邵（2004）认为统筹城乡发展要构建平等和协调发展的制度和政策体系[②]。赵蕾（2005）提出了以法律和行政体制改革、建立协调机构以及公众参与为主要内容的规划建设策略；确定规划进程与时间安排，使城乡规划体系的编制按照自上而下的方式进行，建议从确立城乡整合的规划指导思想、冲破传统规划范围的限制、形成覆盖整个行政辖区的规划内容以及重构城乡空间内各类用地的比例和布局等方面进行综合规划[③]。陈晓华（2008）提出了将制度创新作为城乡空间融合的保障，并将重点落在土地使用管理制度改革、户籍制度配套改革、城乡一体化的社会保障体系构建以及城镇和乡村建设融资机制改革等四个方面[④]。韦亚平（2009）认为二元建设用地管理与交错的土地管制是造成目前整体上的土地利用混乱、城乡空间质量不高、越来越强的社会空间分异等问题的根本原因，可从空间管制界限的统一、非农建设权转变为市场化的发展权、建立集体用地处置的市域统筹机制、规划范式从“自上而下”转变为“上下互动”、实事求是地处理大都市化地区的用地指标问题等方面探索政策改革途径[⑤]。

2.3 现状研究存在的问题

（1）空间生长的深层次原因有待进一步探求

空间可分为空间本体、空间属性与空间制度等三个层次，现有研究普遍将来自城镇的辐射（自上而下）与来自乡村的集聚（自下而上）作为内部需要推动的主要力量，其中城镇的辐射效应主要有城镇空间结构扩散、产业扩散，乡村的集聚主要包括人口城镇化、农业产业化等。科技发展、行政干预、交通设施、外商投资、开发区建设等是外部环境的主要拉动力。这些因素均是影响城市和乡村空间演变的原因。研究也对机制的作用进行了分类阐述，描述了城乡空间的演变过程，但这些研究仍以空间本体和空间属性层次的外在表征为主，缺少从空间制度层面对内在机理进行深层次分析。

研究普遍对影响城乡空间生长协调性的机制以分解的方式进行了论述，但是对如

① 李惟科．城乡统筹规划方法 [M]．北京：中国建筑工业出版社，2015：96.

② 石忆邵．实施统筹城乡发展战略的意义与对策 [J]．农业经济问题，2004（2）：61-62.

③ 赵蕾．构建高速发展的城乡整体生长空间——探索绍兴中心城市城乡空间整体规划 [D]．浙江大学，2005：53.

④ 陈晓华．乡村转型与城乡空间整合研究——基于“苏南模式”到“新苏南模式”过程的分析 [D]．南京师范大学，2008.

⑤ 韦亚平．二元建设用地管理体制下的城乡空间发展问题——以广州为例 [J]．城市规划，2009（12）：32-38.

何引导空间协调生长，尤其是将诸多机制在研究对象上进行耦合，以构建新的机制从而协调城乡空间生长，相关研究数量较少。

（2）城乡一体化的不同阶段需要相对应的空间模式

城乡一体化的不同发展阶段有着不同的空间生长协调模式，中心城市的辐射带动能力、城乡空间的关联程度、有效协调范围均有所不同，因而空间结构模式和协调生长机制也相应不同。

西北地区中等城市特定的区位、自然环境、经济社会条件和城镇体系，决定了它在城乡空间发展中有着与东部地区、西北地区大城市不完全相同的城乡空间发展模式。目前对城乡空间协调已有一定的研究成果，在协调范围上尤以“全域”居多，但该范围适合辐射带动能力强的大城市和行政区面积较小的县城，并不一定适合西北地区中等城市，因此，需要基于特定对象，研究相应发展阶段下的协调模式。

（3）针对特定协调范围的规划方法需要进一步整合

现有研究成果或着眼于城乡空间生长的现状机制分析，以建立新的机制框架；或着眼于现有规划编制体系的问题，以修正现有规划方法。但是缺乏在城乡空间演变机理分析基础上相对应的空间引导规划方法体系。

2.4　本章小结

本章对国内外研究现状进行总结，其中国外研究主要从城乡二元结构理论、城乡空间关系理论、区域空间发展理论等三个方面进行总结，国内研究主要从城乡空间关系演变的历史纵向、城乡空间协调生长的动力机制、城乡空间协调生长的规划方法等三个方面进行总结。认为现状研究中的问题主要有空间生长的深层次原因有待进一步挖掘与整合，城乡空间一体化的不同阶段需要相应的空间生长模式，城乡一体化的规划方法需要进一步整合。

3

西北地区中等城市区域城乡空间生长的现状解析

3.1 西北地区城市发展的环境及特征

3.1.1 区域范围

西北地区位于我国西北部，北部与蒙古、俄罗斯接壤，西部、西北部与巴基斯坦、阿富汗、塔吉克斯坦等国接壤，南部与我国西南地区相接，东部与我国华北地区相连，东南部与我国中南地区相邻。全区面积 304.42 万 km^2，2013 年底人口 9842 万，分别占全国的 32.02%、7.23%（表 3-1）。

西北地区土地利用情况（2008 年） 表 3-1

地区	土地调查面积（万 hm^2）
全国总计	95069.3
陕西	2057.9
甘肃	4040.9
青海	7174.8
宁夏	519.5
新疆	16649.0
西北地区合计	30442.1

注:《中国统计年鉴 2014》中分地区土地利用情况为 2008 年第二次全国土地调查数据。

资料来源：根据中华人民共和国统计局．中国统计年鉴 2014[Z]．北京：中国统计出版社，2014．计算所得

西北地区位于我国内陆地区，缺少东部地区具有的开放性优势，经济体系整体较为封闭。西部大开发虽然已长达十余年，但城市发展基础差，人力资源结构单一，劳动力技术水平仍停留在较低层次。

3.1.2 自然条件

3.1.2.1 气候

西北地区远离海洋，为温带大陆性气候，绝大部分为干旱半干旱地区，多数地区年降水量少于400毫米，受纬度、海拔的影响，气候较为复杂，季风强劲，昼夜温差大，多风沙，日照和太阳辐射充足。水资源缺乏对西北地区城市的空间生长造成了多方面的影响。

（1）水资源短缺

由于年降水量少，西北地区水资源贫乏，而人口的增加、工业及农用地的增长，增强了水资源需求，进一步加剧了干旱，形成资源性缺水。西北地区不少河流为内陆河，水资源使用量的增长导致河流断流现象加剧，内陆河流域湖泊严重萎缩，水资源的调蓄能力明显降低。工业的发展使河流下游区域的水资源受到污染，水环境条件恶劣，造成结构性缺水。

（2）水土流失日益严重

由于缺水，森林难以生长，地表植被稀少，以草木植被为主，甚至黄沙和戈壁直接裸露。随着矿产资源的开采以及城乡空间的拓展，大量的非建设用地转变为建设用地，地表植被被破坏，严重的水土流失进一步降低了土壤的肥力。

（3）沙漠化趋势有增无减

虽然近年来沙漠化治理力度不断加大，但西北地区沙漠化问题仍然严重影响着城乡居民的生产和生活。

3.1.2.2 地形地貌

西北地区地形地貌复杂多变，各地区差异较大。区内以山地、高原、盆地为主，自东向西可分为四大板块，东部为陕西和宁夏所在区域的关中盆地—黄土高原—宁夏黄河冲积平原，中部为甘肃和青海所在区域的祁连山山地—河西走廊、甘肃、青海和新疆所在区域的青藏高原—青海湖—柴达木盆地，西部为以新疆所在区域为主的帕米尔高原—阿尔泰山—天山—昆仑山—准噶尔盆地—吐哈三盆地。

西北地区大部分地区不适宜人类长期生存居住，如陕西的北部和南部，宁夏的西海固地区，甘肃的定西地区、陇南山地，青海北部的柴达木盆地、南部的横断山脉，新疆南部的塔克拉玛干沙漠地区、北部的准噶尔盆地等。人口在自然条件相对较好的地方集聚，如陕西的关中平原、宁夏的银川平原、甘肃的兰州盆地、青海的河湟谷地以及新疆的天山北麓地区。这些区域农业基础较好，人口的集聚形成了城市，伴随工业生产、交通设施建设，形成了城镇（区）带，条件最为优越的逐步发展成为大城市、特大城市，条件相对优越的进一步发展成为中等城市。

大城市、特大城市一般位于较大的平原或盆地，如西安位于陕西关中平原中心，除南部外，其他方向均较为开阔；兰州位于黄河河谷地带，呈带形发展；乌鲁木齐市区三面环山，北部平原开阔。总体上，大城市、特大城市受自然地形限制较小，城乡空间拓展潜力较大，城乡空间联系相对便捷，而中等城市受自然地形限制更多。

延安中心城区和市域的12个县城均位于川道地区，市域范围内87.5%的建制镇位于山川河谷地带，城镇空间距离远，空间布局分散。村庄则散布于大大小小的山沟河谷地区，耕地面积少，生产生活条件艰难，与各级城镇联系的交通成本很高。

铜川位于鄂尔多斯地台与渭河断陷盆地的过渡地带，横跨两个地质构造单元，地形起伏较大，海拔在650～1700米之间，这一地形地貌造成了城市不同组团间交通联系成本的上升（图3-1、图3-2）。

3.1.2.3 矿产资源

西北地区有丰富的煤炭、石油、天然气等能源，煤炭的著名产地有陕西的神府煤田和渭北煤田等，全区煤炭保有量约占全国的1/3，石油分布于准噶尔、塔里木、吐哈、柴达木等盆地，克拉玛依是依托石油开采发展起来的新兴城市，天然气主要位于鄂尔多斯盆地和塔里木盆地，储量约占全国陆上总量的一半。西北地区还拥有

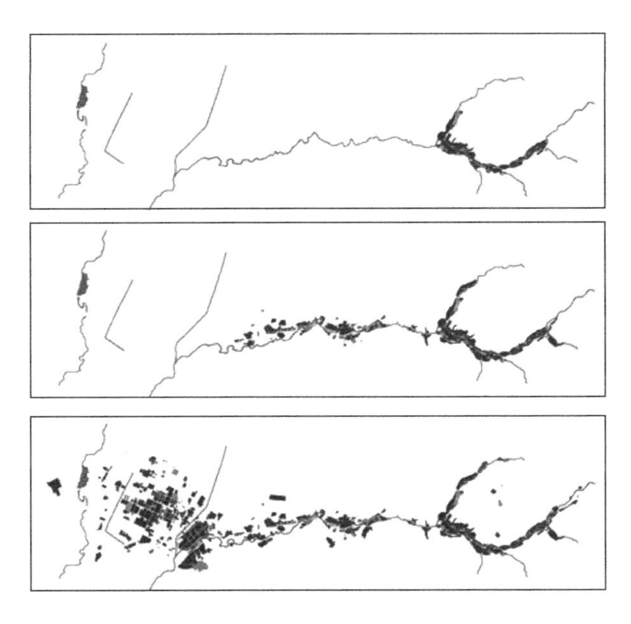

图3-1 铜川中心城区城镇用地演变过程

资料来源：西安建大城市规划设计研究院．铜川市中心城区空间发展战略规划（2012-2030）[Z]．2012．

图 3-2 铜川中心城市区域的地形地貌分区

资料来源：西安建大城市规划设计研究院．铜川市中心城区空间发展战略规划（2012-2030）[Z]．2012.

一些重要的金属资源，如锌、铝、铜分别占全国储量的 62%、52%、46%，钛、钾、汞和稀土等，均占全国的 80% 以上，“东方镍都”甘肃金昌则集中了全国近 62% 的镍和 57% 的铂，整个青海集中了全国钾盐储量的 97%。青海省的能源矿产资源极为丰富，现已发现各类矿产 125 种，其中有 11 个矿种储量居全国首位、52 个矿种储量居全国前 10 位（表 3-2）。

青海省居全国首位的矿产资源统计 表 3-2

序号	矿种	矿区数（个）	储量	
			保有量	累计查明
1	锂矿（吨）	9	17239917	18688667
2	锶（天青石）（吨）	4	26474106	26818254
3	冶金用石英岩（千吨）	10	309454	310092
4	电石用灰岩（千吨）	4	2115865	2116012
5	制碱用石灰岩（千吨）	3	571086	574257
6	化肥用蛇纹岩（千吨）	7	8198881	8200172
7	钾盐（千吨）	23	870386	907483
8	镁盐 $MgSO_4$（千吨）	15	1628613	1634012
9	镁盐 $MgCl_2$（千吨）	21	4351175	4841991
10	石棉（千吨）	7	53329	56096
11	玻璃用石英岩（千吨）	5	1646253	1646890

资料来源：青海省城镇体系规划（2012-2030）

3.1.2.4 文化资源

西北地区民族众多，有回、蒙古、维吾尔、哈萨克等几十个少数民族，在长期的历史变迁中各民族孕育了灿烂的地域文化（表 3-3）。

西北地区主要文化资源　　表 3-3

		名录	全国数量	西北地区数量	西北地区占全国的比重（%）
世界文化遗产	世界文化与自然双重遗产	—	4	0	6.25
	世纪自然遗产	新疆天山（新疆）	10	1	
	世界文化遗产	秦始皇陵及兵马俑坑（陕西）、丝绸之路（陕西、甘肃、新疆，等）	34	2	
	世界文化景观遗产	—	4	0	
历史文化名城	第一批	西安、延安	103	12	11.65
	第二批	韩城、榆林、张掖、敦煌、银川、喀什			
	第三批	咸阳、汉中、天水、同仁			
历史文化名镇	第一批	—	44	2	4.55
	第二批	甘肃省宕昌县哈达铺镇、新疆鄯善县鲁克沁镇			
历史文化名村	第一批	陕西省韩城市西庄镇党家村	36	3	8.33
	第二批	陕西省米脂县杨家沟镇杨家沟村、新疆鄯善县吐峪沟乡麻扎村			
国家级非物质文化遗产	第一批	河西宝卷、玛纳斯、江格尔，等	518	49	15.29
	第二批	米拉尕黑、康巴拉伊、汗青格勒，等	510	107	
	第三批	蔡伦造纸传说、阿尼玛卿雪山传说，等	191	38	
	第四批	仓颉传说、西王母神话，等	298	38	

注：部分国家级非物质文化遗产为多地申报项目，如元宵节。统计西北地区数量时以“有”为原则，计为数量“1”，多地申报不纳入重复计数。

3.1.3　经济发展

3.1.3.1　经济总量

改革开放后，国家采取了非均衡发展战略，发展政策向东部沿海倾斜，受政策影响，西北地区中等城市发展相对非常缓慢。受体制转轨和市场经济的双重因素影响，西北地区的能源、原材料、农产品以较低价格输入东部，而东部的终端产品则以高价输入西北地区。在工业技术上，东部地区远高于西部地区，加上地理环境、交通、基础设施、人力资源等因素，西北地区中等城市工业的市场化程度很低，市场发展失衡，经济增长方式粗放。诸多原因导致西北地区中等城市人口承载能力弱，对农村的辐射作用也非常有限，难以起到协调城乡空间发展的作用。

我国政府于 2000 年启动了西部大开发，旨在改变西部地区落后的经济社会发展条件。2000 年，西北地区国内生产总值占全国的 4.61%，2013 年增长至全国的 5.61%（表 3-4）。

西北地区国内生产总值 表 3-4

地区	2000 年		2013 年	
	国内生产总值（亿元）	占全国比重（%）	国内生产总值（亿元）	占全国比重（%）
全国总计	76825.18	—	630009.34	—
陕西	1300.03	1.69	16045.21	2.55
甘肃	781.34	1.02	6268.01	0.99
青海	202.05	0.26	2101.05	0.33
宁夏	210.92	0.27	2565.06	0.41
新疆	1050.14	1.37	8360.24	1.33
西北地区合计	3544.48	4.61	35339.57	5.61

资料来源：根据中华人民共和国统计局网站 http://www.stats.gov.cn/tjsj/ndsj/
中华人民共和国统计局．中国统计年鉴 2014[Z]．北京：中国统计出版社，2014．计算所得

3.1.3.2 产业结构

西北地区三次产业占全国的比重均有所增长，其中，一产增长最快，由 2000 年的 5.69% 增长至 2013 年的 7.56%，增长 1.87 个百分点；二产增长居中，由 4.35% 增长至 5.86%，增长 1.51 个百分点；三产增长较慢，由 4.65 增长至 4.91%，增长 0.26 个百分点（表 3-5）。

西北地区经济总量及与全国平均水平的比较 表 3-5

	2000 年国内生产总值（亿元）			2013 年国内生产总值（亿元）		
	一产	二产	三产	一产	二产	三产
全国总计	14844.29	45783.91	36581.16	56956.94	306761.85	266290.55
陕西	279.12	731.90	649.90	1526.05	8911.64	5607.52
甘肃	193.36	439.88	350.12	879.37	2821.04	2567.60
青海	38.53	114.00	111.06	207.59	1204.31	689.15
宁夏	45.95	120.04	99.58	222.98	1264.96	1077.12
新疆	288.18	586.84	489.34	1468.29	3765.97	3125.98
西北地区合计	845.14	1992.66	1700.00	4304.28	17967.92	13067.37
西北地区占全国的比重（%）	5.69	4.35	4.65	7.56	5.86	4.91

资料来源：根据中华人民共和国统计局网站 http://www.stats.gov.cn/tjsj/ndsj/
中华人民共和国统计局．中国统计年鉴 2014[Z]．北京：中国统计出版社，2014．计算所得

全国 2000 年三产结构为 15.25：47.10：37.63，2013 年为 9.04：48.69：42.27；西北地区 2000 年三产结构为 18.62：43.91：37.46，2013 年为 12.18：50.84：36.98。可以看出，西北地区三次产业结构调整中，一产比重仍低于全国约 3 个百分点；二产比重增长较快，

由2000年的低于全国3.19个百分点，增长至高于全国3.14个百分点，共增长6.33个百分点；三产比重下降严重，由2000年的低于全国0.17个百分点，下降至低于全国5.29个百分点（表3-6）。

西北地区三次产业结构及与全国平均水平的比较　　表3-6

	2000年三次产业结构（%）			2013年三次产业结构（%）		
	一产	二产	三产	一产	二产	三产
全国总计	15.27	47.10	37.63	9.04	48.69	42.27
陕西	16.81	44.07	39.13	9.51	55.54	34.95
甘肃	19.66	44.73	35.60	14.03	45.01	40.96
青海	14.62	43.25	42.13	9.88	57.32	32.80
宁夏	17.30	45.20	37.50	8.69	49.32	41.99
新疆	21.12	43.01	35.87	17.56	45.05	37.39
西北地区合计	18.62	43.91	37.46	12.18	50.84	36.98
西北地区与全国平均水平的差值（百分点）	3.35	−3.19	−0.17	3.14	2.15	−5.29

资料来源：根据中华人民共和国统计局网站 http://www.stats.gov.cn/tjsj/ndsj/
中华人民共和国统计局．中国统计年鉴2014[Z]．北京：中国统计出版社，2014．计算所得

西北地区中等城市依据主导产业可分为三种类型。其一为传统农业城市，如渭南、汉中、安康、哈密，这些城市农村地域广大，长期以来农业大而不强，中心城区产业发展缺乏工业带动，生产性服务业发展滞后。其二为资源型城市。新中国成立后，西北地区不少城市依托三线建设项目发展起来，有的城市为主导产业类型单一的资源型城市，有的城市就是在一个大型企业基础上发展起来的，而有的城市则在近年来伴随各种矿产资源的开采发展迅猛，如铜川、延安、榆林、白银、石嘴山、克拉玛依。在计划经济时代，这些工矿型城市自身构成一个相对独立的个体，与外界的经济联系很弱，城市的开放性不足。其三为民族工贸型城市，在手工业时代，这些城市借助于民族贸易得到了一定发展，但是在工业化时代，这些城市的区域竞争优势已不复存在，城市经济发展缺乏后续动力。这些城市的中心城区与外围农业、农村的联系性不强，对地方经济带动作用不明显，对农村地区的带动更加微乎其微。

3.1.3.3 经济发展阶段

美国经济学家钱纳里（Chenery）于1986年借助多国模型，根据不同的人均收入水平划分了经济发展阶段，成为评判工业化阶段的标准理论。齐元静等（2013）采用GDP平减指数将美国经济增长的物价波动因素予以扣除，计算了工业化不同阶段的标

准值（表 3-7）①。

钱纳里的经济发展阶段划分标准（单位：美元）　　表 3-7

阶段	第Ⅰ阶段		第Ⅱ阶段			第Ⅲ阶段	
	初级产品生产阶段Ⅰ	初级产品生产阶段Ⅱ	工业化初期	工业化中期	工业化后期	发达经济初期	发达经济时代
1970 年	100 ~ 140	140 ~ 280	280 ~ 560	560 ~ 1120	1120 ~ 2100	21000 ~ 3360	3360 ~ 5040
1990 年	340 ~ 470	470 ~ 940	940 ~ 1890	1890 ~ 3770	3770 ~ 7070	7070 ~ 11310	11310 ~ 16970
1995 年	393 ~ 550	550 ~ 1100	1100 ~ 2200	2200 ~ 4400	4400 ~ 8250	8250 ~ 13200	13200 ~ 19800
2000 年	440 ~ 620	620 ~ 1240	1340 ~ 2490	2490 ~ 4970	4970 ~ 9320	9320 ~ 14910	14910 ~ 22380
2005 年	500 ~ 710	710 ~ 1410	1410 ~ 2820	2820 ~ 5640	5640 ~ 10570	10570 ~ 16920	16920 ~ 25380
2010 年	560 ~ 790	790 ~ 1570	1570 ~ 3150	3150 ~ 6300	6300 ~ 11810	11810 ~ 18900	18900 ~ 28350

资料来源：齐元静，杨宇，金凤君．中国经济发展阶段及其时空格局演变特征 [J]．地理学报，2013，69（4）：517-531．

按照这一理论模型，以同样的方法计算出 2013 年各经济发展阶段的标准值，分别是初级产品生产阶段 I 为 598-843 美元、初级产品生产阶段 II 为 843-1676 美元、工业化初期为 1676-3363 美元、工业化中期为 3363-6725 美元、工业化后期为 6725-12607 美元、发达经济初期为 12607-20175 美元、发达经济时代为 20175-30263 美元。将西北地区中等城市根据人均 GDP 进行经济发展阶段划分（表 3-8），仍处于初级产品生产阶段的占 9.52%，处于工业化初期的占 33.33%，处于工业化中期的占 38.10%，处于工业化后期的占 9.52%，处于发达经济初期和发达经济时代的均为 4.76%。

西北地区中等城市经济发展阶段（2013 年）　　表 3-8

省（自治区）	城市	人均 GDP（元）	折算后人均 GDP(美元）	经济发展阶段						
				初级产品生产阶段		工业化阶段			发达经济阶段	
				初级产品生产阶段Ⅰ	初级产品生产阶段Ⅱ	工业化初期	工业化中期	工业化后期	发达经济初期	发达经济时代
陕西	铜川	22498	3633				√			
	渭南	15161	2448			√				
	延安	40485	6537				√			
	汉中	14920	2409			√				
	榆林	52415	8463					√		
	安康	12436	2008			√				

① 齐元静，杨宇，金凤君．中国经济发展阶段及其时空格局演变特征 [J]．地理学报，2013，69（4）：517-531．

续表

省（自治区）	城市	人均GDP（元）	折算后人均GDP(美元)	经济发展阶段						
				初级产品生产阶段		工业化阶段			发达经济阶段	
				初级产品生产阶段Ⅰ	初级产品生产阶段Ⅱ	工业化初期	工业化中期	工业化后期	发达经济初期	发达经济时代
甘肃	白银	18211	2940			√				
	武威	12604	2035			√				
	平凉	11213	1811			√				
	酒泉	36957	5967				√			
	临夏	5465	882		√					
宁夏	石嘴山	41086	6634				√			
	吴忠	16486	2662			√				
新疆	克拉玛依	181366	29285							√
	哈密	28994	4682				√			
	昌吉	38989	6295				√			
	库尔勒	103067	16642						√	
	阿克苏	25573	4129				√			
	喀什	9424	1522		√					
	伊宁	31813	5137				√			
	石河子	54452	8792					√		
百分比（%）				0	9.52	33.33	38.10	9.52	4.76	4.76

注：美元汇率按照2013年全年平均价（1美元=6.1932元人民币）进行计算；库尔勒为2012年数据。

资料来源：根据各城市统计年报汇总计算。

西蒙·库兹涅茨（Simon Kuznets）根据产业结构变动情况划分了经济发展阶段，并制定了划分标准（表3-9）。

库兹涅茨的经济发展阶段划分标准　　表3-9

经济发展阶段	工业化进程	第一产业比重	第二产业比重	第三产业比重
初级产品生产阶段	工业化准备期	>33.7	<28.6	<37.7
工业化阶段	初期	<33.7	>28.6	>37.7
	中期	<15.1	>39.4	>45.5
	后期	<14.0	>50.9	>35.1
经济稳定增长阶段	后工业化阶段	<10.0	<50.0	>40.0

资料来源：郭克莎. 中国工业化的进程、问题与出路[J]. 中国社会科学，2000，(3)：60-71.

在钱纳里的经济发展阶段划分中，克拉玛依已处于最高阶段的发达经济时代；但依据库兹涅茨的经济发展阶段划分，克拉玛依2013年三次产业结构比例为：0.59：86.64：12.77，第二产业比重过高而一、三产业比重过低，不符合任何一个发展阶段的划分标准，说明其城市产业结构演变不符合一般城市的自然成长过程，外部因素影响较大。克拉玛依第二产业增加值739.5亿元中，中央石油石化企业增加值为670.2亿元，占第二产业增加值的90.63%，为典型的依赖资源开采发展起来的城市。因此，克拉玛依虽然人均GDP水平很高，但实际经济发展阶段与其人均GDP水平并不匹配。

有类似特征的还包括处于经济发达初期的库尔勒（煤炭），处于工业化后期的榆林（煤炭、天然气、盐）、石河子（煤炭、石油），甚至几乎所有处于工业化中期的城市，能源化工在产业发展中也占据较大比重，如铜川（煤炭）、延安（石油）、酒泉（天然气、风能）、石嘴山（煤炭）、哈密（煤炭、风能）、昌吉（煤炭）、伊宁（煤炭、石油），能源工业的发展拉高了人均GDP，但与一、三产业的关联度不高，且为典型的资本密集型，不能提供大量的城市就业岗位，因而对城市经济整体发展的促进作用较为有限。

根据钱纳里的经济发展阶段划分，西北地区中等城市处于工业化初期和工业化中期的共占71.43%，结合库兹涅茨的经济发展阶段划分中二、三产业结构调整的规律分析，可以认为，西北地区中等城市普遍处于工业化初期向工业化中期过渡阶段。

西北地区中等城市的乡村地区以农牧业为产业基础，农业现代化水平不高，而经济发展阶段决定了中心城市以初级的中心地职能为主，城市带动乡村地区发展能力有限。

3.1.3.4 城乡要素流通

东部地区乡村的快速崛起主要得益于起点高、人口密度大，区域发展的外向性强，乡镇企业的发展提供了自下而上的发展动力，有效促进了区域城乡的双向交流。但是西北地区中等城市在快速城镇化过程中，虽然带动了一些非农产业的迅猛发展，大量农村人口迁入城市，或采用候鸟式迁徙往返于东部经济发展地区和西部家园，促进了农业从业人口的下降，但对广大小城镇来说，却没有明显的发展促进。西北地区中等城市的小城镇脱胎于农业地区，农业产业化水平较低的农村腹地无法为其提供大规模、具有区域竞争力的农业初级产品，因而无法形成向下而上的产业发展动力。另一方面，区域生产要素加速向大中城市流动，导致小城镇的工业地位进一步弱化，区域发展环境约束限制了小城镇工业的发展。小城镇由于人口增长缓慢，非农产业发展缓慢，导致城镇规模偏小，产业的集聚能力弱，进一度导致招商难度大、产业发展慢的恶性循环。

3.1.4 社会基础

3.1.4.1 人口及城镇化

（1）西北地区城镇化的基本情况

西北地区2000年总人口占全国的7.25%，2013年占全国的7.23%，人口总量的增长速度低于全国平均水平。城镇化率2000年为30.43%，低于全国平均水平5.79个百分点；2013年为46.69%，低于全国平均水平7.04个百分点，说明城镇化速度也慢于全国平均水平。比较各省（自治区）2000年与2013年的城镇化率，五省（自治区）两个年度均低于全国平均水平。在城镇化率年均增长上，只有陕西与宁夏超过了全国平均水平（表3-10）。

西北地区总人口数与城镇化水平　　表3-10

地区	2000年		2013年		城镇化率年均增长（百分点）
	总人口（万人）	城镇化水平（%）	总人口（万人）	城镇化水平（%）	
全国	126583	36.22	136072	53.73	1.35
陕西	3605	32.26	3764	51.31	1.47
甘肃	2562	24.01	2582	40.13	1.24
青海	518	34.76	578	48.51	1.06
宁夏	562	32.43	654	52.01	1.51
新疆	1925	33.82	2264	44.47	0.82
西北地区合计	9172	30.43	9842	46.69	1.25

资料来源：根据中华人民共和国统计局网站 http://www.stats.gov.cn/tjsj/ndsj/

中华人民共和国统计局．中国统计年鉴2014[Z]．北京：中国统计出版社，2014．计算所得

（2）西北地区存在着劳动力跨地区流出的明显特征

2013年末，我国跨省流入人口中东部地区所占比例为90.5%，与2010年基本持平；西部地区为7.1%，比2010年下降0.6个百分点；中部地区为2.4%，比2010年上升0.5个百分点①。数据表明，我国的东部地区是人口的主要注入地，西部地区的整体吸引力比较弱，从趋势上看，西部地区的吸引力正逐年下降。

（3）西北地区大城市人口聚集态势不断加强

西北地区城市首位度普遍较高，人口规模分布呈现极大的不平衡，人口流向大城市与特大城市，城镇体系极化明显。

① 白剑锋．我国流动人口2.45亿 劳动年龄流动人口的平均年龄呈上升态势，随迁子女比例增加[N]．人民日报．2014-11-19．

（4）中等城市就地城镇化水平低

以农业、工贸或能源为主要职能的中等城市，主导产业、支柱产业相对单一，城市产业发展对土地资源或工矿资源的依赖程度大，导致其产业结构不平衡。尤其是能源型城市，城市经济发展一般由若干个大型企业承揽，城市的经济框架由个别巨型企业发展支撑，但是其他工业、服务业以及诸多中小企业却得不到充分发展。虽然巨型企业能够吸引一部分劳动力实现就地城镇化，但是由于缺乏足够的劳动力密集型产业，无法实现剩余劳动力的转移。就地城镇化动力的缺乏，导致西北地区中等城市存在着普遍的区域人口承载能力弱、中心城区面积过小的问题。

西北地区中等城市市域面积大，但是小城镇普遍人口规模偏小。一方面由于小城镇无法提供足够的适宜性工作岗位，另一方面则由于小城镇的公共设施配置虽然重视均等性，但因规模门槛、政策投资等限制，城乡设施差异明显，小城镇无法提供宜居的公共设施配套条件，因此难以成为有魅力的人口聚居点，吸引由乡入城和由城返乡的人口。不少小城镇长期无实质性增长，城镇化乏力，有的小城镇甚至出现相对衰败的局面。

甘肃省武威市2010年中心城区“人口26.07万人，占市域人口比例不足15%；城镇化率为27.56%，低于全省平均水平8.56个百分点”“建成区面积30.55km²，仅占市域总面积的0.09%”[①]（表3-11）。由于中心城区面积小，能够提供的转移农民就近就业空间狭窄，因此促进农业剩余劳动力转移和接纳外来人口的能力很弱。

武威与甘肃三市城镇化发展比较（2010年） 表3-11

指标	武威市	兰州市	金昌市	嘉峪关市
城镇化率（%）	27.56	65.02	59.32	90.32
建成区占市域面积比例（%）	0.09	1.20	0.35	2.96

资料来源：北京清华城市规划设计研究院．武威城乡融合发展核心区规划 [Z]．2010.

甘肃省临夏市总面积为88.6km²，下辖仅城关、折桥、枹罕、南龙等四个乡镇，由于行政区狭小，城市空间发展出现了较大的用地限制，同时也难以对周边城镇进行有效带动。

3.1.4.2 教育

西北地区义务教育阶段的平均在校生数略高于全国平均水平，高等教育除陕西外，其余省份均低于或远低于全国平均水平。各级学校生师比在小学和初中阶段低于全国

① 北京清华城市规划设计研究院．武威城乡融合发展核心区规划 [Z]．2010.

平均水平，中等职业学校数量高于全国平均水平（表3-12、表3-13）。相关数据表明，西北地区在人才教育方面，义务教育阶段和高等教育阶段的师资力量均弱于全国平均水平，基于西北地区技术人员培训的人才结构，中等职业教育相对发达。

西北地区每十万人各级学校平均在校生数与全国平均水平比较（单位：%）　　表3-12

	学前教育	小学	初中阶段	高中阶段	高等教育
陕西	17.76	−12.38	−2.34	24.33	49.38
甘肃	−25.85	4.77	22.55	25.44	−9.29
青海	1.13	19.82	10.76	12.75	−51.95
宁夏	−9.13	35.03	34.22	26.95	−9.22
新疆	11.95	22.72	25.44	1.22	−30.48

注：正值表示高于全国平均水平的百分比，负值表示低于全国平均水平的百分比。
资料来源：根据中华人民共和国统计局网站 http://www.stats.gov.cn/tjsj/ndsj/
中华人民共和国统计局．中国统计年鉴 2014[Z]．北京：中国统计出版社，2014．计算所得。

西北地区各级学校生师比与全国平均水平比较（单位：%）　　表3-13

	普通小学	初中	普通高中	中等职业学校	普通高校
陕西	−16.71	−14.76	5.64	7.81	3.08
甘肃	−20.65	−3.75	4.98	−21.26	4.85
青海	4.99	4.53	−8.80	31.92	−13.69
宁夏	5.63	15.06	10.46	56.65	−1.31
新疆	−19.59	−16.41	−14.52	−0.49	−1.03

注：正值表示高于全国平均水平的百分比，负值表示低于全国平均水平的百分比。
资料来源：根据中华人民共和国统计局网站 http://www.stats.gov.cn/tjsj/ndsj/
中华人民共和国统计局．中国统计年鉴 2014[Z]．北京：中国统计出版社，2014．计算所得。

3.1.4.3 医疗卫生

西北地区城乡医疗卫生设施与全国水平相比，城市总体上与全国水平基本持平，乡村总体上略低于全国平均水平。在西北五省中，青海与新疆医疗卫生设施水平相对较高，其中新疆的设施水平远高于全国平均水平（表3-14、表3-15）。

西北地区城乡医疗卫生机构床位数与全国平均水平比较（单位：%）　　表3-14

地区	每千人口医疗卫生机构床位			每千农业人口乡镇卫生院床位数
	合计	城市	农村	
陕西	8.11	−6.92	−0.06	−6.61
甘肃	−1.21	−15.16	−4.76	−8.98
青海	12.32	90.44	−3.76	0.07

续表

地区	每千人口医疗卫生机构床位			每千农业人口乡镇卫生院床位数
	合计	城市	农村	
宁夏	4.60	4.04	−29.10	−46.35
新疆	33.29	34.80	53.67	35.94

注：正值表示高于全国平均水平的百分比，负值表示低于全国平均水平的百分比。

资料来源：根据中华人民共和国统计局网站 http://www.stats.gov.cn/tjsj/ndsj/

中华人民共和国统计局．中国统计年鉴 2014[Z]．北京：中国统计出版社，2014．计算所得。

西北地区每千人口卫生技术人员与全国平均水平比较（单位：%）　　表 3-15

地区	卫生技术人员			执业（助理）医师			注册护士		
	合计	城市	农村	合计	城市	农村	合计	城市	农村
陕西	14.55	−1.85	24.63	−7.91	−12.82	−9.76	10.85	−1.96	16.71
甘肃	−17.85	−26.32	−9.49	−19.34	−22.01	−17.48	−26.40	−30.02	−22.13
青海	7.47	79.09	−1.60	13.34	79.99	6.76	−1.62	82.53	−19.33
宁夏	5.83	−1.16	−14.61	4.97	−1.92	−11.77	2.49	−6.28	−24.59
新疆	22.10	40.31	51.23	14.66	46.66	32.39	22.36	36.13	69.73

注：正值表示高于全国平均水平的百分比，负值表示低于全国平均水平的百分比。

资料来源：根据中华人民共和国统计局网站 http://www.stats.gov.cn/tjsj/ndsj/

中华人民共和国统计局．中国统计年鉴 2014[Z]．北京：中国统计出版社，2014．计算所得。

3.1.4.4 文化事业

以有线广播电视干线网络及用户情况作为西北地区农村文化事业发展的一个分析视角，西北五省农村均低于全国平均水平，其中宁夏农村有线广播电视用户的比重不足 2%。广播电视文化传播途径的缺乏，从一个侧面反映了乡村文化事业发展的滞后（表 3-16）。

西北地区农村有线广播电视传输干线网络及用户情况（2013 年）　　表 3-16

地区	农村有线广播电视用户数占总用户数的比重（%）	农村有线广播电视用户占农村家庭总户数的比重（%）
全国平均	38.92	35.29
陕西	26.61	23.96
甘肃	11.57	4.94
青海	7.17	4.79
宁夏	1.78	1.78
新疆	20.36	16.75

资料来源：根据中华人民共和国统计局网站 http://www.stats.gov.cn/tjsj/ndsj/

中华人民共和国统计局．中国统计年鉴 2014[Z]．北京：中国统计出版社，2014．计算所得。

3.1.4.5 科技进步

从规模以上工业企业科研活动占全国的比重来看，科研经费、专利申请等各项指标中，西北地区合计仅占全国的 2% ~ 3%，说明西北地区的科技进步水平远远落后于全国平均水平（表 3-17）。

西北地区规模以上工业企业科研活动占全国的比重（2013 年）（单位：%） 表 3-17

地区	R&D 人员全时当量（人年）	R&D 经费（万元）	R&D 项目数（项）	专利申请数(件)	发明专利	有效发明专利数（件）
陕西	1.84	1.68	1.89	1.29	1.54	1.62
甘肃	0.50	0.48	0.54	0.44	0.31	0.31
青海	0.08	0.11	0.04	0.06	0.06	0.06
宁夏	0.19	0.20	0.33	0.20	0.30	0.12
新疆	0.27	0.38	0.33	0.40	0.27	0.21
西北地区合计	2.88	2.85	3.14	2.39	2.48	2.31

资料来源：根据中华人民共和国统计局网站 http://www.stats.gov.cn/tjsj/ndsj/
中华人民共和国统计局．中国统计年鉴 2014[Z]．北京：中国统计出版社，2014．计算所得。

3.1.5 城乡建设

3.1.5.1 规模等级结构

根据《中国城市建设统计年鉴 2013》，统计各城市人口规模（表 3-18）。

西北地区城市人口规模（2013 年底）（单位：万人） 表 3-18

	陕西		甘肃		青海		宁夏		新疆	
	城市	规模	城市	规模	城市	规模	城市	规模	城市	规模
1	西安	390.92	兰州	185.77	西宁	116.65	银川	103.37	乌鲁木齐	256.76
2	铜川	39.36	嘉峪关	19.02	海东	9.38	灵武	5.29	克拉玛依	27.47
3	宝鸡	77.52	金昌	15.89	玉树	5.70	石嘴山	42.10	吐鲁番	5.32
4	咸阳	87.24	白银	36.27	格尔木	10.33	吴忠	20.32	哈密	24.83
5	兴平	18.60	天水	63.60	德令哈	5.79	青铜峡	12.50	昌吉	23.23
6	渭南	42.00	武威	31.40			固原	19.85	阜康	7.49
7	韩城	16.84	张掖	18.54			中卫	18.70	博乐	16.55
8	华阴	10.80	平凉	28.40					阿拉山口	1.03
9	延安	28.64	酒泉	23.63					库尔勒	28.61
10	汉中	38.04	玉门	8.50					阿克苏	31.16
11	榆林	26.00	敦煌	9.16					阿图什	6.70

续表

	陕西		甘肃		青海		宁夏		新疆	
	城市	规模	城市	规模	城市	规模	城市	规模	城市	规模
12	安康	30.55	庆阳	18.10					喀什	23.98
13	商洛	15.40	定西	16.49					和田	14.34
14			陇南	12.82					伊宁	32.20
15			临夏	20.81					奎屯	15.51
16			合作	5.15					乌苏	7.86
17									塔城	8.70
18									阿勒泰	7.23
19									石河子	27.50
20									阿拉尔	6.16
21									图木舒克	2.42
22									五家渠	6.50
23									北屯	3.91
24									铁门关	1.10

注：以上各城市规模的统计口径为城区人口规模。

资料来源：根据中华人民共和国住房和城乡建设部．中国城市建设统计年鉴 2013[Z]．北京：中国统计出版社，2014．统计绘制。

首位度反映了城镇体系中的城市发展要素在最大城市的集中程度，一般认为，合理的二城市指数是 2，合理的四城市指数为 1。二城市指数超过 2，则意味着存在区域结构失衡、资源与要素过度集中的趋势。统计西北地区各省（自治区）城市首位度，二城市指数最低是宁夏，为 2.46，最高是青海，达到了 11.29；四城市指数最低是宁夏，为 1.26，最高是青海，为 4.57。从首位度角度看，西北地区各省（自治区）城市首位度均偏高（表 3-19）。

西北地区各省（自治区）城市首位度 **表 3-19**

地区	人口规模（万人）				城市首位度	
	首位城市	第二位城市	第三位城市	第四位城市	二城市指数	四城市指数
陕西	390.92	87.24	77.52	42.00	4.48	1.89
甘肃	185.77	63.60	36.27	31.40	2.92	1.42
青海	116.65	10.33	9.38	5.79	11.29	4.57
宁夏	103.37	42.10	20.32	19.85	2.46	1.26
新疆	256.76	32.20	31.16	28.61	7.97	2.79

注：城市首位度二城市指数 S=P1/P2，四城市指数 S=P1/P2+P3+P4，其中 S 为城市首位度，P1 ~ P4 分别为人口规模排序 1-4 位的城市规模。

资料来源：根据中华人民共和国住房和城乡建设部．中国城市建设统计年鉴 2013[Z]．北京：中国统计出版社，2014．计算所得。

西北地区中等城市数量为21个，占西北地区城市总数的32.31%；西北地区中等城市总人口为626.50万人，占西北地区总人口的27.33%（表3-20）。

西北地区中等城市数量及其人口规模占各省比重　　表3-20

地区	城市数量			人口规模		
	全省（自治区）城市总数（个）	中等城市数量（个）	中等城市占总体比重（%）	全省（自治区）人口总数（万人）	中等城市人口总数（万人）	中等城市人口占总体比重（%）
陕西	13	6	46.15	821.91	204.59	24.89
甘肃	16	5	31.25	513.55	140.51	27.36
青海	5	0	0	147.85	0	0
宁夏	7	2	28.57	222.13	62.42	28.10
新疆	24	8	33.33	586.56	218.98	37.33
西北地区合计	65	21	32.31	2292.00	626.50	27.33

资料来源：根据中华人民共和国住房和城乡建设部．中国城市建设统计年鉴2013[Z]．北京：中国统计出版社，2014．计算所得。

3.1.5.2 职能结构

西北地区中等城市产业以农业、工矿、机械、加工、贸易为主，城镇职能类型较为单一、城镇产业协作关系不明晰（表3-21）。

西北地区中等城市的主导产业　　表3-21

省（自治区）	城市	主要职能
陕西	铜川	以煤炭开采、建材工业、养生文化旅游为主
	渭南	以农业、重化工工业为主
	延安	以石油开采、化工、红色旅游为主
	汉中	以商贸、国防装备工业、生物制品工业为主
	榆林	以煤炭开采、化工、农牧业为主
	安康	以商贸、旅游为主
甘肃	白银	以有色金属、新材料为主
	武威	以旅游业、制造业、农副产品加工业为主
	平凉	以工贸、能源、旅游业为主
	酒泉	以钢铁工业为主
	临夏	以商贸、旅游和民族产业为主
宁夏	石嘴山	以煤炭开采、新材料加工、农业为主
	吴忠	以能源化工、装备制造、商贸物流、特色旅游为主
新疆	克拉玛依	以石油和天然气开采、化工为主

续表

省（自治区）	城市	主要职能
新疆	哈密	以煤炭开采、纺织业为主
	昌吉	以纺织业、食品加工业为主
	库尔勒	以石油和天然气开采、纺织业为主
	阿克苏	以纺织业、食品加工业为主
	喀什	以纺织业、电力、食品加工业、塑料制品业为主
	伊宁	以纺织业、电力为主
	石河子	以纺织业、食品加工业为主

资料来源：根据各省（自治区）城镇体系规划、各城市总体规划以及政府公众信息网上的相关信息总结绘制。

西北地区矿产资源丰富，不少城镇是在资源开采、加工基础上形成的，在“先厂后城”的发展模式下形成了数量众多的资源型城镇，城市主导产业特征明显，职能单一，长期以来属于专业型城镇，与乡村腹地的关联性弱，城乡二元经济结构导致城市辐射、带动作用有限（表 3-22）。

西北地区主要工矿类中等城市　　表 3-22

工矿资源类型	代表性城市
煤炭	铜川、榆林、石嘴山
石油	克拉玛依、库尔勒、延安
天然气	克拉玛依
有色金属和黑色金属加工	白银、阿勒泰
建材化工	格尔木、哈密

青海省的城镇职能可分为省会城市、工矿型、地方性综合城镇等类型（表 3-23）。工矿型城镇虽然有着明确的主导产业，但是支撑城镇发展的往往是一个独立的骨干型工矿企业，主要参与区域外的经济循环，对当地的城镇体系发展带动作用有限。大量的地方性综合城镇由于自身产业薄弱，缺少产业关联与有机组合，对青海省以外的区域输出产品主要为产业附加值较低的农畜初级产品，在商贸发展上也仅停留于商品集散的初级功能。虽然有大量高品位的文化旅游资源，但由于景点与城镇的空间联系不强，在现行旅游空间格局下，旅游接待及服务能力与旅游资源品质无法匹配，旅游产业发展水平难以提升。

青海省城镇职能类型划分 表 3-23

职能类型	代表性城镇	主要职能
省会城市	西宁市	全省的政治、经济、文化中心
工矿型城镇	格尔木市、冷湖、花土沟、大柴旦、芒崖、茶卡等	区域性中心城市，以一种或多种工矿资源开采、加工为主要职能的城镇
地方性综合城镇	黄南州、果洛州、海南州、海西州、玉树州的州府及辖县的县城	州、县的中心镇，主要行使行政管理职能，同时也是州、县域的商品集散地
民族商品集散城镇	循化街子、民和官亭、马营等	青海著名的皮毛、牛羊、药材、茶叶等的集散中心
民族宗教文化城镇	隆务、鲁沙尔、歇武、结古等	以民族宗教（尤其是藏传佛教）的集会、庆典、传播为主

资料来源：根据《青海省城镇体系规划（2014-2030 年）》总结。

3.1.5.3 空间结构

西北地区土地面积约为全国的 1/3，共有设市城市 65 个，占全国设市城市总数的 9.88%，城市密度为 2.14 个 / 千平方公里，约为全国平均水平的 1/3，人口密度为 32.33 人 / 平方公里，约为全国的 1/4。地广人稀的区域特点，决定了西北地区城市的城乡空间关系与中部、东部地区有着较大的差异。而在西北地区地广人稀的整体格局下，城市的空间分布也存在着较为明显的地区差异，大量高海拔、严重缺氧的区域人口密度极低，城镇主要分布在农业基础较好、自然环境相对适宜的区域（表 3-24）。

西北地区各省（自治区）城市密度与人口密度 表 3-24

地区	面积（万 hm^2）	设市城市数量（个）	总人口（万人）	城市密度（个 /1000km^2）	人口密度（人 /km^2）
全国总计	95069.3	658	136072	6.92	143.13
陕西	2057.9	13	3764	6.32	182.90
甘肃	4040.9	16	2582	3.96	63.90
青海	7174.8	5	578	0.70	8.06
宁夏	519.5	7	654	13.47	125.89
新疆	16649	24	2264	1.44	13.60
西北地区合计	30442.1	65	9842	2.14	32.33

资料来源：根据中华人民共和国统计局．中国统计年鉴 2014[Z]．北京：中国统计出版社，2014．计算所得。

3.1.5.4 设施水平

西北地区城市基础设施水平与全国平均水平基本持平。燃气是近年来重点提升的基础设施类型，西北地区虽然天然气资源丰富，但燃气普及率并不高，说明城市设施的现代化水平与东部地区仍有一定的差距，需进一步提升（表 3-25）。

西北地区城市设施水平（2013 年）　表 3-25

地区	城市用水普及率（%）	城市燃气普及率（%）	每万人拥有公共交通车辆（标台）	人均城市道路面积（m^2）	人均公园绿地面积（m^2）	每万人拥有公共厕所（座）
全国	97.56	94.25	12.78	14.87	12.64	2.83
陕西	96.52	93.75	16.27	14.74	11.77	3.81
甘肃	93.68	80.22	10.36	14.02	11.76	2.41
青海	99.08	84.76	14.47	10.90	9.66	3.98
宁夏	96.51	89.08	13.19	18.81	17.51	2.54
新疆	98.08	96.37	14.35	15.69	10.08	3.16

资料来源：根据中华人民共和国统计局．中国统计年鉴 2014[Z]．北京：中国统计出版社，2014．计算所得。

西北地区建制镇和乡的人口密度自东向西呈现明显的递减趋势。建制镇和乡的市政公用设施水平与全国平均水平相比，有较大的差距。其中，人均日生活用水量远低于全国平均水平，反映了西北地区乡村区域受水资源短缺影响明显，同时也反映了乡村居民综合生活水平不高。燃气普及率，“建制镇”中宁夏最高（21.12%），但也未达到全国平均水平（46.44%）的一半，“乡”中宁夏（17.74%）的设施水平接近于全国平均水平（19.50%），而其余省（自治区）则在 4% 左右。西北地区建制镇和乡的人均道路面积整体高于全国平均水平，尤其是新疆，约为全国平均水平的 2 倍，说明乡村地区土地利用集约化程度低。人均公园绿地面积、绿化覆盖率、绿地率等指标反映了西北地区镇区的生态空间建设水平，与全国平均水平相比，西北地区各区域生态空间建设水平参差不齐，但均远低于全国平均水平（表 3-26、表 3-27）。

西北地区建制镇市政公用设施水平（2013 年）　表 3-26

地区	人口密度（人/km^2）	人均日生活用水量（升）	供水普及率（%）	燃气普及率（%）	人均道路面积（m^2）	排水管道暗渠密度（km/km^2）	人均公园绿地面积（m^2）	绿化覆盖率（%）	绿地率（%）
全国	4947	98.58	81.73	46.44	12.26	6.75	2.37	15.42	8.64
陕西	4986	57.59	75.92	17.22	9.06	4.35	0.54	7.48	2.94
甘肃	4311	53.91	72.19	5.30	11.65	2.69	0.56	6.75	3.10
青海	4585	73.96	55.37	16.67	9.53	2.28	1.87	10.78	6.27
宁夏	3557	80.61	66.96	21.12	12.89	4.71	0.56	6.26	3.10
新疆	3071	78.92	83.90	14.60	20.89	2.31	1.30	15.41	11.38

资料来源：根据中华人民共和国统计局．中国统计年鉴 2014[Z]．北京：中国统计出版社，2014．计算所得。

西北地区乡市政公用设施水平（2013 年） 表 3-27

地区	人口密度（人/km^2）	人均日生活用水量（升）	供水普及率（%）	燃气普及率（%）	人均道路面积（m^2）	排水管道暗渠密度（km/km^2）	人均公园绿地面积（m^2）	绿化覆盖率（%）	绿地率（%）
全国	4471	82.81	68.24	19.50	12.11	3.57	1.08	12.72	5.27
陕西	4231	54.76	65.91	4.81	9.96	3.25	0.26	4.94	2.12
甘肃	3763	50.81	49.42	3.21	13.20	2.30	0.32	9.41	3.43
青海	5100	75.42	40.80	—	11.50	0.52	—	5.98	2.41
宁夏	3789	58.32	72.90	17.74	14.13	4.08	0.17	9.04	3.89
新疆	2907	73.81	77.68	5.18	23.47	0.80	1.38	16.34	11.41

资料来源：根据中华人民共和国统计局．中国统计年鉴 2014[Z]．北京：中国统计出版社，2014．计算所得。

3.1.5.5 城乡规划

（1）规划体系上下脱节，村庄建设缺乏有针对性的上位规划

《中华人民共和国城市规划法》于 1990 年颁布实施，《村庄和集镇规划建设管理条例》于 1993 年颁布实施，多年来，我国城乡规划一直在“一法一条例”的指导下进行编制。2008 年《中华人民共和国城乡规划法》颁布实施，将城市与乡村的规划纳入了统一体系，西北地区各城市纷纷根据实际需要调整和细化了城乡规划编制体系。但从现行体系来看，村庄布点规划解决了宏观层面的区域空间资源统筹问题，但落实到微观层面的村庄建设规划，仍缺少中间环节对子区域发展统筹的衔接，宏观与微观层面的规划存在着一定程度的脱节。

同时，由于长期以来“城市偏向”的规划技术路径，导致在完成城市总体规划时对涉及中心城区的规划编制较为重视，而对市域大量的村庄，仍给予原则性的分区、分类、分期规划与建设指导思想。在宏观层面对乡村的整体发展，尤其是农村地区产业发展统筹方面，小城镇、乡村地区与周边工业园区、风景名胜区在产业关联、设施共享方面，往往缺少真正有针对性的上位规划，规划成果常常流于形式。

（2）规划对象上重点轻面，难以形成区域带动

西北地区中等城市农村点多面广，很难在市域范围内展开全面的村庄规划。以点带面为原则，有重点地选择一些发展较为突出的典型村庄进行规划和示范性建设，能够取得一定的成效，但是在有限的时间、资金和规划技术条件约束下，孤立地进行村庄规划，由于无法主导区域性、全局性的产业、空间和设施协调，难以对相邻地区进行发展统筹，因此仅能就某个孤立的村庄作点状发展设想，无法形成区域性的发展带动。

目前西北地区中等城市的乡村规划总体上还处于“个体”发展阶段，现有城镇体

系规划从宏观角度出发，对区域内的城镇发展做整体的结构性安排，比较注重城乡空间网络骨架和城镇节点的规划，但是对城乡建设的空间关系以及城镇体系的最底层——小城镇对乡村地区的带动，都难以进行有效的引导和协调，需要对城乡规划体系进行完善，以协调城乡空间关系。

（3）规划实施上缺乏整体化、统一的保障措施

1）小城镇土地指标紧缺

20 世纪 80 年代后期开始的土地使用制度改革，确立了乡镇建设用地指标自上而下的分配机制。西北地区中等城市小城镇普遍经济实力薄弱，内涵式更新初期成本较高，故大多数小城镇采取占用农用地的外延式增长方式，甚至存在大量非法建设。小城镇空间结构调整容易陷入“没有土地指标—无法集中改造—难以实现土地置换”的尴尬循环。同时，由于土地资源获取困难，以土地成本低吸引产业集聚的难度大，也不存在比较优势，因此对外部投资的吸引力很弱。

2）乡村建设资金匮乏，融资困难

改革开放后，大量资本向城市集中，西北地区城乡间资本流动的主要方式是农民进城务工或经商，城市居民携带资本去农村创办企业数量较少，资本在农村成为一种越来越稀缺的资源要素，乡镇企业资金流转困难成为普遍性问题，乡镇企业难以壮大，制约了农村经济的发展。

3）城乡公共投资差距

目前西北地区中等城市小城镇基本公共服务设施的提供者为政府，而建设与运行的资金来源通常依赖于乡镇地方政府的公共财政收入，因此受政府行政体制的影响较大。落后的经济水平，导致乡镇地方政府无法提供充足的公共服务设施。如中国政府对教育的投入，一般中央与省级财政主要用于高等教育的投入，县乡基层政府承担基础教育的投入，尤其是农村基础教育。这种中央—地方分级办学的体制，大幅度增加了地方财政性教育经费。从政府通过投资来拉动城乡经济发展统筹的角度看，地方政府的财政支出也具有非农偏好，导致城乡公共投资差异较大。

3.2 城乡空间关联分析

从功能上看，城乡空间可分为生产空间、生活空间和生态空间，但学界尚无准确定义，较为权威的表述来源于近几年来党和政府的相关文件（表 3-28）。

政府相关文件中对“三生”空间的表述 表3-28

时间	文件	表述
2012年11月8日至14日	十八大报告《坚定不移沿着中国特色社会主义道路前进 为全面建成小康社会而奋斗》	要优化国土空间开发格局，促进生产空间集约高效、生活空间宜居适度、生态空间山青水秀，给自然留下更多修复空间，给农田留下更多良田，给子孙留下天蓝、地绿、水净的美好家园
2013年11月9日至12日	十八届三中全会《中共中央关于全面深化改革若干重大问题的决定》	建立空间规划体系，划定生产、生活、生态空间开发管制界限，落实用途管制
2013年12月12日至13日	中央城镇化工作会议公报	提高城镇建设用地利用效率。……按照促进生产空间集约高效、生活空间宜居适度、生态空间山青水秀的总体要求，形成生产、生活、生态空间的合理结构
2015年12月20日至21日	中央城市工作会议公报	统筹生产、生活、生态三大布局，提高城市发展的宜居性。城市发展要把握好生产空间、生活空间、生态空间的内在联系，实现生产空间集约高效、生活空间宜居适度、生态空间山青水秀

上述空间在国土空间开发格局、空间开发管制、城镇建设用地等不同语境下分别称为“生产空间”、“生活空间”和“生态空间”，表述的侧重点也不尽相同。同时，将城乡空间与现行《城市用地分类与规划建设用地标准（GB50137-2011）》对接进行用地类型划分时，就会存在难以一一对应的问题。城乡空间具有功能复合性，某一个具体的空间可能具有多重功能。如，城市范围内的商业服务业设施用地（B）上承载的是生产性和生活性服务业功能，对于从业者来说是生产空间，而对于消费者来说却是生活空间；乡村范围内的农林用地（E2）上进行观光农业活动时，对于从事农业种植和乡村旅游的农民来说是生产空间，而对于来自城市的旅游者来说却是生活空间；乡村范围内大面积、连续性的农林用地（E2），对作为个体的农民来说是生产空间，对城乡居民整体来说却是生态空间。同时，城乡空间的功能还具有动态性，现状的农业生产空间可进一步延伸具有旅游业产业功能。

张红旗（2015）以突出主要功能、突出分类体系中生态用地、强调国家层级宏观尺度为原则，对“三生”空间的土地利用进行了分类[①]（表3-29）。

“三生”用地的分类体系 表3-29

一级	二级		三级
生态用地	重点调节生态用地	水源涵养用地	林地、草地、湿地、冰川
		土壤保持用地	林地、草地、湿地
		防风固沙用地	林地、草地、湿地
		洪水调蓄用地	林地、草地、湿地

① 张红旗，许尔琪，朱会义. 中国“三生用地”分类及其空间格局[J]. 资源科学，2015，37（7）：1332-1338.

续表

一级	二级		三级
生态用地	重点调节生态用地	河岸防护用地	林地、草地、湿地
		生物多样性保护用地	林地、草地、湿地、冰川
	一般调节生态用地		林地、草地、湿地、冰川
	生态容纳用地		沙地，盐碱地，裸岩石砾地，戈壁，高寒荒漠
生态生产用地	牧草地		草地
	用地林地		林地
	渔业养殖地		水域
生产生态用地	耕地		耕地
	园地		林地
生活生产用地	城镇建成区用地		城镇用地
	农村生活用地		农村居民点
	工业生产用地		工矿建设用地

资料来源：张红旗，许尔琪，朱会义．中国“三生用地”分类及其空间格局 [J]．资源科学，2015，37（7）：1332-1338.

舒沐晖（2015）从城乡全域、城镇区域—乡村区域两个层次划分了用地类型，将“三生”空间与用地分类进行了对接[①]（表 3-30）。

“三生”空间的用地分类　　表 3-30

“三生”空间			用地类型
城乡全域		生产空间	集中连片工业用地（大型独立工矿）、区域性交通设施及公用设施、农业生产区
		生活空间	城镇居民点（除工业园区）
		生态空间	自然保护区、风景名胜区、水源保护地、森林公园、水域、林地等
其中	城镇区域	生产空间	生产性为主的商业服务业设施（B）、用地工业用地（M）、物流仓储用地（W）、道路与交通设施用地（S）、公用设施用地（U）、区域交通设施用地（H2）、区域公用设施用地（H3）、特殊用地（H4）、采矿用地（H5）、其他建设用地（H9）
		生活空间	居住用地（R）、公共管理与公共服务设施用地（A）、生活性为主的商业服务业设施用地（B）、广场用地（G3）
		生态空间	生态空间：绿地（G1、G2）、水域（E1）、农林用地（E2）、其他非建设用地（E3）
	乡村区域	生产空间	农业生产区、区域基础设施及公用设施、乡镇企业用地
		生活空间	集中居民点的住宅、公共服务、公益设施、基础设施等用地
		生态空间	自然保护区、风景名胜区、水源保护地、森林公园、水域、林地等

资料来源：根据舒沐晖，沈艳丽，蒋伟．等．法定城乡规划划分“生产、生活、生态”空间方法初探 [C]//2015 中国城市规划年会论文集，2015．整理。

① 舒沐晖，沈艳丽，蒋伟，等．法定城乡规划划分“生产、生活、生态”空间方法初探 [C]//2015 中国城市规划年会论文集，2015.

张红旗（2015）对“三生”空间的用地分类较为充分地体现了功能复合特征，符合城乡空间功能耦合的现实以及未来城乡空间发展功能复合化的大趋势。舒沐晖（2015）对“三生”空间的用地分类较为细致，便于统计。本书在依据《城市用地分类与规划建设用地标准（GB50137-2011）》对用地进行统计时，原则采用舒沐晖（2015）的分类方法，在城乡职能划分和城市—乡村内部职能分析时，原则参考张红旗（2015）的分类方法。

3.2.1 城市“三生”空间

（1）生态空间：空间较匮乏，建设多滞后

受西部大开发政策影响，西北地区中等城市经济发展迅速，中心城区空间生长以新城快速扩张为主，空间形态上虽然有多个功能组团，但是虚中心现象明显，整体用地不集约。工业生产与居住职能最早向外拓展，城市空间生长主要采用外延式增长，大量占用城市周边生态用地和小城镇发展用地，城市整体用地不集约。

中心城区生态空间作为公共产品，应当由政府来提供，但是政府往往最先考虑将有限的财政投向生产空间以促进经济发展和带动就业，而生态空间建设对市场来说缺乏投资效益，因此往往建设相对滞后，人均绿地面积远达不到国家标准要求，城市内部生态空间匮乏。

（2）生产空间：工业向外拓，结构待优化

西北中等城市中心城区空间向外拓展通常由工业组团带动，或在邻近的工业城镇基础上进一步发展壮大，随后完善相应的居住和公共服务职能，形成功能相对完整的城市组团。但是长期以来服务空间升级不明显，城镇在现有商业中心的基础上增加了部分商务功能，但是更高层级的服务业较为缺乏。

（3）生活空间：局部已改善，区域差异大

从居住面积、人均道路面积等指标可以看出，西北地区中等城市的生活空间质量已经得到了一定改善，但是居住环境品质，公园的面积、功能、分布，与东部地区相比、与理想人居环境相比，仍有较大的差距。在城市空间内部，新城区整体空间品质较好，但以单一功能为主，大部分尚未发展成综合型城市功能组团。老城区棚户区改造力度小，生活空间品质仍然得不到快速提升。

3.2.2 乡村“三生”空间

（1）生态空间：景观破碎化，职能多样化

城郊村位于中心城区外围，在工业化过程中其生态空间首先受到城乡空间扩展的影响，部分城郊村被带有城市特征的工业区、高档住宅区、高等院校等城市空间挤占，这些插式花的城市空间片断，使城郊村的乡村生态景观趋于破碎化。城郊村圈层的农业空间职能趋于多样化，由传统农业进一步发展派生出一些新的活跃的生态空间板块，如蔬菜基地、花卉基地等，并在农业生产的基础上承担了部分城郊生态旅游职能。

（2）生产空间：农业较传统，工业无支撑

远郊村受城市空间扩展影响不明显，这一圈层的生态空间主要职能仍为传统农牧业生产，劳动生产率低、经济收入有限。对小康生活的向往使人们为了获取更多的粮食扩大耕种面积，甚至在一些生态敏感地区进行种植，尽管农民获得了一定的现实收益，但是对生态环境造成了负面的影响。绝大多数小城镇缺少产业支撑，缺乏自下而上的发展动力，空间发展缓慢，设施配套与城市有很大差距，实质仅承担了区域管理、简单产品交换的职能，无法实现人口的就地城镇化。从空间上看，仅有部分小城镇依托能源开采、旅游、物流等产业发展迅速，大部分小城镇的镇区在用地规模上与乡村区别不大，整体规模偏小。小城镇人口占市域总城镇人口的比重不断下滑，小城镇对当地乡村居民的吸引力整体减弱，小城镇发展普遍乏力。

（3）生活空间：空间欠整理，乡土性淡化

乡村人均建设用地面积整体呈扩张趋势，村落集聚程度低，用地布局松散，人均用地规模大。村民在进行建设时，习惯于建新不拆旧，一户占用多处宅基地，使村庄用地规模不断扩大。农民自建房屋空间分散，建筑密度小、容积率低，而配套设施的覆盖则要求乡村居民点在空间上集聚，两者产生了诸多矛盾，导致路、水、电等设施建设和运行成本都很高，影响了乡村人居环境的品质。

近郊村圈层的乡村生活空间，受外部文化渗透速度加快，空间趋于边缘化。远郊村旧村改造滞后，老宅基地闲置，青壮年劳动力常年在外打工，生活空间缺乏整合，空心村现象严重，住房空置率较高。由于缺乏乡土文化传承与发展的有效载体，乡村生活空间整体对传统格局、自然环境等乡土特色的尊重和延续逐渐淡化。

3.2.3 城乡“三生”空间

（1）生态空间：生长受挤压，格局破碎化，功能单一化

1）城乡建设用地迅速扩张，严重挤压生态空间

在相当长的历史进程中，西北中等城市城乡空间生长一直相对缓慢。随着改革开放和西部大开发的推进，人口快速增长、产业不断升级，城市建成区规模迅速扩大。由于一部分城市功能在空间上受到更大的局限，城市功能不能在更大范围内扩展，造

成了中心城市功能的拥挤。中心城市的高度集聚给生产和生活带来了诸多压力，但受资本约束，缺乏空间更新改造所需的大量资本，因此采用了外延式空间增长方式（表3-31）；而与之相对，郊区受到城市强有力的辐射，同时具有空间更新成本相对低廉的优势，受到资本强烈的吸引，生长潜力被激活，因而获得重要的发展机会，集中表现为城市开发区和工业用地的外拓、城市公共设施的蔓延。随着中心城区的扩容，中心城区周边大量生态空间被转化为生产和生活空间。

西北地区部分中等城市人均城区面积（2013年）　　表3-31

省（自治区）	城市	城区面积（km^2）	城区人口（万人）	城区人口人均城区面积（m^2/人）
陕西	渭南	202.00	42.00	480.95
	榆林	119.00	26.00	457.69
	安康	160.00	30.55	523.73
甘肃	张掖	99.24	36.27	273.61
	平凉	255.00	28.40	897.89
	酒泉	232.00	23.63	981.80
宁夏	石嘴山	118.20	42.10	280.76
	吴忠	60.00	20.32	295.28
新疆	克拉玛依	63.94	27.47	232.76
	哈密	63.00	24.82	253.83
	昌吉	96.95	23.23	417.35
	库尔勒	113.00	28.61	394.97
	喀什	56.04	23.98	233.69
	石河子	150.00	27.50	545.45

资料来源：根据中华人民共和国住房和城乡建设部. 中国城市建设统计年鉴2013[Z]. 中国统计出版社，2014. 进行计算。

任云英，常仲嵛（2012）测算了新疆库尔勒市1949-2009年间4个时间段的城市空间形态变化情况，认为库尔勒城市分形维数变化不大，说明城市在空间拓展过程中形态较为稳定，但紧凑度不高，说明空间较为松散①（表3-32）。

① 任云英，常仲嵛. 西北干旱区绿洲型城市空间演变及其动因分析——以库尔勒为例[J]. 建筑与文化，2012（3）91-93.

新疆库尔勒市城市空间形态变化　　表 3-32

	1949 年	1984 年	1993 年	2009 年
分形维数	1.08	1.10	1.08	1.09
紧凑度	0.50	0.38	0.43	0.38

资料来源：根据任云英，常仲崙．西北干旱区绿洲型城市空间演变及其动因分析——以库尔勒为例 [J]．建筑与文化，2012（3）91-93．绘制。

小城镇和乡村整体空间生长缓慢，局部地区趋于萎缩。由于缺乏更新动力，尤其是镇区建设缺少资本带动，因此采用了与中心城区同样的外延式空间增长方式。而乡镇工业带来的污染，对区域生态安全造成了较大的威胁。

2）城乡生态空间格局破碎化，影响自然生态系统的稳定与平衡

相对于东部地区，西北地区原本就具有生态系统结构单一、安全性弱的特点，随着大量的农业用地与生态用地转化为建设用地，西北地区中等城市区域自然生态系统的空间结构发生了巨大变化，直接影响到自然生态系统的稳定性与动态平衡性。

西北地区地形地貌复杂，不少位于河流川道地区的中等城市在规模扩大后，须转向另一个用地相对平坦的地方进行空间拓展，地形地貌决定了西北地区不少中等城市本身的空间结构就不集聚。城市空间在拓展的过程中，对周边生态区域造成了一定影响，使原本连续的山体景观斑块被线性城市廊道打断，增加了生态破碎度，如铜川中心城区（印台区、王印区）早期位于东部两条川道地区，后沿川道向西 20 公里后，才获得新的发展空间（耀州区）（图 3-3）。临夏中心城区向西 22 公里后，才获得新的发展空间（尹集镇）（图 3-4）。这一狭长带形城乡建设区域对生态空间影响巨大。

图 3-3　铜川中心城区土地利用现状（2012 年）

资料来源：西安建大城市规划设计研究院．铜川市中心城区空间发展战略规划（2012-2030）[Z]．2012.

图 3-4　临夏中心城区土地利用现状（2009 年）

资料来源：西安建大城市规划设计研究院．临夏市城市总体规划（2009-2025）[Z]．2009.

（2）生产空间：发展水平低，城乡关联弱，就业吸引弱

西北地区中等城市的中心城区通常以三产为主导，外围组团以二产为主导，但城市产业的关联和带动能力不强，生产性服务业的发展水平严重滞后于一、二产业需求，消费性服务业规模小、品质低。

2010 年，新疆库尔勒国内生产总值 439 亿元，人均生产总值 80285 元，三次产业比重为 6.7：78.3：15.0。第一产业以农牧业为主，林业和渔业所占比例很低。第二产业行业类型单一，制造业极其不发达，在工业类型划分的 39 个门类中，库尔勒仅有 19 个，且工业产值高度集中在采掘业，制造业极其不发达。区位商大于 2 的行业只有石油和天然气开采业（43.8），区位商在 1 与 2 之间的有造纸及纸制品业（1.09）和橡胶制品业（1.73）。石油和天然气开采业虽产值与区位商高，但对就业的带动能力并不强，与其他产业的关联性弱。通常制造业容纳大量就业，但库尔勒未形成一个产值在 10 亿元以上的制造行业（表 3-33）。

库尔勒市工业的区位商（2010 年）　　表 3-33

区位商	产业门类	产业个数
>2	石油和天然气开采业（43.8）	1
1-2	造纸及纸制品业（1.09），橡胶制品业（1.73）	2
0.1-1	金属制品业（0.11），纺织业（0.17），塑料制品业（0.17），非金属矿物制品业（0.22），食品制造业（0.36），电力、热力的生产和供应业（0.47），水的生产和供应业（0.60）	7
<0.1	纺织服装、鞋、帽制造业（0.02），通用设备制造业（0.02），医药制造业（0.03），农副食品加工业（0.06），印刷业和记录媒介的复制（0.07），化学原料及化学制品制造业（0.07），煤炭开采和洗选业（0.08）	7

第三产业中，交通运输、仓储及邮电通信业、批发和零售业、住宿和餐饮业等低端的生产性服务业比较发达，比重高，增速快。高端生产性服务业中，金融业比重高，但发展速度慢；科研技术服务业比重低，增速慢（表3-34）。

库尔勒市第三产业主要发展指标（2010年）　　表3-34

		增加值（万元）	比重（%）	2007-2010年增速（%）	区位商
1	交通运输、仓储及邮电通信业	67294	14.2	14.07	1.00
2	信息传输、计算机服务和软件业	22411	4.7	10.53	0.80
3	批发和零售业	86174	18.2	12.89	1.21
4	住宿和餐饮业	23668	5.0	16.14	1.08
5	金融业	47931	10.1	10.34	0.84
6	房地产业	25974	5.5	-1.87	0.75
7	租赁和商务服务业	43674	9.2	17.23	2.84
8	科学研究、技术服务和地质勘查业	12080	2.5	10.04	0.90
9	水利、环境和公共设施管理业	11796	2.5	11.43	1.33
10	居民服务和其他服务业	15460	3.3	13.94	1.18
11	教育	34796	7.3	15.69	0.76
12	卫生、社会保障和社会福利业	19198	4.0	14.10	0.78
13	文化、体育和娱乐业	4147	0.9	9.36	0.72
14	公共管理和社会组织	59921	12.6	11.79	0.89
第三产业合计		474527	100	12.12	—

资料来源：中国城市规划设计研究院. 库尔勒市城乡总体规划（2012-2030）[Z]. 2012.

在乡村地区，生产空间主要为农业空间和旅游业空间。虽然近年来西北地区中等城市区域农业发展速度较快，但是受人才、资金和技术短缺的影响，大部分村庄仍采用传统的农业生产方式，农业产业化、现代化进程缓慢，整体上现代化程度仍然很低。但是，随着大众游憩方式的改变，部分交通区位良好，且具有一定生态或文化旅游潜质的乡村发展加速，成为区域内重要的旅游目的地，一定程度上带动了农村地区第三产业的发展，甚至吸引了外来人口。

（3）生活空间：城乡差异大，更新难度高，设施差距大

按照与城市空间的远近关系，可将西北中等城市的乡村地区分为近郊村圈层和远郊村圈层。

随着城市的不断拓展，主城区外围近郊村的农村集体土地逐渐转变为城市建设用地，成为地产开发商的重点投资区域，城郊村的生活空间迅速改变，完整意义的农村

景观被快速城镇化打破，农村社区原本的乡土气息被迅速冲淡。部分基础设施开始与城市衔接，但设施体系并不健全，呈现典型的半城市化状态。

远郊村由于与中心城市距离遥远，大多经济落后，城乡之间经济、社会关联度低，受城市的辐射作用有效，因此远郊村与城市的生活空间交集很少，分别在各自的空间范围内延续自身的发展脉络。这一区域的农民以农牧业生产和外出打工为主要的收入来源，人均收入水平低，生活环境差，无力对生活空间进行更新改造，乡村居民点布局分散。

西北地区中等城市的乡村地区公共设施的配套水平与中心城市相比有很大差距，乡镇公共服务供给严重不足。对陕西省 6 个中等城市的村庄主要市政公用设施的普及率进行统计，整体设施水平仍然较低。由于渭南市市域整体地形最为平坦，市政设施的建设成本相对较低，故整体配套水平较高。而其余城市 2012 年集中供水行政村比例在 43% ~ 58% 之间，用水普及率在 40% ~ 62% 之间，榆林、安康等城市的燃气普及率接近于 0（表 3-35）。

陕西省中等城市村庄市政公用设施发展水平　　表 3-35

城市	2010 年城市人口规模（万人）	集中供水行政村比例（%）		用水普及率（%）		燃气普及率（%）	
		2010 年	2012 年	2010 年	2012 年	2010 年	2012 年
铜川	41.14	44.24	58.87	55.77	60.53	2.68	2.79
渭南	40.30	63.00	72.87	80.41	87.48	9.77	19.20
延安	37.05	50.71	49.08	56.73	62.12	2.37	2.54
汉中	37.87	45.79	57.33	48.91	51.27	0.67	1.14
榆林	35.00	36.49	43.69	46.09	40.13	0.35	0.31
安康	34.00	36.39	43.69	46.09	40.13	0.35	0.31

资料来源：2010 年城市人口规模数据来源于《中国城市建设统计年鉴（2011）》；2010、2012 年村庄市政公用设施数据分别来源于《陕西省村镇建设统计年报 2010》、《陕西省村镇建设统计年报 2012》。

甘肃省计划从 1991 年至 1996 年，通过“农村卫生三项建设”工程对 876 所乡镇卫生院进行危房维修改造。但是由于缺少资金，平均每所乡镇卫生院只能投入 3 万 ~ 4 万元，仅能对危房进行简单的维修。

3.3 城乡空间博弈模型建构

对西北地区中等城市城乡空间进行关联分析后发现，空间使用者以不同利益主体的形式对城乡空间的生长产生了不同的影响，实际上已经满足博弈构成的基本特征。因此本书借鉴博弈论的分析方法，从上述引起城乡空间演变的利益主体及其博弈过程角度，建立城乡空间的博弈模型。

3.3.1 空间博弈模型的总体特征

博弈论是研究“决策主体的行为发生直接相互作用时候的决策以及这种决策的均衡问题”[①]的理论。作为一种分析工具，博弈论可以用来评估西北地区中等城市城乡空间协调复杂的现实中空间合作和竞争行为可能产生的结果，从不同参与人的获益或者损失中得出其相互依赖的因素，从而为分析合作策略、建立整体空间利益最大化做出贡献。

在空间领域，目前国内外已经有不少学者将博弈论的理论和方法用于城市空间结构演变、用地冲突等相关空间问题的研究，从空间主体互动对区位选择的影响角度来解释空间的变化，使空间区位论向主体的、动态的方向不断发展[②~④]，这些成果对本书的研究提供了有力的理论支撑。其中，Cox，Johnston（1982）认为各种利益集团在土地利用中的博弈塑造了城市空间结构[⑤]。在博弈的主要利益集团界定上，国内相关研究普遍认同政府、企业和公众的划分[⑥~⑧]。陈浩，张京祥（2010）解释了城市空间再开发过程中利益分配不均等的问题，为本书确定调整博弈参与人关系以及空间利益分配的原则提供了参考[⑨]。林坚，陈诗弘（2015）从土地发展权角度分析了政府部门间的冲突，提出了推进“多规合一”的对策，为本书深入分析政府部门间的博弈提供了借鉴[⑩]。李辉，刘细发（2014）提出空间规划是“政府、企业和公众三方博弈的主要手段”，构建了以“城市空间发展方式、城市资源总量控制、城市功能定位的空间策略、城市产业空间分布和城市空间利用顺序管控”[⑪]为主要内容的城市成长管理空间策略理论体系，为本书

① 张维迎．博弈论与信息经济学 [M]．上海：上海人民出版社，2004：2.

② P.R.Gould. Man against his environment: A game theoretic framework[J]. Annals of the Association of American Geographers，1963，53（3）:290-297.

③ Hakimi S. L. Location with spatial interactions: competitive locations and games[A].P.B.Mirchandani，R.L .Francis. Discrete location theory [C]. New York: John Wiley & Sons Inc，1990:439-477.

④ 冯娟，罗静．中国村镇主体空间行为博弈及对策分析 [J]．人文地理，2013（5）：81-86.

⑤ Cox K.R，Johnston R.J. Conflict，Politics，and the Urban Scene[M]．London: Longman，1982:13-25.

⑥ 李辉．博弈论视角下城市成长管理的空间策略研究 [J]．贵州社会科学，2014，（12）：120-125.

⑦ 熊向宁，徐剑，孙萍．博弈论视角下的武汉市城市空间形态引导策略研究宁 [J]．规划师，2010，26（10）：62-66.

⑧ 王春兰，杨上广．大城市利益博弈的人口空间响应研究——以上海市为例 [J]．公共管理学报，2009，4（2）：5-92，126.

⑨ 陈浩，张京祥，吴启焰．转型期城市空间再开发中非均衡博弈的透视——政治经济学的视角 [J]．城市规划学刊，2010，（5）：33-40.

⑩ 林坚，陈诗弘，许超诣，等．空间规划的博弈分析 [J]．城市规划学刊，2015，（1）：10-14.

⑪ 李辉．博弈论视角下城市成长管理的空间策略研究 [J]．贵州社会科学，2014，（12）：120-125.

的研究提供了城乡空间生长管理的策略借鉴。

但是梳理相关成果后发现，总体上，运用博弈论的理论与方法对城乡空间演化进行研究的成果数量并不丰富；研究普遍对城市空间演化进行了博弈参与人及其战略、行为、结果的分析，但主要针对的是城市空间拓展、更新中出现的矛盾，尚未将研究的视野拓展到城乡整体空间；研究抓住了城乡空间体系中的若干个重要问题，如公共空间的管控、公众参与，但尚无研究用博弈论方法对城乡空间编制的全过程进行系统分析和空间协调机制的设计。因此，本书将在吸纳已有研究成果精华的基础上，根据自身的研究重点进一步深化相关内容。

3.3.1.1 博弈的形成依据

城乡空间是一种稀缺资源，体现在以下方面：

（1）一定行政区划范围内的土地是有限的,而受限于特定历史时期的工程技术条件，城乡空间在垂直维度上的生长也是有一定限度的，因此城乡空间在总量上是有限的。

（2）空间在区位上存在差异，表现在离各级城市中心的远近，与交通设施、公共服务设施、市政基础设施、自然保护区、风景名胜区等空间要素的相对位置。

（3）城乡空间在生产、生活、生态三大功能间的转换，即土地利用方向的变更和空间供给，受到土地自然属性制约，并受到明显的市场影响和政策调控。

（4）人类需求具有功能上的多样性和时间上的多变性，与城乡空间功能的相对单一性和时间上变化的相对滞后性存在着一定冲突。

经济学认为资源的稀缺会产生竞争，竞争是为了不同社会主体利益的最大化而产生的对抗，由此形成了博弈。城乡空间博弈的目的是空间各利益主体追逐自身空间利益最大化的过程，利益是博弈形成的基础，利益冲突是博弈形成的依据。

3.3.1.2 博弈的构成

博弈论的基本概念包括参与人、行动、信息、战略、支付函数、结果、均衡。其中参与人、行动、结果统称为博弈规则。

（1）参与人

参与人是指“博弈中选择行动以最大化自己效用的决策主体（可能是个人，也可能是团体，如国家、企业）”[①]。城乡空间博弈模型中的参与人包括政府、商业利益群体和民众，他们是城乡空间主要的利益相关者；规划师作为职业谈判者在博弈过程中并不只是起着简单的信息传递作用，实际上也参与了城乡空间的博弈。

① 张维迎．博弈论与信息经济学 [M]．上海：上海人民出版社，2004：7.

（2）行动

行动是指“参与人的决策变量”[①]。城乡空间博弈模型中的行动包括城乡空间演变过程中政府对公共服务设施、市政基础设施等生活空间的城乡配置，商业利益群体选择在城市边缘区利用地价相对便宜的土地进行城市生活空间建设，民众通过对城乡生产空间的比较进行居住地的区位选择，规划师在编制城乡规划时对前述三方参与人利益的综合和协调等一系列决策活动。

（3）战略

战略是指“参与人选择行动的规则”[②]。城乡空间博弈模型中的战略包括开发住宅商品房的商业利益群体在土地供应宽裕的情况下选择占用城市边缘区耕地进行建设，而在土地供应紧张的情况下选择城市中心区的棚户区改造。

（4）信息

信息是指“参与人在博弈中的知识，特别是有关其他参与人（对手）的特征和行动的函数”[③]。城乡空间博弈模型中的信息包括城乡规划编制完成后对各方参与人行动的约束、商业利益群体对民众购房区位选择的摸底、规划师对民众城乡空间发展意愿的调研等。

（5）支付函数

支付函数是指“参与人从博弈中获得的效用水平，它是所有参与人战略或行动的函数，是每个参与人最为关心的东西”[④]。城乡空间博弈模型中的支付函数是城乡空间博弈中政府、商业利益群体、民众和规划师等所有参与人战略或行动的函数，各个参与人在博弈中获得不同的空间收益。

（6）结果

结果是指“博弈分析者感兴趣的要素的集合”[⑤]。城乡空间博弈模型中指政府、商业利益群体、民众和规划师等所有参与人感兴趣的空间资源分配方式的集合。

（7）均衡

均衡是指“所有参与人的最优战略或行动的组合”[⑥]。城乡空间博弈模型中的均衡就是所有参与人在城乡空间整体或是某个特定空间演变选择中的最优战略或行动的组合。

① 张维迎．博弈论与信息经济学 [M]．上海：上海人民出版社，2004：7.
② 张维迎．博弈论与信息经济学 [M]．上海：上海人民出版社，2004：7.
③ 张维迎．博弈论与信息经济学 [M]．上海：上海人民出版社，2004：7.
④ 张维迎．博弈论与信息经济学 [M]．上海：上海人民出版社，2004：7.
⑤ 张维迎．博弈论与信息经济学 [M]．上海：上海人民出版社，2004：7.
⑥ 张维迎．博弈论与信息经济学 [M]．上海：上海人民出版社，2004：7.

3.3.1.3 博弈的类型

（1）合作博弈与非合作博弈

博弈分为合作博弈（Cooperative game）和非合作博弈（Non-Cooperative game）。“合作博弈强调的是团体理性（collective rationality），即整体最优。非合作博弈强调的是个人理性，个人决策最优，其结果可能是个人更改行为导致集体的非理性（即非整体最优）。”[①] 合作博弈的重点在于对“合作”的研究，是“双赢”甚至“多赢”的策略，往往获得效益较高；而非合作博弈则在于对“竞争”的研究，关注于“个人理性”，强调个人制定最优决策，容易导致结果低效率甚至是无效率。合作博弈与非合作博弈的根本区别在于当事人之间能否达成一个具有约束力的协议（binding agreement），如果参与人间达成协议则为合作博弈，如果没有则为非合作博弈。

城乡空间的博弈中存在着政府、商业利益群体和民众等多方利益主体，各自的利益诉求不尽相同，因此属于非合作博弈。

（2）静态博弈和动态博弈

博弈根据参与人行动的先后顺序，可分为静态博弈（static game）和动态博弈（dynamic game）。

城乡空间博弈模型可能为静态博弈，不同参与人同时选择行动，或虽然不是同时行动但后行动者并不知道前行动者采取了什么具体行动。城乡空间博弈模型也可能存在动态博弈，不同参与人的行动有先后，且后行动者能够观察到先行动者所选择的行动，如政府通过城市外部的快速交通干道建设强化了中心城市与外围某些镇的空间联系，商业利益群体认为这是政府欲促进这些镇发展的信息，也将相应的生产空间向这些区域进行布局。

（3）完全信息博弈和不完全信息博弈

根据参与人对有关其他参与人（对手）的特征、战略空间及支付函数的知识，可分为完全信息博弈和不完全信息博弈。城乡空间博弈模型通常为不完全信息博弈，城乡空间的规划、建设和管理过程中，无法保证每一个参与人对其他参与人在空间博弈中的信息全面了解。

（4）零和博弈与非零和博弈

零和博弈是指博弈的各个参与人，在竞争中一方获得收益必然意味着另一方遭受损失，因而各参与人收益和损失相加总和永远为“零”。非零和博弈是一种合作下的博弈，

① 王颖，孙斌栋．运用博弈论分析和思考城市规划中的若干问题[J]．城市规划汇刊，1999，（3）：61-63．

各参与人收益或损失的总和不是零值，又分为正和博弈和负和博弈，其中正和博弈是参与人双方利益均有所增加，或至少一方的利益增加，而另一方利益不受损害，因而整体的利益有所增加，即“双赢”或“多赢”。

城乡空间博弈模型可能是零和博弈，也可能是负和博弈或正和博弈。在不同区域空间利益发生冲突时，各地方政府通过地方政策保护本地区空间利益，是零和博弈。各地方政府通过区域合作，增加多个区域空间利益，并使整体利益最大化，是正和博弈。

在博弈中实现帕累托改进，使零和博弈、负和博弈向正和博弈转变，是协调城乡空间生长的目标。

3.3.2 空间博弈的参与人

围绕城乡空间博弈中的利益冲突，可将参与人划分为政府、商业利益群体和民众等三类主要的行为主体。

3.3.2.1 参与人的一般特征

（1）政府：比较利益人

政府是一个地区民众选出的利益代理人，作为整个社会的代表，对这一地区的秩序进行维护，理论上是公共利益的代表。以“公共人”和“经济人”作为两种极点式假设，公共选择理论的相关研究表明，地方政府并非仅为所谓的公共利益而存在，往往在公共利益与非公共利益之间进行权衡、徘徊，是比较利益人。

作为“比较利益人”，政府主体具有多重利益诉求，在空间管理的过程中有可能选择偏向，一种是偏向公共利益，即服务群众、谋求地方发展，但纯粹公共利益偏向仅在“中央政府与民众的监督与约束作用足够大时才有可能发生”[①]；另一种则是偏向部门的利益和官员的个人利益，表现为追求地方经济收益和个人政绩。随着改革开放以来地方分权改革的不断深化，政府在地方发展上的作用愈加突显，为增强城市的综合竞争力，政府均不同程度地采用了创业型管治体系，而管治成就所带来的政绩成果，能够进一步促进官员个人仕途的发展，因此政府在城乡空间管理上会采用与城市经济发展和主要官员个人政绩相挂钩的博弈对策。

（2）商业利益群体：有限理性经济人

参与城市空间开发和更新的诸多企业是城乡空间生长的主要商业利益群体，他们作为经济主体的直接代表，利益诉求较为单一，即追求经济效益的最大化，是“有限

① 王春兰，杨上广．大城市利益博弈的人口空间响应研究——以上海市为例 [J]．公共管理学报，2009，4（2）：85-92，126.

理性经济人”。除了在直接的“投资—收益”过程中获得合法合理的经济效益以外，商业利益群体还积极制造寻租空间，通过借助制度的外部性进一步扩大经济效益。

（3）民众：自利人

民众主体包括一个地区的当地居民和外地游客，以及各种形式的社会组织和民间机构。他们是城乡空间的根本，是城乡空间演变最大的主体的影响者，但由于经济收入、教育水平、文化观念、生活方式等多重因素影响，民众内部不同社会阶段在参与城乡空间博弈时存在着较大区别。但从本质上说，目前这一阶段民众是以维护自身个体与家庭利益为取向的“自利人”。

民众的社会上层拥有丰富的政治资源、经济资源和社会资源，对政策响应迅速，或从个体上本身即为商业利益群体的成员，因此倾向于积极干预政府决策，使其向有利于自身利益的方向转变，通过各种手段抗拒或设法回避不利于自身的政策。

民众的社会中层具有一定的民主政治意识，诚实守法，崇尚平等自由①。在多重因素制约下，中层社会民众通常采用有限抗争策略，或沉默顺从。

民众的社会底层缺乏空间博弈的资源，在博弈过程中处于弱势和不利地位，其空间利益诉求往往难以实现。

（4）规划师：比较利益人

虽然规划技术是中性的，规划师作为城乡空间的协调者，本着职业道德应当首先以广大民众的空间发展需求为空间规划的方向，以城市规划专家的身份定位和职业谈判者的角色定位，通过各种技术、手段、方法去协调各种矛盾冲突，同样也是公共利益的代表。但现实中规划师作为各方利益的协调人，在城乡空间博弈中并非中立。在规划实施中，资金的限制往往制约着规划成果的落实，因此，规划师会基于规划实施的现实可能性，对方案进行倾向性调整。同时，规划师的规划业务分别来源于政府（如城市总体规划、城市控制性详细规划）、商业利益群体（如小区的修建性详细规划）、民众（如某个乡镇的发展策划规划），生存需要决定了他的服务受制于委托方的授权，在诸多参与人的利益协调中无法保持中立的角色。如在编制城市总体规划时，规划师既然承接了这一业务，拿着政府的佣金，其工作就必须首先得到政府的认可，因此在政府—商业利益群体—民众的博弈中，会倾向于运用各种技术手段将空间发展利益向政府方向倾斜，如人口和用地规模预测时普遍存在的运用看似科学的预测方法夸大人口规模以增加用地规模，以满足政府对建设用地需求的现象。

① 陈映芳．行动力与制度限制：都市运动中的中产阶层 [J]．社会学研究，2006（4）：1-20.

3.3.2.2 参与人发育的不均衡性

改革开放促进了我国经济的发展，“一部分地区、一部分人可以先富起来”的原则使一部分人拥有了相对丰富的经济资本，而不断演变的利益分配格局逐步定型成为一种相对稳定的社会结构，在城乡空间利益的博弈中则形成了强势与弱势两大群体。拥有经济资本和社会资本的群体固化于社会结构金字塔顶部，而经济资本和社会资本的不断强化的稳固联盟，进一步使强势群体在城乡空间利益的博弈中影响力不断加大。民众中的社会中层和底层往往对自身利益意识不足、空间竞争能力弱、缺乏空间谈判的资本、政治话语权缺失，很少有表达自身空间利益诉求的机会。强势群体与弱势群体的博弈资源存在明显的不对等，博弈战略不平等，因而空间利益博弈的结果也往往是一边倒。

3.3.2.3 博弈的结构

城乡空间的博弈存在着主从、垂直和平行等几种主要的结构类型：

（1）主从博弈结构：中央政府与一个或多个地方政府间博弈

中央政府与一个地方政府间的博弈为两人谈判模型，两者在城乡空间演变过程所带来的经济利益（如税收）、社会利益（如政绩）和环境利益（如污染治理）等方面，以讨价还价的方式进行谈判。中央政府与多个地方政府间的博弈为团队理论与模型，多个地方政府出于共同或相关联的利益诉求，形成团队博弈结构与中央政府进行博弈。

（2）垂直博弈结构：中央政府与垂直的多级政府间博弈

中央政府与其多级政府机构共同形成了垂直的博弈结构，中央政府处于核心地位，用有限次动态博弈来处理不同层级政府之间的博弈关系。如各级人民政府围绕城乡空间生长制定了地方性法律法规，既是对中央政府《中华人民共和国城乡规划法》的细化落实，也是各级地方政府发挥自身规划效力的博弈。在垂直博弈中，各级地方政府运用各种博弈规则（如财政转移支付制度），实现中央与地方的利益转移和利益补偿，对中央政府来说是进行空间利益在地区间合理分配的过程，但对各级地方政府来说，均是实现自身空间利益最大化的过程。

（3）平行博弈结构：不同区域的地方政府以及政府的不同部门间的博弈

不同区域的地方政府以各自的空间利益为出发点，向中央争取项目、指标、资金等城乡空间发展资源，同时与其他城市争夺人才、资本等资源，如省会城市借助交通区位、土地指标等优势，争取某项东部高新技术产业转移，而省内其他城市就会丧失这一生产空间提升的最直接机会，而仅能通过其“溢出效应”获得生产空间的发展机会。

同一地区城乡空间要素分属不同政府部门管理，在管理中存在的交叠和空白也使政府的不同部门间出现各种博弈，政府各部门均认为本部门是管理地方空间发展事务的行政主体，以博弈的方式与其他部门共同处理地方空间发展事务，复杂的部门协调严重影响城乡空间生长的效率。

3.3.3 空间博弈的战略与行动

城乡空间博弈中制度对各参与人的主要战略影响有：

3.3.3.1 分税制下政府的战略与行动

我国从 1994 年起实行分税制改革，初步搭建了中国特色市场经济下中央和地方财政分配的制度框架，重点在事权和税收上进行了中央和地方的划分。在分税度运行的二十年间，对城乡空间的发展起到了重要的推动作用，但也逐渐显露出一些问题。

（1）中央和地方在税收上的划分

税制改革后，中央财政主要承担国家层面运转的经费，地方财政则承担本地区财权机关运转的支出和本地区经济与社会事业发展的支出。根据事权与财权结合的原则，在税收征收上，税种也划分为中央和地方收入。“将维护国家权益、实施宏观调控所必须的税种划分为中央税；将同经济发展直接相关的主要税种划分为中央与地方共享税；将适合地方征管的税种划分为地方税，充实地方税税种，增加地方税收入”①。

目前，地方税种除营业税和所得税以外，均为小额税种。不少西北地区中等城市仍处于工业化前期，市场化程度低，产业结构中农业占较大比重，缺少规模化的加工制造业和高端的生产性服务业，地方政府若想快速并且大规模增加财政收入，最便捷的方法便是招商引资，大力引入“纳税大户”。“纳税大户”通常为东部地区大型制造企业的分支机构，其技术水平已不再需要大量低层次劳动力，并非劳动力密集型产业。或为资源型加工企业，本质为资本密集型产业，除留下部分税收给地方政府外，只会造成进一步的资本深化，不利于西北地区中等城市人口城镇化和城乡空间的全面提升。而面对财政收入快速增长的需求，西北地区中等城市地方政府大多不愿花较长时间来培育本地的中小企业。

分税制改革方案出台后，除了来自工业的“纳税大户”，土地出让成为政府的另一项重要收入来源。对于经济基础薄弱的西北地区中等城市来说，这是比引入“纳税大户”

① 百度百科：分税制财政管理体制 [EB/OL]http://baike.baidu.com/link?url=Sa_zQrXuFgOZq4nXQk34n1AvqUubE6FvPIjWAhQyECpso3lu5bPhIJDHrRA9p1U5NIbmwVc_nNfXe9pgsbnJmsdEjNOotRyu2WVBUmK62bTk61UUUTAHyQU3o_Ekv2lC2lO9jEabv8lEWJn0S5eRIG2kdfQHJOUHXjOI5OijDje

更加轻松、便捷的税收增加手段。1998 年，住房分配货币化开始推行，大量的住宅需求得到释放，西北地区中等城市的住宅需求也呈井喷式增长，自此，土地出让金成为西北地区中等城市最大的一项收入来源，而土地产权、土地供应、征地等相应配置制度尚未全面改革的情况下，政府对商业利益群体发展房地产经济的诉求给予了充分的支持，全面推动了城市空间的迅速蔓延。

而对于西北地区中等城市乡镇一级地方政府来说，由于缺乏乡镇企业，又没有土地可以出让，乡镇级财政的税收来源更加不稳定，2009 年起农业税的全面取消加剧了乡镇一级财政的困难，不少乡镇唯有依靠上级政府专项资金补贴来完成道路硬化、市政设施等基础性的城乡空间建设任务。

（2）政府间财政转移支付

在分税制财政管理的基础上，这一制度调整了政府间财政转移支付数量和形式，着重强化中央财政对地方财政的税收返还，在中央税收上缴完成后，再通过中央财政支出，将其中一部分收入返还给地方使用。

近年来，政府间财政转移支付对西北地区城市倾斜力度较大，促进了城乡空间的提升，但也存在着一些问题。政府的财政转移支付通常以专项项目资金的形式进行落实，不同专项资金不能进行互相调配，且资金须在规定时间内用完，否则财政会收回。对于地方政府来说，在项目的选择上，必须结合上级政府拟定的申请类型进行申报，有时甚至需要通过多种方式进行项目“包装”，以实现成功项目申请的目标，缺乏项目选择的自主权，与上级政府之间没有对话协商机制；项目实行专款专用原则，如某乡镇获得 50 万元的亮化专项资金就必须用于乡镇的街道亮化改造，不能将其中的一部分用于修路，在项目的协同上缺乏自主权；在项目的实施时序上，既无法求得期望项目资金申报了就一定会有，更无法求得哪一年会有，因此无法在实施的时序上对系列项目进行统筹。

3.3.3.2 绩效考核体系下政府的战略与行动

绩效考核体系是政府绩效管理中量化考核的部分，以“年度目标层层分解、责任层层落实”的形式落实出自中央至地方的发展目标，同时也是干部个人升迁的重要依据。

如陕西省制定了《2014 年度目标责任考核评价实施办法》，确定了目标责任考核由目标任务考核和社会评价两部分组成，考核实行百分制（表 3-36）。在考核的评分结构中，年度工作任务占到总分的 68%。

陕西省2014年度目标责任考核评分结构　　表3-36

分值	一级分类		二级分类	
	内容	比重（%）	内容	比重（%）
100	目标任务考核	85	年度工作任务	80
			党的建设	20
	社会评价	15	—	

资料来源：根据 http://www.sndrc.gov.cn/newstyle/pub_newsshow.asp?id=1004381&chid=100104 总结。

围绕“富裕陕西”“和谐陕西”“美丽陕西”的发展目标，考核将各城市的目标任务进行了细化，下面以渭南市为例进行具体分析（表3-37）。

一级分类“富裕陕西”占30分，二级分类中明确列入“经济发展”的内容仅17分，但无论是“创新驱动”还是“结构升级”均依赖于经济的发展，因为唯有保证经济快速增长过程中才有可能实现科技创新和产业结构升级的目标。

一级分类“和谐陕西”侧重于社会发展绩效，占25分。但分析具体指标可以发现，二级分类“民生改善”中城镇（乡村）居民人均可支配收入增长率、城镇新增就业人数、“脱贫攻坚”中建档立卡贫困人口减少计划完成率、贫困地区农村居民人均可支配收入增长、贫困人口识别和退出准确率等指标，均与经济发展息息相关。“新的就业岗位是在经济增长过程中涌现出来的，所以经济需要保持一定的增速”①，因此上述显性的“民生”指标，实为“隐性”的经济指标。这一部分指标以1/3计算，约占8分。

一级分类“美丽陕西”侧重于环境绩效，占20分。其中二级分类“治理雾霾”和“节能减排”很大程度上依赖于产业结构的调整，尤其是工业的转型升级。上述相关指标也以1/3计算，约占7分。

一级分类“特色指标”占5分，实际上考核的均为地方重点产业、重点项目的落实。

以上与经济紧密关联的指标合计50分，占全部年度工作任务80分的62.5%。

2014年渭南市目标任务书　　表3-37

一级分类	二级分类	指标
“富裕陕西”考核指标（30）	经济发展（17分）	生产总值增长率（%）
		全社会固定资产投资增长率（%）
		社会消费品零售总额（亿元）
		规模以上工业增加值增长（%）
		进出口贸易总额（亿元）

① 厉以宁．中国经济双重转型之路[M]．北京：中国人民大学出版社，2013：3．

续表

一级分类	二级分类	指标
"富裕陕西"考核指标（30）	经济发展（17分）	地方财政收入增长率（%）
	创新驱动（6分）	R&D支出占GDP比重率（%）
		规模以上工业企业R&D占主营业务收入比重达到（%）
		技术合同成交总金额（亿元）
		专利申请件数（件）
		专利授权件数（件）
	结构升级（7分）	服务业增加值占GDP比重达到（%）
		战略性新兴产业增加值增长率（%）
		非公有制经济增加值占GDP值比重（%）
		文化产业增加值增长率（%）
		省级重点示范镇和文化旅游名镇建设投资金额（亿元）
"和谐陕西"考核指标（25）	民生改善（11分）	城镇居民人均可支配收入增长率（%）
		农村居民人均可支配收入增长（%）
		城镇化达到率（%）
		民生支出占财政支出比重达到率（%）
		基层综合性文化服务中心达标率达到（%）
		13年免费教育达标率达到（%）
		新开工保障性安居工程住房（万套）
		保障性安居工程分配入住套数（万套）
		城镇新增就业人数（万人）
	脱贫攻坚（8分）	建档立卡贫困人口减少计划完成率达到（%）
		贫困地区农村居民人均可支配收入增长（%）
		贫困人口识别和退出准确率达到（%）
		驻村帮扶工作群众满意度达到（%）
		扶贫资金使用管理成效达到B级（级）
		移民搬迁（户）
	社会治理（6分）	重大固定资产投资项目社会稳定风险评估率（%）
		完成综治及平安建设年度目标任务
		净化文化市场和网络文化环境抽查合格率（%）
"美丽陕西"考核指标（20）	治理雾霾（6分）	城市环境空气质量优良天数不少于（天）
		空气中可吸入颗粒物（PM10）浓度比上年下降率（%）
		冬防期间重度及以上污染天数不超过（天）
	节能减排（7分）	化学需氧量排放削减率（%）
		氨氮化物排放下降率（%）
		二氧化硫排放削减率（%）
		氮氧化物排放下降率（%）

续表

一级分类	二级分类	指标
“美丽陕西”考核指标（20）	节能减排（7分）	挥发性有机物排放（%）
		万元 GDP 能耗降低率（%）
		万元生产总值二氧化碳排放降低率（%）
	生态环保（7分）	营造林亩数达到（万亩）
		用水总量控制（亿立方米）
		农村环境综合治理项目完成率（%）
		城市生活垃圾无害化处理率（%）
		县城生活垃圾无害化处理率（%）
		城市污染水处理率（%）
		县城污染水处理率（%）
		主要治理河流出界断面水质化学需氧量不高于（毫克/升）
		主要治理河流出界断面水质氨氮不高于（毫克/升）
特色指标（5）	煤炭消费量削减	
	旅游收入达到	
	重点项目（3分）	渭南高新区新能源汽车电池生产线一期建成试产，年投资 155000 万元
		大荔东府水乡·同州里旅游开发完成旅客服务中心建设，一期民俗商业街建成试营业，年度投资 20000 万元
		神华富平热电联产工程项目土建施工，设备安装，年度投资 150000 万元
市（区）年度共性考核指标（20）	领导班子和干部队伍建设	
	基层党组织建设	
	党风廉政建设	
	思想政治建设和意识形态工作	
	深化改革	

资料来源：陕西考核工作网 http://www.shxkhgzw.gov.cn/workTargetDetailPage.shtml?catalogId=b43bd437d35811e4804a6b361174cb8b&deptId=10244

基于上述绩效考核体系，地方政府首先需要狠抓经济，其次，要把一切能够运用的力量以“项目”的形式，集中于可以明确兑现政绩的地方。以总体规划编制为例，一个经济不发达、财政捉襟见肘的乡镇政府，在花费几十万元用于实施效果并不明朗的总体规划编制，和以同样的资金用于修路、绿化等老百姓看得见、摸得着的选择相比，必然会选择后者，因为既能获得“目标任务考核”分，又能获得老百姓认可的“社会评价”分。

保障社会发展的公平性，原本是政府的重要职责，但在绩效考核体系下，政府的职责由提供公共物品悄然转向了“目标任务考核”导向下的经济发展效益。

3.3.3.3 土地制度下商业利益群体的战略与行动

市场经济制度下地产开发商和工业企业均为企业，是有限理性经济人，逐“利”是其存在和存活的基本出发点。

我国土地在使用权上划分为集体土地和国有土地，因此在新的用地上进行商品房开发和工业厂房建设，需要进行土地使用权限的转变。“尽管从农村土地转变为城市用地所实现的是所有权转移，但其成本比使用权的转变要低十几甚至几十倍、上百倍”[①]。商业利益群体以追求利润最大化为目标，必然会采用各种手段进行博弈：为减小风险，在城市中心地段优选开发前景较好的地段，同时为增大收益，以高密度、高容积率的方式进行高强度开发；基于城市中心的区位优势判断，在城市中心开发大户型、高档次的住房，使城市中心的地段优势不断积累，进一步拉高房价；选择成本较低的城市边缘区用地，通过土地使用权转换后进行合法的商品房开发和工业厂房建设；在开发过程中回避安置政策中的“居民回迁”以降低成本。

具体来说，商业利益群体的行为遵循着拿地—建设—出售—获利的基本路径。在“需求—生产—流通—使用”价值链上，地产开发商整体循环着低价买入—适当加工—高价卖出的价值增长路径。其中，“需求”是指地产开发商迎合城市居民的生活空间需求，包括城镇化过程中新增城市人口的居住需求以及城市人口的居住改善需求；“生产”是指地产开发商从政府拿地，并进行空间建设；“流通”是指地产开发商向市民出售建成商品房（住宅、商业）；“使用”是指地产开发商将商品房交付给市民使用。在地产开发商对空间进行开发的过程中，多个环节上存在着价值增长的可能性，其商业行为影响着城市生产、生活空间的生长（表 3-38）。

商业利益群体对城市生活空间的开发及影响　　表 3-38

价值链	地产开发价值增长过程		对城市生活空间的影响
空间需求	市场需求总量难以预估	房地产政策放开后，房地产市场成为新的经济增长点，但由于市场供求信息不对称，任何一家企业都无法对市场供求情况做全面、准确的判断	普遍的市场逐利行为形成房地产企业的一拥而上，导致城市生活空间的迅速扩展，生活空间总量与人口规模不匹配
	市场需求的产品结构难以预估	由于市场由于供求信息不对称，房地产企业无法对市场需求结构做准确的判断	城市生活空间的供给与城市居民的实际需求在空间结构上不匹配

① 孙施文．中国的城市化之路怎么走 [J]．城市规划学刊，2005（3）：9-17.

续表

价值链	地产开发价值增长过程		对城市生活空间的影响
空间需求	市场需求的时间结构难以预估	虽然城镇化进程可以反映一段时间内一个区域乡村人口向城市转移的数量，但市场需求的时间结构受城镇化进程、人口结构、经济收入、二房居住环境改善要求、市场供给甚至当地文化观念等多重因素影响，因此房地产企业难以对市场需求的时间结构做准确的判断	城市生活空间的供给与城市居民的实际需求在建设时序上不匹配
空间生产	旧城与新区在拿地成本上存在较大差异	在旧城拿地，意味着首先要对原住城市居民进行拆迁安置，而新区通常现状建设量很小，而土地供给宽裕，土地成本低得多。在两者土地成本的博弈上，地产开发商必然选择成本相对低廉的新区	地产开发商对土地成本的比选，导致城市生活空间的生产过程中新区扩展速度较快，而旧城改造迟缓
	大户型比小户型收益丰厚	同样一块土地，存在着大户型与小户型收益率的比较。通常，大户型的开发收益较高，因此开发商多选择大户型	城市生活空间的供给与城市居民的实际需求在空间结构上不匹配
	配套设施不完善	开发商会选择单位投资收益率高、回款快的空间类型进行建设，首选商业，其次为居住，而排斥那些幼儿园、医疗卫生等投资收益率低甚至几乎无收益的配套设施建设，即使是面对控规的刚性要求，也尽可能以各种方式逃避建设	城市生活空间的要素、分布和规模与城市居民的需求不匹配
	捂地	开发商选择一块位置相对偏僻，土地价格较低的地，等到城市空间扩展到一定阶段，该区域产生了较为明显的空间需求时，再进行建设，可通过时间差获得相应的投资收益	空间的长期闲置导致城市生活空间的使用低效

在城市生活空间与乡村生活空间的空间选择上，城市空间市场需求量大；可对市场需求作类型化处理，空间产品相对单一，建设密集，方便管理，因此总体上，开发商会首选城市空间进行建设。在住宅开发过程中，综合土地成本占总成本的比重较大，城市近郊的农用地综合土地成本最低，因此开发商首选城市边缘区的农用地转变为城市建设用地，在第一轮开发完成后，才逐渐转入城市中心的开发建设（表 3-39）。

城市边缘区具有地价低廉和拆迁量小的优势，因此对这一城市生活空间的开发助推了城市空间蔓延，导致城市周边乡村空间，尤其是乡村农业生产空间和生态空间被侵占。

商业利益群体城乡空间开发成本比较　　表 3-39

比较内容	城市生活空间	乡村生活空间
市场需求量	城市人口多，市场需求量很大	乡村人口少，市场需求量很小

续表

比较内容	城市生活空间	乡村生活空间
产品需求类型	可对市场需求作类型化处理，空间产品相对单一	受观念影响，乡村居民对新兴的住宅环境接受难度大，个性化需求多，难以形成规模化建设
综合土地成本	城市中心地价较高，且涉及拆迁安置，住宅赔偿的经济成本和拆迁谈判的时间成本都很高；城市边缘区地价地低，拆迁量小，综合成本较低	地价很低，但住宅、青苗赔偿的经济成本和拆迁谈判的时间成本都很高
土地性质转变难度	城市中心土地不需要“变性”，手续相对简单；中心城区边缘区的农用地需将集体土地转变为国有土地，再转变为城市建设用地，手续复杂，费用高	需将集体土地转变为国有土地，再转变为城市建设用地，手续复杂，费用高
建设工程密集度	项目在空间上较为集中，建设管理简单	项目在空间上较为分散，建设管理复杂

西北地区中等城市中心城区常住人口在20万以上，而一个村庄人口则为千人，局部人口稀疏地区甚至为百人，市场需求量决定了开发商会选择市场需求量大的城市地区，而很少涉足乡村生活空间。近几年，西北地区中等城市不少小型地方性地产开发商已尝试在镇区进行开发建设，但仍然受制于市场规模，往往建5栋楼空3栋楼，最终由于缺乏购买力导致项目破产。多村整合形成的大中型新型农村社区基本上由开发商进行统一建设，其特点是与政府的安置政策紧密结合，农民集中居住，人口规模与市场需求量相对明确，项目的成功率远高于镇区的市场自由开发。

在生活空间产品的需求类型上，城市生活空间分类明确，商业开发与住宅开发通常是不同的专业性开发商，尤其在住宅空间开发领域，可将住宅按面积大小分成为若干个等级，一个项目仅做几个面积组合，按其需求配置相应的标准化客厅、餐厅、厨房、卧室、卫生间等空间。而村民在空间的大小、功能组合上，均有每户的个性化需求。投资回报率的现实差异导致乡村空间的更新受到明显限制。

市场趋利的基本特征使城乡空间生长过程中有经济效益的空间被开发，而不具有经济效益的空间无论是否具有需求特征，都无法被纳入商业利益群体的战略选择范围。趋利是经济人的基本假设，商业利益群体在城乡空间生长过程中提供了重要的演化动力，为城乡空间的更新、人居环境品质的改善带来了显著的正外部性，但与此同时也带来了一定的负外部性。

而作为城市空间的管理主体，吸引地产开发企业来进行空间建设，城市政府将有土地出让金、增加就业、带动GDP、绩效考核得分等多重收益，因此政府也乐于进行城市生活空间的建设。相反，乡村居住空间自建房建设主体多样，建设数量大、变化快，尤其是山区、边远地区交通不便，乡镇一级的管理力量难以覆盖如此量大面广的农村自建房，政府对乡村居住空间的管理的首要问题是力不从心。其次，在没有明确财政收益和政绩考核得分的现实下，政府也不愿给予切实的政策指引来促进乡村居住空间的生长。

3.3.3.4 现行城乡规划制度下公众参与的战略与行动

《中华人民共和国城乡规划法》和《城市编制办法》是现行城乡规划制度下公众参与的主要依据。

《中华人民共和国城乡规划法》第二十六条规定“城乡规划报送审批前，组织编制机关应当依法将城乡规划草案予以公告，并采取论证会、听证会或者其他方式征求专家和公众的意见。公告的时间不得少于三十日。组织编制机关应当充分考虑专家和公众的意见，并在报送审批的材料中附具意见采纳情况及理由。”①在参与的时间上，是组织编制机关将城乡规划草案编制完成后，在公示阶段得以实现的。虽然明确要求“充分考虑专家和公众的意见”并且“附具意见采纳情况及理由”，但对专家和公众的构成、数量、“充分考虑”的程度等细节都没有严格的规定。因此，公众对城市规划的参与实质上只是一种被动的参与，且仅为提意见权，影响力较弱。

《城市规划编制办法》规定“编制城市规划，应当坚持政府组织、专家领衔、部门合作、公众参与、科学决策的原则”②。这一原则明确了公众参与的主体及角色，相应地，西北地区中等城市在公众参与方面主要有以下几种形式：

（1）精英式参与

围绕“政府组织、专家领衔、部门合作”的原则，城市规划编制和审查中，规划及相关行业的主管部门和专家被规划主管部门邀请参加专家代表会议，对技术问题进行讨论。从实施效果上看，是规划行政决策相对成熟的方式。

（2）形式性参与

召开专题会议，征求广泛的意见。这是城市总体规划编制中常用的手法，但由于城市规划技术性较强，公众往往不掌握全面的信息，也不备用相应的技术能力，因此从公众提出问题的深度到对公众意见的采纳均十分有限，往往流于形式。

（3）针对性参与

城市规划中涉及到具体问题时，规划主管部门会在一定范围内召集居委会、村民、业主等进行针对性的讨论、协商，吸纳合理意见作为规划决策的依据。这种参与形式往往针对某个较为具体的问题，各方利益冲突激烈，协调效果明显，是有效的公众参

① 中华人民共和国城乡规划法 [R]. 2013.

② 中华人民共和国住房和城乡建设部. 城市规划编制办法 [R]. 2006.

与方式。

（4）平台式参与

目前我国不少城市建立了市长热线电话、公众接待日、微信公众平台等促进公众参与的渠道，公众可将自己的意见和建议反映给政府相关部门，但由于意见来源广，针对的问题不集中，因此对具体的规划决策作用并不明显。

3.4 城乡空间协调生长问题的原因剖析

3.4.1 西北地区的区域制约

（1）区位的影响

西北地区不少城市曾是历史上丝绸之路重要节点城市，甚至西安作为“中华之中”，为十三朝古都，但是从目前的全国经济格局来看，除省会城市以外，西部地区城市实际的吸引外部资金的能力仍然很弱，对外来创业人员吸引力差，这些因素使西部地区中等城市城乡空间发展缺乏外部动力。

西北地区中等城市以农业生产、民族贸易和能源开发为主要产业类型，受自然资源禀赋影响明显，而其他的社会服务功能缺少区域影响力，导致城市的自我发展能力有限。

（2）水资源短缺的制约

首先，水资源的空间分布决定了西北地区中等城市的形成——西北地区的城市多在水资源相对丰富的地区形成，而随着人口的增长，水资源短缺问题更加凸显，出现了明显的人口承载力限制，在甘肃、宁夏等地区，由于干旱造成了大量成片特困区，进行的移民搬迁已持续几十年。其次，水资源的总量决定了西北地区中等城市农业产业基础和产业调整难度较大，水资源成本在农业生产中所占比重比水资源丰富地区大得多，节水成为产业结构调整的主要驱动力之一。最后，水资源决定了生态环境保护责任更大，任务更重。西北地区深居内陆，干旱少雨，风大多沙，生态环境脆弱。天然降水量少，蒸发量大，因此在城乡空间的生态建设上，需投入更多财力。对经济实力雄厚的大城市、特大城市来说，这一财政负担尚可接受，但中等城市不少小城镇地方财政紧张，绿化用水的支出都已成为很大的财政负担。

（3）生态环境的制约

西北地区生态环境原本就十分脆弱，破坏后很难恢复，自然条件恶劣，自然灾害频繁，环境承载能力弱，因此在人居环境空间选择时，受制约因素较多，在承接产业发展转移时，对产业类型的选择也需考虑更多的生态环境影响。

（4）产业发展阶段的制约

西北地区经济总量偏小，在工业化、城镇化发展阶段上与东部有着较大的差距，且呈现明显的内向性。在产业发展上，表现为产业结构单一，农业基础相对薄弱，产业有特色无优势、有优势无规模、有规模无链条的问题依然存在；工业经济结构性矛盾依然突出，铝材、硅铁、水泥等传统产业产能过剩，光伏发电、新材料、新能源等新型产业尚未形成优势；现代服务业和高新技术产业所占比重还比较低，结构优化升级、转变经济发展方式的任务还很艰巨。产业基础决定了城乡产业关联难度较大，同时还存在资源分布不均、劳动力转移、产业转移等瓶颈制约，因此城市带动乡村发展能力有限。

3.4.2 城乡关系的阶段制约

（1）城乡空间协调缺乏自上而下的带动力

西北地区中等城市普遍处于城乡初步一体化向中度一体化过渡阶段，中心城市无法提供适宜的就业岗位，因此对乡村人口的吸引能力弱。中心城市虽然承担着工业与服务业职能，但工业化水平低、产品市场小，服务业则以生活性服务业为主。为实现区域发展带动，甚至出现了两个空间较为接近的中等城市或一个中等城市与一个小城市，共同形成“联合都市区”，承担起一个地区城镇化职能的现象。

（2）城乡空间协调缺乏自下而上的推动力

由于农业产业化水平低而农村人口持续增长，造成了乡村地区经济发展水平低、农民人均收入低的状况。广大的乡村地区缺乏基本的产业配套设施，无法吸引工业企业入驻，劳动力向大城市和东部地区转移，而剩余贫困人口贫困度深、减贫成本高、脱贫难度大。农村仅承担着初级农业生产职能，村镇缺少自下而上的“造血”功能。

（3）城乡要素流通缺乏承上启下的关键节点

西北地区中等城市悬殊的城乡差别，需要以小城镇作为中间层次进行城乡沟通。改革开放后，东部地区少数发达地区的农村，以乡镇企业发展为核心动力，城乡差别已趋于缓解；但是西北地区中等城市城镇化率普遍在 30% ~ 40% 之间，由于缺乏城镇化发展动力，长期以来农村人口城镇化进程极其缓慢，积累了大量剩余劳动力。农村人多地少的现实形成了对剩余劳动力强大的内推力，而西北地区中等城市缺乏相应的产业支撑和就业机会又难以接纳，于是构成了对剩余劳动力的外推力。小城镇本应成为农村剩余劳动力的“蓄水池”和城乡产业关联的重要节点，但是小城镇自身也同样缺乏产业发展动力，因此无法构建满足现代生产力配置的中间形态的空间经济实体。

3.4.3 空间主体的博弈关系

（1）博弈参与人的空间利益缺乏契合点

政府、商业利益群体和民众等三大博弈参与人均以空间发展的经济属性为利益目标，但是他们的空间利益缺乏契合点。政府在城乡空间发展中追求城市经济发展效益和主要官员个人政绩，商业利益群体则以空间经济效益最大化为目标而根本不计较空间生长区域选择，民众虽然对空间经济效益有较大的追求，然而博弈能力弱，对各种博弈规则采用默默承认的模式，但是在总体层面对城乡空间的生长也通过微观力量的集合起到了巨大的影响。

（2）博弈的空间利益不均衡

政府、商业利益群体和民众等三大博弈参与人均以空间发展的经济属性为首要利益目标，商业利益群体更是以其为唯一目标，选择住宅、商铺、工业等收益率高的空间进行开发，而远离城市公益性设施、绿地等收益率低，甚至没有收益的空间。政府以保经济增长为主要目标，在空间管理和政策供给时避重就轻，选择经济效益高的区域而忽视社会效益和生态效率，选择城市地区进行重点发展而忽视乡村地区发展的公平性。民众虽有对社会效益和生态效益的追求，但在从温饱向小康阶段过渡的时期仍然不得不以增加收入作为主要任务。

（3）缺乏具有约束力的协议进行利益的协调

城乡规划是城乡空间协调的核心协议，但是现实中很难准确把握政府、商业利益群体和民众等三大博弈参与人的空间利益诉求，也很难系统把握在市场经济和政府体制背景下市场运行和政府运作的规律，同时受规划本身的技术与方法限制，无法选择适宜的利益契合点，难以协调不同博弈参与人的空间利益，因此无法成为真正具有约束力的协议。

3.5 本章小结

本章基于西北地区中等城市区域城乡空间不协调的现实，从城市、乡村和城乡空间整体等三个层面进行关联分析，认为空间协调生长中存在的主要问题包括：（1）城乡空间整体层面，生态空间的生长受到挤压，景观生态格局破碎化，空间功能单一；生产空间的发展水平较低，城乡关联度弱，就业吸引能力弱；生活空间的城乡差异较大，空间更新难度高，设施差距明显。（2）城市空间层面，生态空间较为匮乏，建设滞后；生产空间中工业已向外拓，但生产空间的结构有待优化；生活空间局部地区已得到改善，但是建成区内部区域差异较大。（3）乡村空间层面，生态空间景观破碎化，城郊农业区乡村旅游已散点式出现；生产空间中农业生产方式较为传统，而工业发展缺乏支撑；生活空间整体缺乏整理，乡土性逐渐淡化。本章还从西北地区的区域制约、城乡关系的阶段制约以及空间主体的博弈关系等方面对导致西北地区中等城市城乡空间不协调的原因进行了剖析。

4

滑南中心城市区域城乡空间生长的协调性评价

4.1 渭南中心城市区域发展现状

4.1.1 自然环境

渭南市位于北纬 34° 13′ ~ 35° 52′，东经 108° 58′ ~ 110° 35′之间，南北长 182.3km，东西宽 149.7km，总面积 13134km^2。西连西安、咸阳，东与山西、河南隔黄河相望，北部与延安和铜川接壤，南部以商洛为邻（图 4-1）。1984 年设立地级市，现辖 2 区 2 市 7 县，即临渭区、华州区，韩城市、华阴市，潼关县、大荔县、合阳县、澄城县、蒲城县、白水县、富平县，其中 2015 年 10 月撤销华县设立华州区。

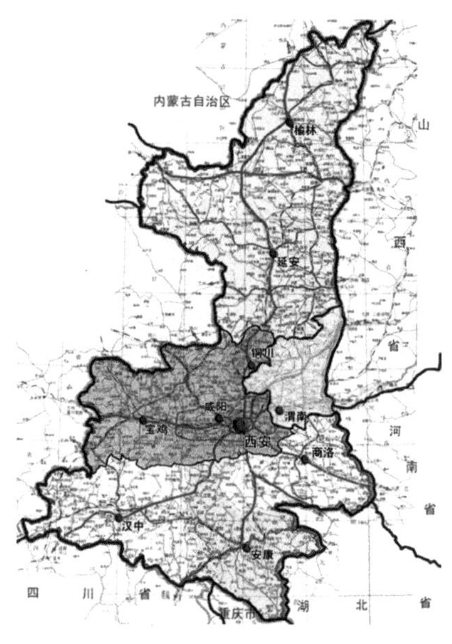

图 4-1 渭南市区位图

渭南市位于黄河流域中游，西北黄土高原东南缘，陕西省关中平原东部。渭南市在周、秦、汉、唐时期属京畿之地，是古代首都长安的东大门，交通发达，是陇海沿线城市带上的重要节点。渭南西距省会西安60km。

渭南市属于暖温带大陆性半干旱季风气候区，气候温和，降水适中，雨热同期，四季分明。渭南市地跨华北、秦岭两个一级构造单元，其中渭南中心城市区域所在的渭河平原海拔低于400米，整体海拔变化不大。区内最大的河流为渭河，是黄河的一级支流，渭南市地表水和地下水资源量分别为8.88亿立方米、15.08亿立方米。渭南市矿产资源品种多、储量大、分布广、品质好。秦岭以北地区矿产资源以煤、石灰岩、铁矿藏为主，被誉为“渭北黑腰带”。铜川市还是我国主要的钼和黄金的生产基地。

4.1.2 经济发展

从渭南市经济增长情况来看，2009年后渭南市进入了经济快速成长阶段。渭南2013年国民生产总值为1314.01亿元，居陕西省第6位。2015年由于国家整体经济下滑原因导致经济增长放缓严重，但全市仍然实现生产总值1469.08亿，人均生产总值27452元（表4-1）。

渭南市国民生产总值的比较（2013年）　　表4-1

	国民生产总值（亿元）	占全省比重（%）	全省排名
陕西省	16045.21	—	—
西安	4884.13	30.44	1
铜川	321.98	2.01	10
宝鸡	1545.91	9.63	4
咸阳	1860.39	11.59	3
渭南	1349.01	8.41	6
延安	1354.14	8.44	5
汉中	881.73	5.50	7
榆林	2846.75	17.74	2
安康	604.55	3.77	8
商洛	510.55	3.18	9

资料来源：根据各城市2013年统计公报进行计算。

从渭南经济结构来看，2015年第一产业增加值213.92亿元，第二产业增加值737.22亿元，第三产业增加值517.94亿元，三次产业结构为14.6∶50.2∶35.2。根据库兹涅茨的经济发展阶段划分标准（表3-9），渭南第一和第二产业的比重已达到了工业化中期标准（第一产业比重<15.1，第二产业比重>39.4），但是第三产业的比重仍处于最初期的工业化准备期（第三产业比重<37.7）。

从渭南经济结构的发展来看，以农业产业和资源型工业为主体的产业结构并未得到有效改变，相比2010年三次产业结构16.1：49.2：34.7，2015年并没有发生根本性改变，以第二产业为主体的特征进一步凸显，服务业增加值占GDP比重仍然不高。

渭南市土地广阔、光照充足、降水适中、气候温和，是陕西省最优的农业生态区，也是全国重要的商品农业基地。目前,已初步形成了以能源化工、新型材料、有色金属制造、现代农业加工业、机械制造等产业为主导的工业格局，同时，种植业、畜牧业等产业也得到了巨大发展，以商贸物流为主的市场体系初步构建。近年来，现代农业、特色农业已成为推动农业发展和农民增收的主渠道，同时休闲农业经营规模不断扩大、规范化水平不断提高，截止2015年底全市已形成休闲产业园区、休闲农庄和休闲农家共计128个。

从渭南经济结构的发展来看，以资源型工业为主体的产业结构并未得到有效改变，2015年第一产业增加值213.92亿元，第二产业增加值737.22亿元，第三产业增加值517.94亿元，三次产业结构为14.6：50.2：35.2，相比2010年三次产业结构16.1：49.2：34.7并没有发生根本性改变，以第二产业为主体的特征进一步凸显。

渭南市近年来科技创新力度不断加大，现有渭南国家高新技术产业开发区（国家级）、渭南经济技术开发区（省级）、卤阳湖现代产业综合开发区（省级）。2013年全年地方登记的科技成果共35项，其中，农业、生物新品种6项，新产品6项，新工艺6项，新技术6项，行业标准2项，新材料1项，国家标准1项，其他5项。

4.1.3 社会基础

渭南因位于渭河南岸而得名。2013年底共有人口533.17万人，市域城镇化率38.13%，长期以来，韩城市和华阴市的城镇化水平均高于渭南市区（即临渭区），而华县和澄城的增速则明显快于市区，因此渭南市区并不是渭南市域中城镇化水平最高的地区，也不是城镇化水平增长最快的地区，这都反映出目前渭南大市弱中心的现实情况（表4-2）。

渭南市2013年县市区常住人口　　表4-2

县市区	总人口（万人）	出生率（‰）	死亡率（‰）	自然增长率（‰）	城镇化率（%）
渭南市	533.17	9.82	6.21	3.61	38.13
临渭区	88.88	9.63	6.03	3.6	44.54

续表

县市区	总人口（万人）	出生率（‰）	死亡率（‰）	自然增长率（‰）	城镇化率（%）
华县	32.53	10.38	6.42	3.96	37.78
潼关县	15.76	10.35	6.68	3.67	40.81
大荔县	69.75	9.63	6.38	3.25	31.84
合阳县	43.93	9.11	5.91	3.2	35.66
澄城县	38.95	9.47	5.82	3.65	36.96
蒲城县	74.59	10.19	6.67	3.52	35.61
白水县	28.27	9.03	5.51	3.52	38.61
富平县	74.78	10.29	6.18	4.11	33.21
韩城市	39.63	9.85	6.52	3.33	58.52
华阴市	26.13	10.06	5.96	4.1	53.35

资料来源：渭南市统计局. 渭南统计年鉴 2013[Z]. 中国统计出版社，2014.

2014 年全市常住人口 534.3 万人，户籍人口为 561.43 万，常住人口年均综合增长率约 2.7‰，基本达到陕西人口增速 2.8‰的平均水平。渭南市总人口、常住人口与户籍人口均有所增长，但增长不快，主要原因在于人口机械增长或迁入人口增长缓慢，甚至渭南市域常住人口比户籍人口总量少 27.13 万人，说明存在明显的人口外流现象。其中，2015 年主城区常住人口规模为 45 万。人口老龄化程度超过陕西省平均水平。

从常住人口增长的空间分布来看，2010 年以前，全市整体呈现常住人口净流出趋势，尤其是临近西安的西南部区县，人口被西安吸附，降幅明显；而陇海线东部以及市域东北部区域常住人口仍有小幅增长。2010 年以后，随着渭南市域经济发展水平的提升，各区县均呈现一定的人口增长，临近西安的区县常住人口增幅趋于全市平均水平。尤其临渭区作为全市的中心，其常住人口增速明显高于其他区县。

2014 年，全市常住人口口径的城镇化水平仅为 39.64%，年均增长为 2.01 个百分点，远未达到规划 2015 年 55% 的城镇化率。从全省城镇化水平比较来看，渭南城镇化水平在关中城镇群中处于低位，在全省各市中仅高于商洛。

从各区县常住人口城镇化率看，城镇化水平与经济发展水平及结构相对应，区县间发展差异较大：工矿、旅游资源型地区以及市区城镇化率相对较高，部分区县远超过全市平均的 39.64% 水平，如韩城市已经达到 59.31%；而农业为主导的县市普遍城镇化率较低，如大荔农业相关经济发展，但城镇化率仅为 32.48%。

4.1.4 城镇体系

4.1.4.1 等级规模结构

由于属于传统农业地区，渭南市域城镇化动力普遍偏弱，各区县建设用地增量均不高，年均约为 500 亩。截至 2014 年，从人口增长情况上看，县域之间发展差异较大。靠近西安的城镇人口增长相对较为明显，其中以富平县和临渭区人口增长最为迅猛；距离西安较远的传统资源型城市缺乏吸引人口和就业的产业动力，并受到产能过剩的影响，城市人口增长缓慢甚至反而有所减少，如韩城、合阳、华阴等城市建成区人口甚至低于 2010 年。另外，受自身县域经济发展以及大西高铁的开通带动，大荔县城人口增幅明显。

重点镇的规模发展同样具有较大差异，全市 13 个重点镇中仅有 5 个达到了镇区 2 万~ 5 万人的规模人口数，为龙门镇、庄里镇、许庄镇、孙镇、辛市镇，分别属于富平、临渭、韩城、蒲城和大荔。其余各镇人口远未达到规划预期（表 4-3）。

渭南市域重点镇现状镇区人口规模（2015 年） 表 4-3

2 万~ 5 万人	建制镇	龙门镇	孙镇	庄里镇	许庄镇	辛市镇
	人口（万人）	3.65	2.56	2.55	2.50	2.28
1 万~ 2 万人	建制镇	荆姚镇	敷水镇			
	人口（万人）	1.33	1.28			
0.5 万~ 1 万人	建制镇	瓜坡镇	林皋镇	路井镇	韦庄镇	
	人口（万人）	0.92	0.84	0.56	0.50	
<0.5 万人	建制镇	秦东镇	交道镇			
	人口（万人）	0.27	0.14			

资料来源：渭南市公安局。

4.1.4.2 职能结构

渭南中心城区是市域政治、经济、文化中心，主要工业门类有化工、机械、轻纺等。目前市域小城镇发展依托各自的优势资源，已形成各具职能、类型多样的城镇体系（表 4-4）。

渭南市主要城镇的职能 表 4-4

职能分类	代表性城镇
综合性中心城镇	渭南中心城区、韩城市、华阴市、蒲城、富平、澄城、大荔、合阳、白水、潼关

续表

职能分类	代表性城镇
工矿型城镇	太要、金堆、桐峪、尧头、冯雷、王村、桑树坪、罕井
工业镇	莲花寺、杏林、瓜坡、敷水、荆姚、高阳、洛滨、永丰、和家庄、东陈、龙门、西庄、同家庄、杜康、韦庄、官池、许庄、朝邑、羌白、坡头、兴镇、庄里、桃下、梅家坪
商贸型城镇	故市、下吉、孙镇、党睦、美原、流曲、冯塬、黑池、安仁、两宜、赤水、芝川、尧禾、西固
交通型城镇	孟塬、秦东
旅游型城镇	洽川
农副加工与贸易型城镇	官底
科研型城镇	桥南

各县级中心城市均为县域中心，具有相应的政治、经济、文化中心职能，根据区位、历史和资源等条件，还具有其他专业化职能（表 4-5）。

渭南市域各县级中心城市的职能　　表 4-5

县级中心城市	主要职能
韩城市	韩城市域中心，国家级历史文化名城，旅游服务职能相对突出
华阴市	华阴市域中心，省级历史文化名城，国家级风景名胜区华山所在地，旅游服务职能相对突出
蒲城县	电力工业突出，商贸发达
富平县	以机械、电子、食品为主，商贸发达
澄城	澄合矿务局指挥中心驻镇，工业以食品、化工、电力、制药为主
大荔	以纺织、食品工业为主
合阳	以农副加工为主，兼有旅游服务职能
白水	以电力、建材、轻工业为主
潼关	以黄金加工、建材为主

在小城镇中，不少工业型城镇是围绕工矿企业或省部属企业驻镇发展起来的（表 4-6）。

渭南市小城镇的典型工业类型　　表 4-6

工业类型	典型小城镇
钼矿采选	华县金堆镇（金堆城钼业公司为全国最大钼矿采选基地）
黄金采炼	潼关太要镇、桐峪镇
煤炭开采	澄城尧头镇、白水冯雷镇、合阳王村镇、韩城桑树坪镇、蒲城罕井镇
建材工业	华县莲花寺镇、蒲城高阳镇、洛滨镇、永丰镇、荆姚镇、合阳和家庄镇
化肥工业	华县杏林镇、瓜坡镇

续表

工业类型	典型小城镇
电力工业	华阴市敷水镇、蒲城东陈镇
电力、冶金、炼焦工业	韩城龙门镇
炼焦工业	西庄镇
食品工业	合阳同家庄镇、白水杜康镇、澄城韦庄镇、大荔官池镇
纺织、建材工业	大荔许庄镇
造纸工业	大荔朝邑镇、羌白镇
建材、机械工业	蒲城坡头镇
传统花炮产业	兴镇
机械建材工业	富平庄里镇
机械工业	华阴桃下镇
化工工业	富平梅家坪为镇

渭南旅游资源丰富，形成了一些旅游服务型小城镇，如合阳洽川镇，韩城芝川镇、龙门镇等。临渭区桥南镇有卫星测控中心驻镇，为航天科研镇。华阴孟塬镇为重要的铁路交通枢纽，交通职能突出。潼关秦东镇为公路枢纽，还有河运港口。市域内主要商贸型城镇有：临渭区故市镇、下吉镇，蒲城孙镇、党睦镇，富平美原、流曲，澄城冯塬镇、合阳黑池镇，大荔安仁、两宜，华县赤水，韩城芝川，白水尧禾、西固。其他城镇多为农副产品加工与贸易型城镇。

近年来，原有资源型城市面临转型发展的困境，农业相关产业与旅游休闲成为部分城市新的发展动力与重要职能。部分县出现了新的职能趋势。如富平、潼关、澄城、大荔县出现了旅游职能。尤其是大荔县依托其特色农业、农副产品和农业机械加工，逐步形成区域性的农机集散中心；依托同州湖以及朝邑古镇，旅游职能逐步加强。蒲城、澄城地方性中心城市的职能，尤其是商贸服务职能有所加强，华阴继续做大做强其特色农业与旅游业。

此外，部分县城原有职能衰退，如韩城、澄城、合阳、华阴的能源和机械加工，潼关的黄金产业，大荔的纺织产业发展态势减弱，潼关现代物流产业发展未能达到规划预期。

各县重点镇依托工业园区的非农经济发展势头良好，部分镇出现新的职能，如合阳路井镇，依托艺术家村打造文化创意旅游产业。一些一般镇发展势头同样迅猛，如合阳坊镇、大荔朝邑镇、官池镇、澄城尧头镇、孟塬镇司家村等，依托自身区位或文化与旅游资源，发展势头良好。官池镇依托大荔县城工业园区，人口规模已超过重点镇的水平。

4.1.4.3 空间结构

渭南市域地貌可分为秦岭北麓黄土台塬区、秦岭北坡山区、渭河冲积平原区、渭北黄土塬区和北部边缘低山丘陵区等五种地貌单元，约 80% 的城镇分布在地形平坦的渭北黄土塬区和渭河冲积平原区，仅有极少数小城镇，如以工矿为主要职能的金堆镇位于秦岭北坡山区。

目前渭南市域“一主四副、两横两纵、三大板块”的空间结构基本成型，中心城区的人口规模与经济实力逐年有所加强,但极化效应不突出,仍旧属于“弱中心”格局。韩城、华阴保持稳定发展态势，富平、蒲城作为副中心城市的发展并不突出，各区县依托于特色产业项目的部分重点镇得到较大发展。从市域整体格局上看，主要城镇发展仍旧是依托两条主要交通廊道，形成东西向富平—韩城、临渭—潼关的城镇特色发展带，次级纵向交通走廊正逐步形成，最终构成网络化的空间特色格局。

总体上，渭南市发展重心以西安为核心，沿陇海、西禹两条交通廊道形成的城镇密集带逐步向外辐射发展，但两条城镇发展带南北向联系薄弱，有待加强，市域发展呈现西重东轻的格局。2000-2010 年间，人口增长主要位于东北区域，小城镇规模变化不明显。2010 年以来，人口增长主要集中在市域西南部区域的区县和小城镇，尤其临近西安的近域圈层，如临渭、富平等发展态势较好，城镇人口与规模提升较为迅速。随着与西安联系的逐步减弱，外围城镇发展动力逐渐趋缓，城镇规模也逐步下降。尤其是外围传统资源型城市，如韩城，因受到外部经济环境影响，发展势头减弱。仅有大荔因为自身经济实力的提升与特色农业、旅游业发展，并通过大西高铁与西安构建紧密联系，发展势头较好。

由于市域三大板块核心发展动力不清晰，因此板块内部城市尚未形成联系，各自相对独立发展。由于临渭区的中心性日益凸显，以及华阴的旅游资源优势、大荔强劲的发展动力，使得南部核心区板块的综合实力明显优于东北与西北两大板块。

4.1.5 中心城市的典型性

4.1.5.1 西北地区中等城市城乡空间的特征

（1）普遍特征

在经济发展阶段上，西北地区中等城市普遍处于工业化初期向工业化中期过渡阶段。在主导产业类型上，除部分城市通过能源产业得到较快发展以外，西北地区大部分中等城市仍然是农业基础型，或农业在城市产业中仍占据重要地位，而第二产业、第三产业相对落后。

在与省域中心城市的关系上，这些中等城市距离省（自治区）级中心城市较近，既能享受各种产业外溢，同时受回波效应影响，发展也面临着“灯下黑”的情况。

在城乡空间一体化的阶段上，普遍属于初步一体化向中度一体化过渡阶段。

（2）空间差异

根据西北地区中等城市城乡空间关系的分析，可依据地形地貌将西北地区中等城市分为河流冲积平原型、河谷川道型、沙漠绿洲型等类型。

西北地区中等城市区域的乡村产业大多以农牧业为主，从职能角度划分西北地区中等城市城乡空间关系的类型，可依据中心城市的传统职能分为农牧业型、能源工矿型、民族贸易型、加工制造型、旅游服务型等类型，西北地区中等城市没有完全单一职能的类型，大多数为多种职能复合型。

4.1.5.2 渭南城乡空间的典型特征

渭南中心城市区域用地平坦，土壤肥沃，水资源充沛，历史文化底蕴深厚，城镇数量众多，城镇体系完整，产业发展素以农业著称，第二产业以能源化工、加工制造为主，第三产业不发达。

从地形地貌上，可将其归于河流冲积平原型；从职能角度，可将其归于农牧业、能源工矿、加工制造综合型。

渭南位于省域中心城市西安市的东部，渭南所在的关中城镇群是西北地区人口最稠密的地区，是西北地区最具比较优势的区域。

对渭南中心城市区域的城乡空间发展轨迹进行研究，有利于发现对西北地区中等城市城乡空间协调存在的普遍问题，对其动力机制和规划方法可进行深入探讨。

4.2 城乡空间生长的协调性评价方法

4.2.1 既有相关评价方法

（1）城乡空间协调的相关评价

现有关于空间协调的评价可分为区域、城市和乡村三个层面。

区域空间协调的评价集中于区域的可持续发展[①②]以及不同利益主体的协同。城市

① 林丹．可持续性评价与规划编制相互协调方式初探 [J]．国际城市规划，2007（2）：83-88.

② 武联，陈敬田．可持续发展状况评价与区域协调发展对策初探——青海省小城镇规划的区域思考 [J]．西北大学学报（自然科学版），2007（3）：489-492.

空间协调主要集中在公共设施与城市空间的关系上，主要包括城市公共服务设施与城市空间的关系、城市交通设施与城市空间的关系[①②]、城市市政基础设施与城市空间的关系[③]。乡村空间协调则聚焦于乡村文化与景观的协调以及基础设施的协调[④]。

可以看出，由于城乡空间的特性不同，规划关注的重点有所区别，同时也由于长期城乡二元分立的关系，现有城乡空间协调的评价整体数量不多，尚未形成较成体系的城乡空间一体的评价方法。

（2）一定价值导向下的相关评价

学界在空间的价值导向方面，有一定数量的文献对公平与效率的关系进行了探讨，但以公平—效率为价值观和目标导向下的相关评价数量寥寥。

陈华（2012）建立了“生态—公平—效率”模型，以环境、经济和社会的低碳发展为目标层，以碳排放的规模、效率和分配为指标层，以生态、效率、公平为要素层[⑤]。

城乡空间效率的评价主要集中在城市空间的土地利用效率评价上，尤其是工业用地的效率[⑥⑦]。城市空间绩效与城市空间效率有一定关联，城市空间绩效评价的相关研究成果数量相对丰富，可为城乡空间协调的效率评价作参考。主要研究成果有：吴一洲构建城市空间演化绩效的研究指标体系，包括资源配置、治理结构和制度环境 3 个维度[⑧]；陈睿提出了空间结构测度的指标体系，分为制度结构、规模密度、形态结构、社会经济结构和创新结构 5 个因素、11 个因子和 24 项指标[⑨]；车志晖从社会经济、空间形态、流通空间和生态安全等四个方面对包头中心城市的空间结构绩效水平进行了评价[⑩]。刁星对国内学界在城市空间绩效评价指标体系上的研究做了总结[⑪]。

城乡空间公平方面的评价主要集中于城市空间公平（公正、正义）评价，均关注

① 杨励雅，邵春福，聂伟，等. 基于 TOD 模式的城市交通与土地利用协调关系评价 [J]. 北京交通大学学报，2007（3）：6-9.

② 董魏，刘魏巍，董洁霜. 城市轨道交通与土地利用的耦合协调度评价——以上海市为例 [J]. 天津师范大学学报（自然科学版），2013（2）：51-55.

③ 吴创现，沈朝晖，马韶华. 浅谈城市电网规划与城市规划协调机制的设计及其评价 [J]. 企业导报，2012（6）：18.

④ 林祖锐，马涛，常江，等. 传统村落基础设施协调发展评价研究 [J]. 工业建筑，2015（10）：53-60.

⑤ 陈华. 基于生态—公平—效率模型的中国低碳发展研究 [M]. 上海：同济大学出版社，2012：38-39.

⑥ 冯长春，刘思君，李荣威. 我国地级及以上城市工业用地效率评价 [J]. 现代城市研究，2014（4）：45-49.

⑦ 唐爽，莫宏伟，袁志芬，等. 湘江流域主要城市土地利用效率差异性评价 [J]. 地理空间信息，2015（1）：134-136+156.

⑧ 吴一洲. 转型时代城市空间演化绩效的多维视角研究 [M]. 北京：中国建筑工业出版社，2013.

⑨ 陈睿. 经济绩效视角下都市圈空间规划方法研究 [C]// 中国城市规划年会论文集，2008.

⑩ 车志晖，张沛. 城市空间结构发展绩效的模糊综合评价——以包头中心城市为例 [J]. 现代城市研究，2012（6）：50-54+58.

⑪ 刁星，程文. 城市空间绩效评价指标体系构建及实践 [J]. 规划师，2015（8）：110-115.

于城市公共空间的社会公平以及城市更新过程中的空间正义。主要研究成果有：江海燕，周春山（2010）对广州公园绿地的空间差异及社会公平的评价[①]；王丽娟（2014）建立了由机会公平、绩效公平构成的城市公共服务设施公共性评价体系[②③]，唐子来（2015）对上海中心城区公共绿地分布的公平性评价[④]。

（3）相关研究的特点与问题

目前对城乡空间协调的评价主要集中在城市层面，对乡村空间的评价数量少，且关注点以设施和文化景观为主，对空间整体的关注不多，在城乡整体层面进行评价的研究成果更为缺乏。

城市空间的绩效研究与城市空间的公平和正义研究近几年来研究数量激增，尤其是空间绩效评价，已出现国内研究总结与趋势类文献，空间公平方面已有覆盖中心城区整体的公共服务设施、公共绿地的公平性评价。这些研究均可为城乡空间的公平与效率性评价提供相应的研究借鉴。

4.2.2 评价指标体系的构建

4.2.2.1 评价的阶段性

城乡空间协调生长的评价是以效率、公平为目标，从空间本体、空间属性和空间制度三个方面，对城乡空间协调的状态进行评价，评价包括规划前评价、规划中评价和规划后评价。评价的目的是分析、判断城乡空间协调的水平和阶段、城市和乡村资源的比较优势以及资源重新配置的可能性。

规划前评价是对城乡空间生长的历程进行历史纵向评价，或将研究城市与其他城市的协调程度进行横向比较评价，以明晰城乡生长的基本特点、主要问题以及现状城乡空间演化的主要动力。规划中评价是在规划编制过程中对规划方案的优劣进行评价，以明晰不同规划机制的设计和规划方法的运用对城乡空间资源的配置情况。规划后评价是在规划实施后对规划的实施效果进行评价，以明晰规划的阶段性实施成果和存在的问题，为下一阶段规划方案的调整提供依据。

本次评价是对城乡空间生长历史的历史纵向评价，属于规划前评价。

① 江海燕，周春山，肖荣波．广州公园绿地的空间差异及社会公平研究 [J]．城市规划，2010（4）：43-48．
② 王丽娟．城市公共服务设施的空间公平研究 [D]．重庆：重庆大学，2014．
③ 江海燕，朱雪梅，吴玲玲，等．城市公共设施公平评价：物理可达性与时空可达性测度方法的比较 [J]．国际城市规划，2014（5）：70-75．
④ 唐子来，顾姝．上海市中心城区公共绿地分布的社会绩效评价：从地域公平到社会公平 [J]．城市规划学刊，2015（2）：48-56．

4.2.2.2 指标体系的构建原则和方法

（1）指标体系的构建原则

城乡空间协调的指标体系以简明的方式提供系统、全面、客观、动态的信息，从定性、定量、定位和定向等四个方面提供城乡空间协调程度的信息，便于对城乡空间协调做分析和调控。定性是指城乡空间协调的指标涉及城乡空间的各种属性和特征，能够相对全面地反映城乡空间协调的状态，从宏观上检验城市规划对城乡空间协调引导和控制的科学性；定量是指城乡空间协调评价模型以计量分析的模式为城乡空间的规划提供量化依据；定位是指通过城乡空间协调评价的结果分析，可以判断某个区域的空间协调程度或不协调空间的区位；定向是指城乡空间协调评价可以提供城乡空间协调的阶段特征和差异特征，可以为城乡空间协调的未来发展路径提供决策依据。

（2）指标体系的分类

城乡空间协调的指标体系可分为两类，一类反映城乡空间协调的总体情况，可用于研究城市在不同时期自身发展的纵向评价，以及同一时期不同城市间的横向比较；另一类反映城乡空间协调的现实与目标之间的差距。

（3）指标的选择方法

确定指标的方法一般有理论分析法、频度分析法和专家咨询法等，本书综合运用这三种方法来选择指标。首先，阅读与城乡空间协调相关的文献，通过频度分析法进行频度统计，挑选出频度较高的指标。其次，运用理论分析法，从城乡空间协调的背景、目标、属性等问题出发，进行系统分析、综合比较，选择能够综合反映城乡空间协调生长的关键性指标。最后，采用专家咨询法，征询城乡空间协调生长这一领域专家的意见，最终形成确定城乡空间协调的评价指标体系。

（4）指标体系的构建步骤

按照“原始指标数据库—原始指标集—指标集—指标体系”的模式进行构建。首先，全面地搜集与城乡空间协调相关的指标，选择对城乡空间发展有明显影响的，建立城乡空间协调的原始指标数据库。其次，通过频度分析法、理论分析法和专家咨询法等指标选择方法，按照空间本体、空间属性与空间制度等三个子系统，分门别类地进行统计，选出符合城乡空间协调的原始指标集。再次，对原始指标集进行相关分析，确定所选指标间的相关度，根据重要性、总量、构成比例等相关取舍标准以及专家的意见进行指标筛选，确定评价指标集。最后，根据理论分析与专家意见进行反复斟酌、筛选、调整，确定最后的指标体系。

4.2.2.3 指标体系的基本框架

（1）指标体系的层次框架

根据前述理论分析，空间包括生活、生产和生态空间，城乡空间包括城市的空间、乡村的空间和城乡整体的空间，城乡空间的评价可从空间本体、空间属性与空间制度三个方面进行剖析，这些指标共同反映城乡空间协调的功能、阶段与空间差异。

（2）指标体系的构成（图4-2）

城乡空间协调由公平与效率两部分评价目标构成，两者分别进行评价。在城乡空间整体层面，效率通常表现为在规模、阶段上的城乡整体发展水平高，而公平通常表现为城乡空间差异小。在进行城乡空间协调的效率评价时，选择城乡整体指标（加和或平均值）进行计算，在进行城乡空间协调的公平评价时，选择城市和乡村各自的指标进行比值计算。

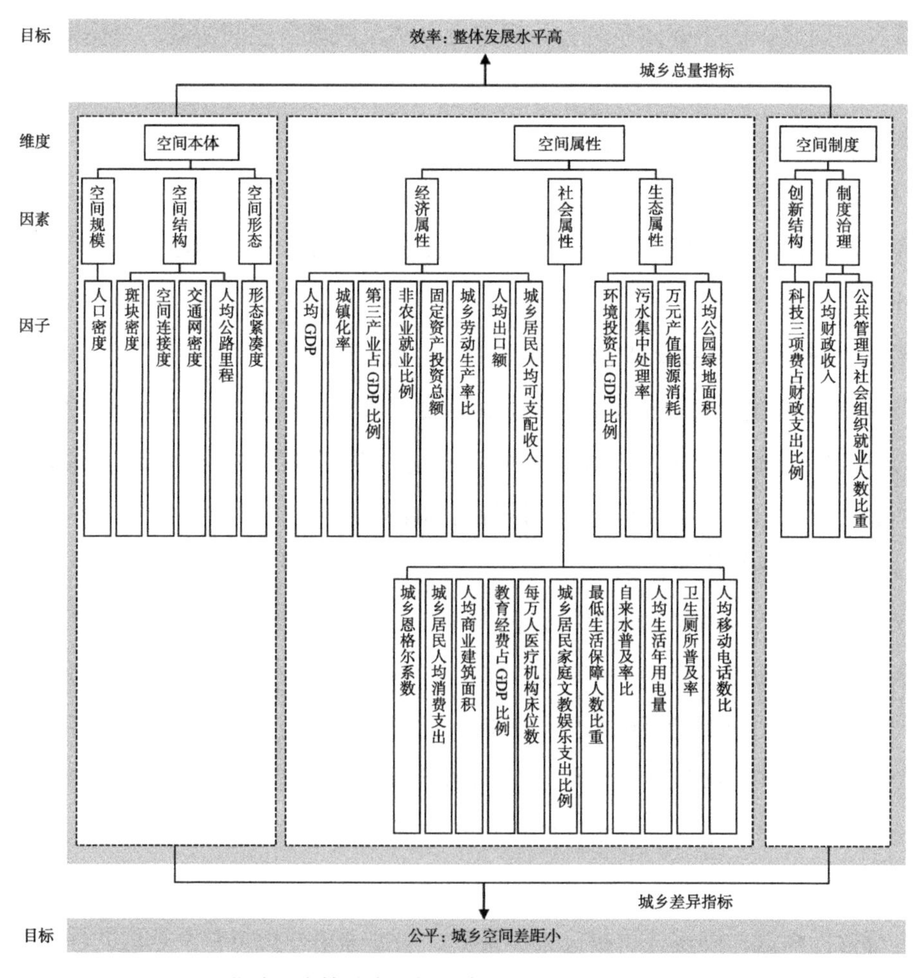

图4-2 西北地区中等城市区域城乡空间协调指标体系的构成模式

如对西北地区中等城市城乡空间协调的效率进行评价，可建立以下评价指标体系（表 4-7）。其中，空间本体中由于城市与乡村空间界限的模糊性，城市可以建成区作为统计范围。

西北地区中等城市城乡空间协调的效率评价指标体系　　表 4-7

<table>
<tr><th>目标层（A）</th><th>准则层（B）</th><th>因素层（C）</th><th>因子层（D）</th><th>指标含义</th></tr>
<tr><td rowspan="31">西北地区城乡空间协调效率评价综合指标（A1）</td><td rowspan="6">空间本体</td><td>空间规模</td><td>人口密度</td><td>反映一个区域整体的土地资源丰裕程度</td></tr>
<tr><td rowspan="4">空间结构</td><td>斑块密度</td><td>反映一个区域空间的破碎化程度</td></tr>
<tr><td>空间连接度</td><td>反映一个区域内部空间联系的强度情况</td></tr>
<tr><td>交通网密度</td><td>反映一个区域空间支撑体系发展水平</td></tr>
<tr><td>人均公路里程</td><td>反映一个区域城乡交通发展水平</td></tr>
<tr><td>空间形态</td><td>形态紧凑度</td><td>反映一个区域的空间集聚程度</td></tr>
<tr><td rowspan="25">空间属性</td><td rowspan="8">经济属性</td><td>人均 GDP</td><td>反映一个区域整体的城乡经济发展水平</td></tr>
<tr><td>城镇化率</td><td>反映一个区域整体的城乡经济社会结构水平</td></tr>
<tr><td>第三产业占 GDP 比例</td><td>反映一个区域产业高级化程度</td></tr>
<tr><td>非农业就业比例</td><td>反映一个区域产业分工化程度</td></tr>
<tr><td>固定资产投资总额</td><td>反映一个区域的投入产出水平</td></tr>
<tr><td>城乡劳动生产率比</td><td>反映一个区域城乡二元经济结构的强度</td></tr>
<tr><td>人均出口额</td><td>反映一个区域经济外向性程度</td></tr>
<tr><td>城乡居民人均可支配收入</td><td>反映一个区域城乡居民的收入水平</td></tr>
<tr><td rowspan="15">社会属性</td><td>城乡恩格尔系数</td><td>反映一个区域城乡居民的综合生活水平</td></tr>
<tr><td>人均住房面积</td><td>反映一个区域城乡居民的居住水平</td></tr>
<tr><td>城乡居民人均消费支出</td><td>反映一个区域城乡居民的消费能力</td></tr>
<tr><td>人均商业建筑面积</td><td>反映一个区域商业配置设施发展水平</td></tr>
<tr><td>教育经费占 GDP 比例</td><td>反映一个区域人力资本投入与发展潜力水平</td></tr>
<tr><td>每万人医疗机构床位数</td><td>反映一个区域卫生保健的发展水平</td></tr>
<tr><td>城乡居民家庭文教娱乐支出比例</td><td>反映一个区域文化消费水平</td></tr>
<tr><td>最低生活保障人数比重</td><td>反映一个区域城乡居民的社会保障能力</td></tr>
<tr><td>自来水普及率比</td><td>反映一个区域城乡居民基本生活质量</td></tr>
<tr><td>人均生活年用电量</td><td>反映一个区域城乡居民家庭生活现代化水平</td></tr>
<tr><td>卫生厕所普及率</td><td>反映一个区域卫生保健水平和文化程度</td></tr>
<tr><td>人均移动电话数</td><td>反映一个区域信息化程度</td></tr>
<tr><td rowspan="2">生态属性</td><td>环境投资占 GDP 比例</td><td>反映一个区域生态化建设的投入力度</td></tr>
<tr><td>污水集中处理率</td><td>反映一个区域对环境污染的治理水平</td></tr>
</table>

续表

目标层（A）	准则层（B）	因素层（C）	因子层（D）	指标含义
西北地区城乡空间协调效率评价综合指标（A1）	空间属性	生态属性	万元产值能源消耗	反映一个区域的生产对环境的影响程度
			人均公园绿地面积	反映一个区域整体环境水平和居民生活质量
	空间制度	创新结构	科技三项费占财政支出比例	反映一个区域科技创新能力
		制度治理	人均财政收入	反映一个区域整体的财政供给水平
			公共管理与社会组织就业人数比重	反映一个区域社会管理水平

运用总量的方法，可以对西北地区中等城市城乡空间协调的效率进行评价；运用上述评价体系，还可对城市空间和乡村内部空间分别进行评价。

4.2.3 评价方法与数据来源

4.2.3.1 指标值的确定方法

城乡空间协调的指标分为单项绝对值和城乡比较指标两大类。前者主要用于反映城乡空间的总量与规模水平，为单项的绝对指标，用该指标的实际观测值表示，如人均 GDP、人均生活年用电量、人均公路里程等；后者主要用于反映城乡空间的差距情况，为城乡比较指标，用该项指标的城乡实际比值来衡量，如城乡收入比、城乡恩格尔系数、城乡劳动生产率比等。

在指标选择上，单项绝对值和城乡比较指标共同反映了城乡空间协调的状态，但前者的指标选择空间较大，后者则需要城乡一致的对应关系，在指标选择上有一定的局限性。城乡空间协调的指标体系应当同时包含单项绝对值和城乡比较指标，但可根据不同城市数据的可获得性，对指标体系进行适宜性选择。

4.2.3.2 指标的处理方法

（1）原始数据标准化处理

不同指标在含义、计算方法和量纲上有所不同，无法进行直接的综合计算，需要对原始数据进行标准化处理，将所有的指标都转化到 [0，1] 范围内。

（2）指标权重的确定

确定的指标权重方法通常有主观赋权法与客观赋权法两大类，前者以专家打分法和德尔菲法为代表，后者以主成分分析法和层次分析法为代表。

主成分分析法主要通过降维将具有一定相关性的多个指标简化为少数几个指标。主要成分分析法的步骤是：一、将样本数据进行标准化处理，形成样本数据矩阵；二、计算特征值和特征向量，把原来数量众多的相关指标通过重新组合，形成一组相互无关的综合指标，将分散的信息集中化，减少变量，以方便处理复杂问题;三、综合评价，将累计贡献率达到 85% 以上的若干个主成分做线性组合，构建综合评价函数，并对评价值进行综合排序。

层次分析法主要通过将复杂系统的决策思维进行层次化，是一种定性与定量相结合的分析方法。层次分析法的步骤是:一、建立递阶层次结构,将复杂问题按照目标层(最高层）—准则层（中间层）—指标层（最底层）的顺序组成递阶层次结构；二、构建判断矩阵，采用两两比较的方法对两个指标的重要程度进行比较，并在 1 ~ 9 之间划分相对重要程度的数量标度；三、进行层次单排序与一致性检验；四、进行层次总排序与一致性检验；五、综合评价。

各种指标权重的确定方法互有优缺点，评价时可以将主成分分析法和层次分析法相结合。先运用主成分分析法对指标进行分析，确定发挥主导作用的指标；然后，运用层次分析法计算优化后指标的权重，并对这些指标进行排序，从而得到综合的评价结论。

4.3 中心城市区域城乡空间生长的协调性评价

规划方法的创新一般按照“技术层面—机制层面—制度层面—法律层面”的逻辑顺序，本书的规划方法和机制设计以技术层面为主，机制层面为辅，因此在对渭南中心城市区域城乡空间协调进行评价时，主要评价城乡空间本体和空间属性两个方面，对空间制度暂不做评价。

4.3.1 城乡空间本体的协调性评价

4.3.1.1 研究范围及 TM 影像基础数据处理

（1）数据来源及空间研究范围选择

为保持数据的一致性，本次研究采用 Landsat 系列遥感数据。拟选取 5 个左右时间间隔基本相同的时段，并分成市域与中心城市区域两个层次进行分析。渭南市在该系列遥感数据中分别位于轨道号 127/36、126/36、126/35 三幅图中，其中轨道号 126/36 的 TM 影像覆盖了渭南市域的大部分，但富平县、白水县、韩城县均有一部分空间无法覆盖。

理想研究条件是以轨道号 126/36 的 TM 影像为主，补充轨道号 127/36 和 126/35

两幅图，对图形进行拼合后覆盖渭南市域的全部范围，市域即可成为城乡空间协调生长研究的第一层次。但是三幅图的拼合需要同时满足在同一时段的数据均可获得、三幅图的云量均较小等条件，在目前国内数据较为全面的中科院 Landsat 遥感影像数据库进行筛选，同时符合以上条件的时段仅有一个，无法实现对多个时间节点进行数据比较的研究目标。同时，中科院 Landsat 遥感影像数据库中所获 TM 影像自身分辨率不高，依靠 MAPGIS 软件以机读的方法完成主要的用地识别尚且无法实现，若还要为了以选择同一时间节点为首要的要求而牺牲图像质量，将会给图像的识别工作带来更大难度。

由于现有地理信息数据精度不高，本次研究在对可获取地理信息数据进行分析的基础上，选择了以渭南城市中心向外圈层式计算的方法，重点研究以渭南城市中心为中心点，向外围扩展一定距离范围里的城乡空间演变。目前渭南中心城区位于渭南市西南，以东风大街与前进路交叉口（中心广场）为城市中心，在地图上测量到周边主要空间节点的直线距离（表 4-8、图 4-3）。

渭南中心城市到周边主要空间节点的直线距离　　表 4-8

	节点名称	节点位置选择	与渭南市中心的直线距离（km）
1	渭南市临渭区与西安市临潼区的行政区边界	东风大街与前进路交叉口（中心广场）正西方向与区划边界相交点	7.8
2	富平县城	S106 与人民路交叉口（富平县政府）	40.0
4	蒲城县城	红旗街与人民路交叉口（蒲城县政府）	51.2
5	华州区	新华大街与古郑路交叉口（华县县委）	25.1
6	大荔县城	东大街与北大街交叉口（同州广场）	52.6

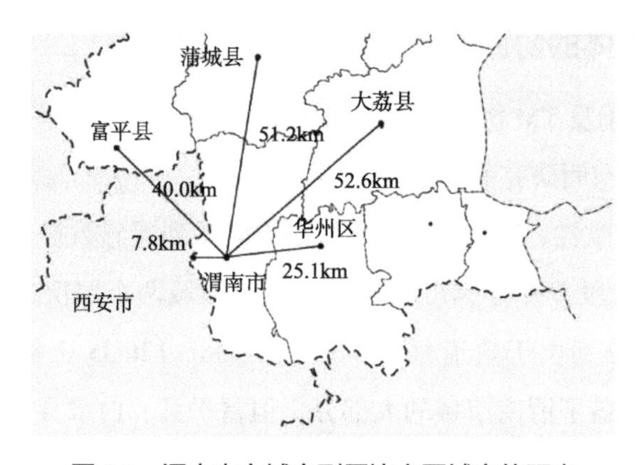

图 4-3　渭南中心城市到周边主要城市的距离

由上述距离可以看出，渭南城市中心到周边主要城镇中心空间节点的直线距离均在 60km 范围内。因此，以渭南城市中心为圆点，半径 60km 范围内的城乡空间是理想的研究范围，可描述渭南市至各县域中心城市空间范围内所有用地的变化情况；但不同阶段 TM 影像局部清晰度有一定差异，部分影像人工识别困难，建立多个时间节点同一空间范围的面板数据，在进行用地分类时准确度受到很大影响，故将 0 ~ 30km 半径范围作为本次研究的空间范围。

（2）时间节点选择

本次研究选择 TM 遥感数据，分辨率 30m，轨道号轨道号 126/36，分别为 1990 年 8 月 22 日、1999 年 9 月 24 日、2004 年 7 月 3 日、2008 年 6 月 28 日、2013 年 9 月 14 日，在时间上尽量都选择 6 ~ 9 月数据，时间间隔依次是 9、5、4、4，使时间间隔接近于整数，方便进行计算，云量均接近于 0。

（3）基础数据处理

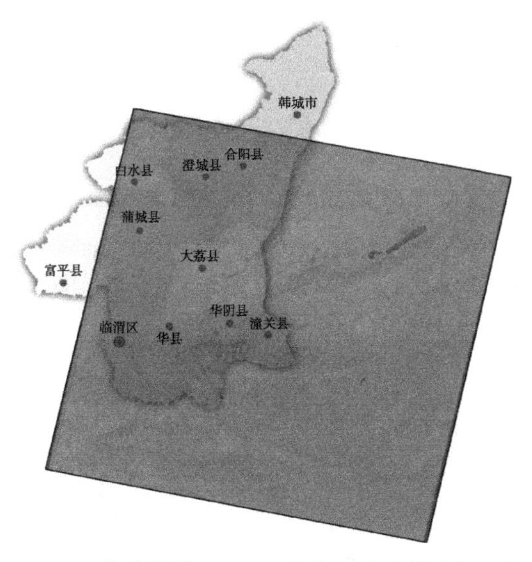

图 4-4　TM 影像（轨道号 126/36）与渭南市的空间叠合关系

在 RS 与 GIS 软件的支持下，获取研究区域城乡用地变化的空间信息，依次对遥感影像进行波段组合、几何校正以及图像增强等处理。本次研究所用的 TM 影像经过初步的粗校正，还不能达到研究所需的精度要求和地理位置的完全对应，故对数据进行了预处理。研究的几何校正以影像最为清晰的 2009 年 Landsat TM 影像为基础，运用 ENVI 软件的影像到影像的配准功能把其他年份的影像校正到统一的坐标系统下，形成各期影像（图 4-4 ~图 4-6）。

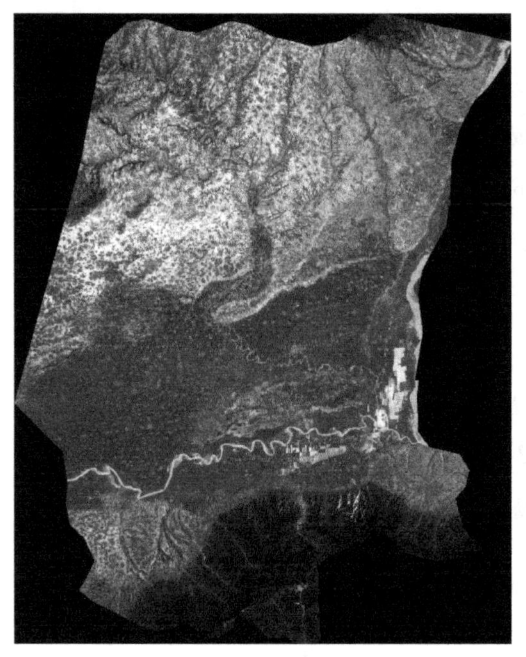

图 4-5　渭南市 TM 影像（1990 年）

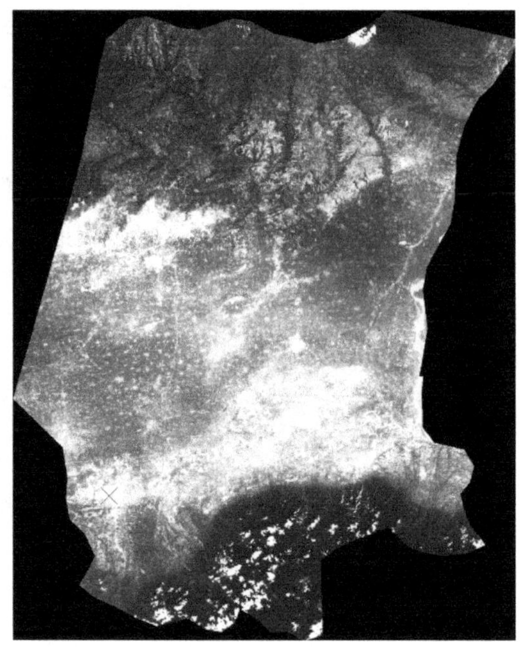

图 4-6　渭南市 TM 影像（2009 年）

（4）用地分类

《土地利用现状分类》（GB/T 21010-2007）与《城市用地分类与规划建设用地标准》（GB50137-2011）可提供详细的分类标准，但由于图像质量不佳，用地难以分辨至中类，故在进行城乡用地分类时仅划分建设用地与非建设用地。

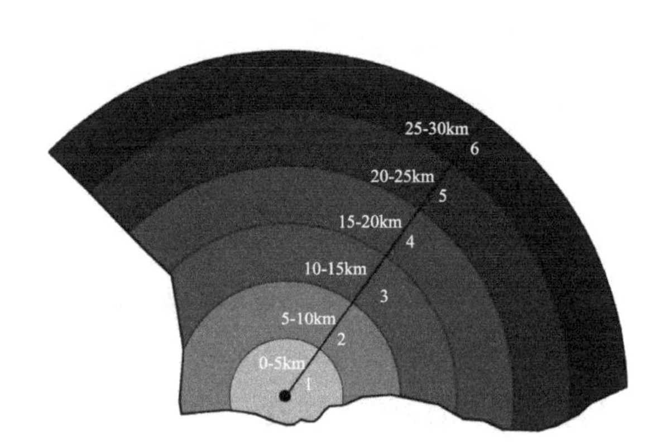

图 4-7　渭南中心城市区域建设用地变化研究的圈层划定方法

4.3.1.2　主要研究方法

（1）分圈层统计距离城市中心不同半径城乡建设用地变化

自城市中心（东风大街与前进路交叉口）向外划分为圆环，每个同心圆之间半径相差 5km，共生成 6 个同心圆环。将圆环由内向外以 1、2、3……6 的方式进行编号，建立统计数据库。渭南市域范围内在秦岭山脉以南区域面积大，而城乡居民点分布稀疏，纳入整体计算范围会导致计算结果的显著性减弱，故沿分水岭划分界限，用地统计时仅计算秦岭以北区域（图 4-7 ~图 4-12）。

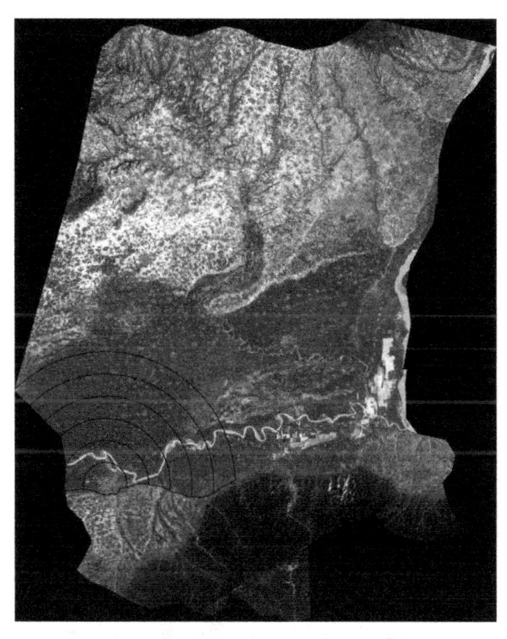

图 4-8　渭南中心城市区域建设用地变化研究的圈层划定（1990 年）

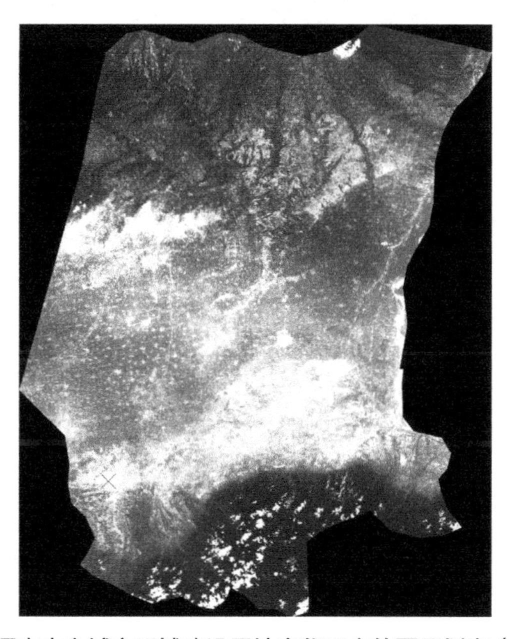

图 4-9　渭南中心城市区域建设用地变化研究的圈层划定（2009 年）

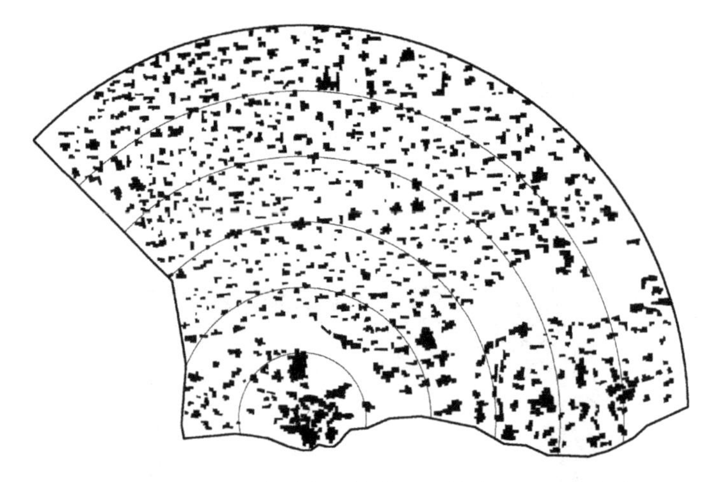

图 4-10　渭南中心城市区域建设用地分布（1990 年）

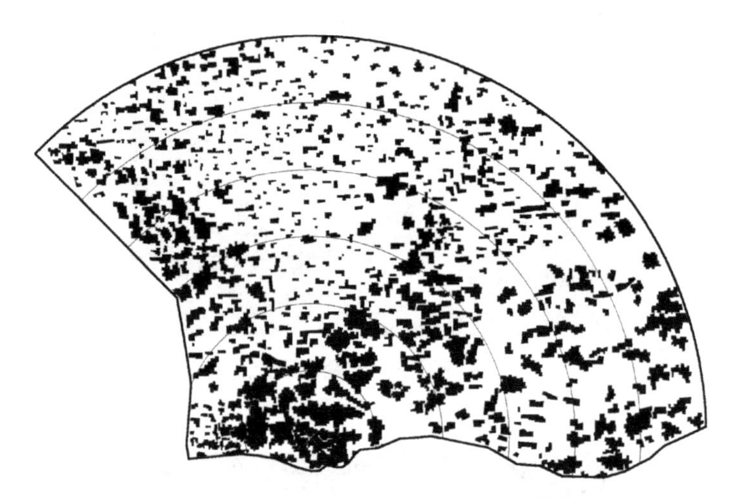

图 4-11　渭南中心城市区域建设用地分布（2009 年）

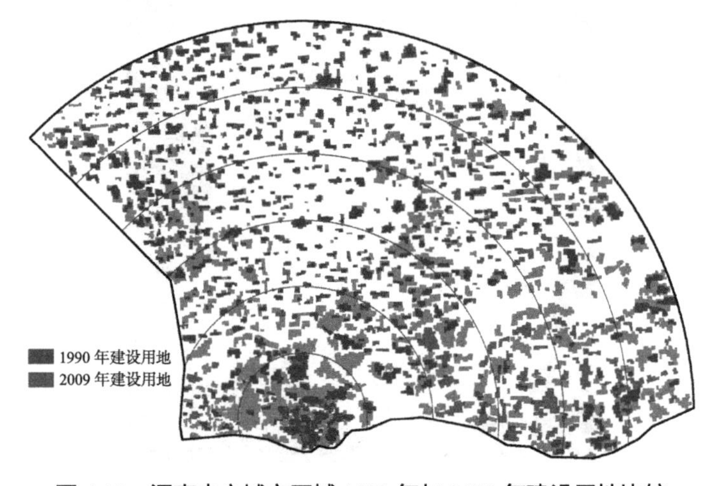

图 4-12　渭南中心城市区域 1990 年与 2009 年建设用地比较

运用 GIS 软件统计不同年份各个圈层中建设用地的面积、周长、斑块数量等数据（表 4-9）。

渭南中心城市区域不同圈层建设用地变化情况　　表 4-9

<table>
<tr><th>圈层</th><th>半径范围</th><th>指标</th><th>1990 年</th><th>2009 年</th></tr>
<tr><td rowspan="4">1</td><td rowspan="4">0 ~ 5km</td><td>城乡用地总面积（km^2）</td><td colspan="2">55.99</td></tr>
<tr><td>建设用地总斑块数（个）</td><td>18</td><td>9</td></tr>
<tr><td>建设用地斑块总面积（km^2）</td><td>16.81</td><td>39031</td></tr>
<tr><td>建设用地斑块总周长（km）</td><td>97.92</td><td>156.86</td></tr>
<tr><td rowspan="4">2</td><td rowspan="4">5 ~ 10km</td><td>城乡用地总面积（km^2）</td><td colspan="2">122.53</td></tr>
<tr><td>建设用地总斑块数（个）</td><td>65</td><td>50</td></tr>
<tr><td>建设用地斑块总面积（km^2）</td><td>16.76</td><td>50.51</td></tr>
<tr><td>建设用地斑块总周长（km）</td><td>161.37</td><td>302.89</td></tr>
<tr><td rowspan="4">3</td><td rowspan="4">10 ~ 15km</td><td>城乡用地总面积（km^2）</td><td colspan="2">157.55</td></tr>
<tr><td>建设用地总斑块数（个）</td><td>106</td><td>83</td></tr>
<tr><td>建设用地斑块总面积（km^2）</td><td>24.41</td><td>50.97</td></tr>
<tr><td>建设用地斑块总周长（km）</td><td>237.88</td><td>331.45</td></tr>
<tr><td rowspan="4">4</td><td rowspan="4">15 ~ 20km</td><td>城乡用地总面积（km^2）</td><td colspan="2">216.58</td></tr>
<tr><td>建设用地总斑块数（个）</td><td>135</td><td>110</td></tr>
<tr><td>建设用地斑块总面积（km^2）</td><td>34.1</td><td>56.6</td></tr>
<tr><td>建设用地斑块总周长（km）</td><td>328.13</td><td>392.03</td></tr>
<tr><td rowspan="4">5</td><td rowspan="4">20 ~ 25km</td><td>城乡用地总面积（km^2）</td><td colspan="2">277.76</td></tr>
<tr><td>建设用地总斑块数（个）</td><td>175</td><td>162</td></tr>
<tr><td>建设用地斑块总面积（km^2）</td><td>48.67</td><td>67.01</td></tr>
<tr><td>建设用地斑块总周长（km）</td><td>451.04</td><td>517.68</td></tr>
<tr><td rowspan="4">6</td><td rowspan="4">25 ~ 30km</td><td>城乡用地总面积（km^2）</td><td colspan="2">325.24</td></tr>
<tr><td>建设用地总斑块数（个）</td><td>165</td><td>153</td></tr>
<tr><td>建设用地斑块总面积（km^2）</td><td>54.07</td><td>76.72</td></tr>
<tr><td>建设用地斑块总周长（km）</td><td>473.51</td><td>540.04</td></tr>
<tr><td rowspan="4">合计</td><td rowspan="4">0 ~ 30km</td><td>城乡用地总面积（km^2）</td><td colspan="2">1155.65</td></tr>
<tr><td>建设用地总斑块数（个）</td><td>660</td><td>550</td></tr>
<tr><td>建设用地斑块总面积（km^2）</td><td>195.58</td><td>342.25</td></tr>
<tr><td>建设用地斑块总周长（km）</td><td>1691</td><td>2117.65</td></tr>
</table>

（2）用景观指数的方法

景观指数是指“能够高度浓缩景观格局信息，反映其组成和空间配置某些方面特征的简单定量指标”，景观格局特征可以在“单个斑块”“由若干个斑块组成的斑块类型”

以及“包括若干斑块类型的整个景观镶嵌体”等三个层次上分析[①]。运用景观指数的方法，可以对城乡空间由建设用地和非建设用地构成的景观镶嵌体和建设用地斑块单独进行分析，通过量化的方法研究建设用地的密度和空间相对位置。

4.3.1.3 数据统计及分析

（1）人口密度

统计历年土地面积与总人口，并计算出人口密度（表 4-10）。从 1995 年至 2013 年的 18 年间，渭南中心城市区域总人口由 83.54 万人增长至 93.61 万人，年均增长 0.56 万人，年均增长率为 0.64%，同时人口密度由 684 人 /km^2 增长至 767 人 /km^2，年均增长 4.61 人 /km^2，年均增长率仅为 0.64%，总体上年均增长微小。可以认为，在城乡空间整体层面，人口密度的变化不会对城乡空间结构造成较大影响，因此城乡空间的主要变化，来源于由城镇化带来的城市人口集聚所引起的城市空间人口密度增长与乡村空间人口密度减小。

渭南中心城市区域 1995-2013 年人口密度　　表 4-10

	1995 年	1999 年	2004 年	2009 年	2013 年
土地面积（km^2）	1221	1221	1221	1221	1221
总人口（人）	835439	845148	880332	932714	936128
人口密度（人 /km^2）	684	692	721	764	767

注：

1. 1984 年渭南和韩城改县为市（县级），1990 年撤销华阴县，设立华阴市（县级），由于缺乏相应统计数据，且难以与现状行政区划范围统一，故 1990 年不纳入人口密度的比较范围。

2. 地级渭南市自 1994 年 12 月 17 日设立，市人民政府驻临渭区，基于人地对应的计算原则，这里土地面积和总人口分别指临渭区行政区划范围内土地面积和总人口。

3. 2013 年数据含经开区，不含高新区。

资料来源：根据渭南市临渭区统计局．临渭统计三十年 [Z]．2006．

渭南市临渭区统计局．临渭统计年鉴 2007-2009[Z]．2010．

渭南市临渭区统计局．数字临渭 2013[Z]．2014．进行计算。

（2）村镇空间分布密度

统计历年乡镇个数、村委会个数和村民小组个数（表 4-11），并计算年均变化情况（表 4-12）。渭南中心城市区域城镇化率不断提升，但是村委会和村民小组个数几乎没有减少。由统计数据可以看出，在 1999-2004 年、2009-2013 年这两个阶段，渭南中心城市区域经历过较大的撤乡并镇，乡镇总数减少明显。

① 邬建国．景观生态学——格局、过程、尺度与等级 [M]．北京：高等教育出版社，2007.

渭南中心城市区域 1990-2013 年村镇数量　　表 4-11

	1990 年	1995 年	1999 年	2004 年	2009 年	2013 年
乡镇数量（个）	35	32	32	22	22	14
村委会数量（个）	511	512	496	495	495	—
村民小组数量（个）	2682	2681	2604	2604	2606	—

注：2013 年无村委会与村民小组统计数据。

资料来源：根据渭南市临渭区统计局．临渭统计三十年 [Z]．2006.

渭南市临渭区统计局．临渭统计年鉴 2007-2009[Z]．2010.

渭南市临渭区统计局．数字临渭 2013[Z]．2014.

渭南中心城市区域 1995-2013 年村镇数量年均变化　　表 4-12

	1990-1995 年	1995-1999 年	1999-2004 年	2004-2009 年	2009-2013 年
乡镇数量年均增长率（%）	−1.78	0	−7.22	0	−8.64
村委会数量年均增长率（%）	0.04	−0.63	−0.04	0	—
村民小组数量年均增长率（%）	−0.01	−0.58	0	0.02	—

从基层村数量不变而乡镇数量减少的关系看，渭南中心城市区域乡村空间的整合趋势是空间结构扁平化。建制镇数量的减少，使城乡空间的流动要素向少数镇集中，现有小城镇作为城市与乡村之间承上启下的作用更加重要。村庄虽呈现一定的空心化，但村庄建设由于城乡二元的土地制度等深层次原因，整合力度很小。

（3）建设用地斑块密度

斑块密度（patch density）用于表征单位面积上的斑块数，单位为斑块数 /100ha。计算公式为：

$$\mathrm{PN}=\frac{n_i}{A}(10000)(100) \quad \text{（公式 4-1）}$$

式中：n_i 表示第 i 类景观要素的总数量；A 为所有景观的总面积。

对 0 ~ 30km 半径范围内各圈层建设用地斑块的面积、周长等特征进行统计，并进行建设用地斑块密度的计算（表 4-13）。

渭南中心城市区域各圈层建设用地斑块密度　　表 4-13

圈层	半径范围	1990 年（单位：个 /100ha）	2009 年（单位：个 /100ha）
1	0 ~ 5km	0.32	0.16
2	5 ~ 10km	0.53	0.41
3	10 ~ 15km	0.67	0.53

续表

圈层	半径范围	1990年（单位：个/100ha）	2009年（单位：个/100ha）
4	15～20km	0.62	0.51
5	20～25km	0.63	0.58
6	25～30km	0.51	0.47
合计	0～30km	0.57	0.48

比较1990年和2009年渭南中心城市区域各圈层建设用地斑块密度，2009年斑块密度整体比1990年有所减小，说明各圈层建设用地斑块均在向外拓展，将1990年的多个斑块合并为一个斑块。

1990年和2009年建设用地斑块密度均在0～5km范围内较小，为中心城区所在区域，1990年和2009年5～30km范围内建设用地斑块密度分别为0.51～0.67和0.41～0.58，表明约有一半的土地用于城乡居民点建设，土地利用效率不高，需要进一步整合（图4-13、图4-14）。

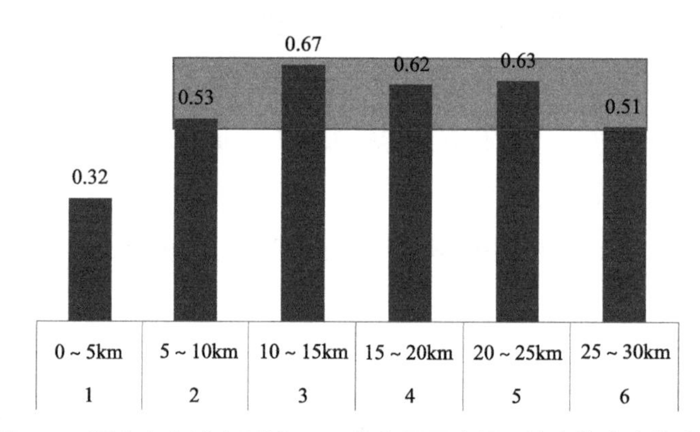

图4-13　渭南中心城市区域1990年各圈层建设用地斑块密度的比较

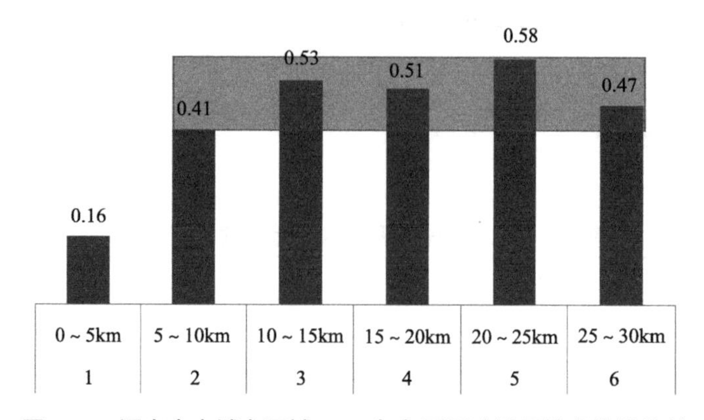

图4-14　渭南中心城市区域2009年各圈层建设用地斑块的比较

（4）建设用地斑块景观破碎度

景观破碎度可用于表征景观被分割的破碎程度，建设用地景观破碎度反映城乡空间结构的复杂性，尤其是乡村居民点的分散程度。计算公式为：

$$C_i=\frac{N_i}{A_i} \qquad \text{（公式 4-2）}$$

式中：C_i 表示第 i 类景观的破碎度，N_i 表示第 i 类景观要素的斑块数，A_i 为景观 i 的总面积。C_i 值越大，表示景观越破碎（表 4-14）。

渭南中心城市区域各圈层建设用地景观破碎度计算　　表 4-14

圈层	半径范围	1990 年（单位：个 /km²）	2009 年（单位：个 /km²）
1	0 ~ 5km	1.07	0.23
2	5 ~ 10km	3.88	0.99
3	10 ~ 15km	4.34	1.63
4	15 ~ 20km	3.96	1.94
5	20 ~ 25km	3.60	2.42
6	25 ~ 30km	3.05	1.99
合计	0 ~ 30km	3.37	1.61

资料来源：作者自绘

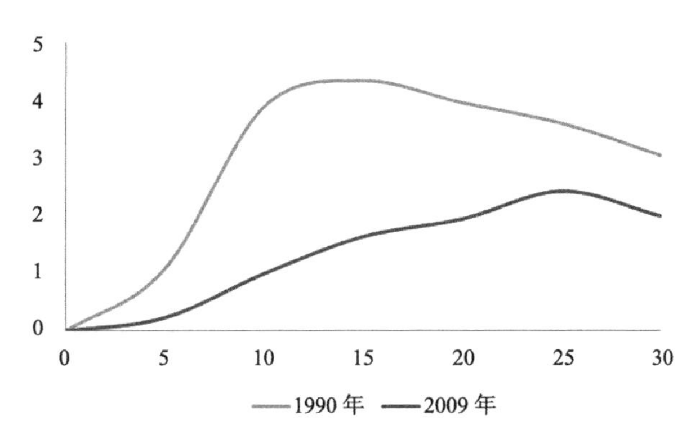

图 4-15　渭南中心城市区域建设用地景观破碎度变化

渭南中心城市区域建设用地景观破碎度整体变小。1990 年在 10 ~ 15km 圈层达到最大值，波峰较为明显，2009 年则在 20 ~ 25 km 圈层达到最大值，曲线整体趋于平缓，说明 1990 年时大量规模较小的乡村居民点集中在 10 ~ 15km 圈层处，2009 年这个圈层向中心城市外围推移（图 4-15）。

（5）建设用地斑块所占景观面积的比例

斑块所占景观面积的比例（PLAND）计算的是某一类斑块在整个景观面积中的相对比例，可作为确定优势景观的依据。计算公式为：

$$\text{PLAND}=P_i=\frac{\sum_{j-1}^{n}a_{ij}}{A}(100) \quad （公式 4-3）$$

式中，a_{ij} 为斑块 ij 的面积，A 为所有景观的面积。当计算结果趋于 0 时，说明景观中该类斑块十分稀少，当计算结果趋于 100 时，说明整个景观只由单一斑块类型组成。

统计各圈层建设用地斑块所占景观面积的比例（表 4-15）。1990 年，建设用地在 0 ~ 5km 半径圈层填充了 30%，2009 年这个数值达到了 70%，说明中心城区是研究区域中建设用地增长最快的部分，其他圈层也呈现不同程度的蔓延式拓展。2009 年，建设用地斑块所占景观面积的比例自城市中心向外围呈现了逐渐减小的趋势，渭南中心极化特征明显。

渭南中心城市区域各圈层建设用地斑块比例　表 4-15

圈层	半径范围	1990 年（单位：%）	2009 年（单位：%）
1	0 ~ 5km	30.02	70.21
2	5 ~ 10km	13.68	41.22
3	10 ~ 15km	15.49	32.35
4	15 ~ 20km	15.74	26.13
5	20 ~ 25km	17.52	24.13
6	25 ~ 30km	16.62	23.59
合计	0 ~ 30km	16.92	29.62

（6）建设用地年均增长

统计各圈层建设用地年均增长量（表 4-16）。建设用地增长较快的位于 0 ~ 15km 半径范围内，其中，第 2 圈层 5 ~ 10km 半径范围增长最快。

渭南中心城市区域各圈层建设用地年均增长　表 4-16

圈层	半径范围	1990-2009 年年均增长（单位：km^2/ 年）	1990-2009 年年均增长率（单位：%）
1	0 ~ 5km	1.18	4.57
2	5 ~ 10km	1.78	5.98
3	10 ~ 15km	1.40	3.95

续表

圈层	半径范围	1990-2009 年年均增长（单位：km^2/ 年）	1990-2009 年年均增长率（单位：%）
4	15 ~ 20km	1.18	2.70
5	20 ~ 25km	0.97	1.70
6	25 ~ 30km	1.19	1.86

4.3.1.4 空间本体的整体特征及评价

（1）南塬北河成为限定，发展遭遇阶段性门槛

渭南中心城市区域向前拓展受到南塬高差限制，向北拓展受到渭南限制，向西距离行政区划边界很近，因此在空间生长上受到较大限制。

（2）城乡居民点分布量大面广，规模偏小，无法发挥规模经济和集聚效益

地貌决定了渭南中心城市区域城乡空间的分布格局。渭南中心城市区域位于渭河冲积平原区，城乡居民点在空间上呈较为均质化分布。

城乡居民点数量多，密度高，但城镇规模普遍偏小，中心城市区域小城镇等级规模差异不大，造成城镇发展力量分散，公共设施的重复建设和浪费，无法发挥规模经济和集聚效益。小城镇镇多面广，与农村居民点联系紧密，小城镇的建设大多依托镇驻地乡村，城镇建设亟须加强。

长期以来，西北地区中等城市的农村住宅均以相协的方式建造为主，在新型农村社区以外的区域内，一般没有开发商进行介入，因此居民点的规划和布局不经过统一安排，多年来不断向外围蔓延，空置率严重，空心化趋势明显，人均住宅面积超标，空间缺乏整合。

（3）城乡居民点空间结构松散，联系相对薄弱

渭南市目前城乡空间结构格局体现为“一主两副”和“两大城镇发展轴”,其中“一主两副”即中心城区和韩城、华阴两大副中心城市。“两大城镇发展轴”为陇海发展轴和以西（安）韩（城）综合交通走廊为依托的渭北城镇发展轴。两条城镇发展轴均以西安为中心，而彼此经济联系较弱。

陇海线和西禹线的建设带动了沿线一批城镇的快速生长，韩城、华阴、华州区、蒲城等工业型城镇相继形成，使渭南市职能由农业型向工业、工业综合型转变。而随着城镇发展重心的南移，中心城区受陇海铁路的干扰更加严重。

（4）农村居民点人均用地水平偏高，土地资源的浪费现象严重

《镇规划标准》（中华人民共和国国家标准 GB50177—2007）提出农民兴建、改建房屋宅基地（含附属设施）总面积，使用农用地的每户不得超过 $140m^2$，使用未利用

土地（建设用地）的每户不得超过 200m²。市、县人民政府可在上述限额内，根据本地人均耕地情况确定本行政区域内农民住宅占地标准。对渭南中心城市区域现状人均居住用地普遍进行抽样调查，发现用地面积普遍超标，一部分村庄甚至达到了 300m² 以上，人均居住用地在 140m² 以下的村庄只有极少数。

4.3.1.5 2009 年后城乡空间发展

（1）中心城区发展方向

2009 年以来，主城区高新区组团用地进一步向西拓展，基本达到行政边界。高铁站周边和渭清路两侧大型公共设施和行政办公用地建设推进较快，北部发展已贴近渭河堤线。经开区有向北、向西拓展的趋势。华州组团用地拓展以西潼高速以南为主，组团行政中心和工业区用地拓展显著。卤阳湖组团完成内部两条主要道路和市政设施建设，围绕湖区和道路用地有零散新增建设用地。

总体而言，2009 年至今主城区向北、西向发展趋势明显，渭河以南除新整理沿河用地外，可供大规模开发建设的空间已经十分有限，未来将以填充型、内涵式发展为主。城市各组团的空间增长仍然相对缓慢，经开区向东发展、华州组团向西发展的趋势并未显现。从与城市人口规模增长的关系来看，渭南市乡村人口向城市的转移不足，导致对城市空间的需求不大。

（2）中心城区规模变化与空间布局结构调整

1）总体用地布局

从各组团用地增长情况来看，中心城区各片区之间发展并不均衡。与《渭南市城市总体规划（2010-2025 年）》进行对照，主城区 2016 年建设用地规模达到总规 2020 年规划规模的 63%，华州组团达到 42%，卤阳湖组团仅达到 11%，组团发展差异较大。这一方面体现出中心功能持续向主城区集聚的特征，另一方面显示华州组团和卤阳湖组团的用地增长的背后动力严重不足，城市空间的功能格局需要重新梳理。

主城区内部，中心区组团用地规模达到《渭南市城市总体规划（2010-2025 年）》2020 年规划用地规模的 77%，高新区组团达到 62%，经开区组团达到 41%，说明中心区和高新区仍然是建设用地主要投放的地区，同时也反映了高新区和经开区集聚人口能力不强。尤其是高新区在建设用地规模达到 2020 年规划规模 62% 的情况下，2015 年人口仅达到规划预期的 36%，人均建设用地面积高达 214 平方米 / 人，用地增长方式比较粗放。

相对于 2009 年以前的用地增长，2009 年至今建设用地增长速度明显趋缓，与《渭南市城市总体规划（2010-2025 年）》进行对照，2016 年城市建设用地规模仅达到 2020

年规划建设用地总量的63%，且达不到2015年近期建设规划建设用地总量。其中，居住用地、公共服务设施用地、工业用地与2015年近期规划用地总量相近，行政办公用地和教育科研用地发展超出《渭南市城市总体规划（2010-2025年）》规划预期。绿地与广场用地增长缓慢。城市建设用地控制在上一轮总规的增长边界之内。

2）居住用地变化

2009年后，主城区居住用地面积大幅度提高，从2009年的1754.58公顷增长到2016年的2045.35公顷，增长290.77公顷。由于主城区人口增长较为缓慢，实际2016年现状人口45万人，现状主城区人均居住用地达到45.5平方米，高于国标对同类地区人均用地40平方米的上限值，也一定程度反映出近年来大量房地产建设存在一定的过剩现象。

《渭南市城市总体规划（2010-2025年）》主城区规划9个居住片区，现状实际建设情况十分不均衡。《渭南市城市总体规划（2010-2025年）》确定的西海居住片区和东湖居住片区，几乎没有新增居住用地。环北居住片区规划用地511公顷，现状建成187公顷，差距较大。此外，城南居住片区属于城中村集中改造片区，规划居住用地241公顷，现状已达到271公顷。站南居住片区，规划居住用地172公顷，现状已达到267公顷（表4-17）。

渭南市主城区各居住片区规划与现状居住用地规模对比表　　表4-17

居住片区	规划居住用地规模（公顷）	现状居住用地规模（公顷）	现状与规划差距（公顷）
环北居住片区	511	197	314
盈田居住片区	416	343	73
城南居住片区	241	271	-30
站南居住片区	172	267	-95
东湖居住片区	148	1	157
老城居住片区	263	175	88
高新区居住片区	408	339	69
西海居住片区	406	0	406
经开区居住片区	818	452	366

资料来源：《渭南市城市总体规划（2010-2025年）实施评估报告》（2016）

渭南市房地产市场整体处于平稳有序发展阶段，房地产产品供应充足，但有一定的空置率。同时，老城区仍有大量城中村，居住环境较差，需要提升或改造。新建居住小区的空置与老旧城中村的并在，为今后城中村的改造和城市更新的方式提出了新的要求，传统拆旧建新、大拆大建的方式需要改变，转向有机更新、培育城市活力的多元方式。

3）商业设施

城市商业设施：《渭南市城市总体规划（2010-2025年）》确立了市级商业中心区，包括结合高铁站点的商业商务中心和东风大街、朝阳大街中段的传统市级商业中心两处。现状仓程路已经形成酒店集中布局的节点，但缺乏金融服务、商务办公等职能，围绕高铁站点的商业中心尚未形成。商业设施规模的增长缓慢，反映了渭南市生产性服务业并不发达的现实。规划高新区和经开区区级商业中心各一处，现状均未形成具有规模的商业中心，高新区仅有万达广场形成了一定商业氛围。

专业市场：《渭南市城市总体规划（2010-2025年）》规划的主城区专业市场主要包括苗木花卉基地和农产品交易基地、各类商贸市场等。主城区现状建成农产品交易市场规模较小，规划提出的经开区农产品交易基地尚未建成。农产品交易市场规模小，说明农业产业化水平还不高，专业化程度也不高，农产品的外部市场有很大的拓展空间。同时也反映了渭南市农业发展的区域影响力不足，初级农产品主要在生产地进行直接交易。商贸市场方面，现状民生路北段、渭南以南地区形成了建材、旧货交易、仓储物流等批发交易市场集聚区，体现了中心区北部、城市门户地区的交通区位优势和吸引力。经开区汽车城已经建设完成。高新区乐天大街以北汽车市场、东风大街盈田村小商品批发市场等尚未建设。总体上，主城区专业市场取得了一定规模的发展，在组团边缘地区形成了若干专业节点。

4）工业用地

《渭南市城市总体规划（2010-2025年）》提出中心区组团推进“退二进三”进程，在高新区形成以医药化工、新材料、装备制造业等产业为主的产业新区，经开区形成以装备制造、农副产品加工等产业为主的产业新区。

现状高新区工业用地规模进一步向西、向北拓展，新入驻了中联重科、奥尔德机械、舜天能源、西安重装等一批较具规模和实力的企业。经开区用地拓展相对缓慢。中心区内仍有零散的工业用地分布。

5）绿地

2016年主城区人均公园绿地面积2.2平方米，与《渭南市城市总体规划（2010-2025年）》确定的2020年人均公园绿地面积10平方米有较大差距。公园绿地从2009年的45.7公顷增加到2016年的98.35公顷，仅占城市建设用地2.6%，绿地建设严重滞后。

4.3.2 城乡空间属性的协调性评价

4.3.2.1 研究范围、数据来源

渭南中心城市区城乡空间属性的协调性评价空间范围选择临渭区行政区，在统计数据上原则选择《临渭统计三十年》、《临渭统计年鉴 2007-2009》和《数字临渭 2013》中 1990、1995、1999、2004、2009 和 2013 等六个年份的数据进行统计。

由于渭南国家级高新技术开发区的前身渭南临渭区在统计数据上，通过统计年鉴的方法难以形成空间上统一的数据，因此采用与空间本体分别评价的办法。

4.3.2.2 经济属性

（1）数据统计及分项评价

1）人均 GDP

人均 GDP 反映一个区域整体的城乡经济发展水平，临渭区自 1990 年人均 940 元，增加至人均 20394 元，年均增长 14.32%。人均国内生产总值的增加，显示了城市经济发展状况良好，居民生活水平提高，所在区域的经济实力增强，城镇带动农村能力增强（表 4-18）。

渭南中心城市区域 1990-2013 年人均 GDP 表 4-18

年份	1990 年	1995 年	1999 年	2004 年	2009 年	2013 年
总人数（人）	766082	835439	845148	880332	932714	993559
生产总值（亿元）	7.20	21.73	27.98	46.75	102.78	202.63
人均 GDP（元）	940	2601	3311	5310	11019	20394

资料来源：根据渭南市临渭区统计局．临渭统计三十年 [Z]．2006．
渭南市临渭区统计局．临渭统计年鉴 2007-2009[Z]．2010．
渭南市临渭区统计局．数字临渭 2013[Z]．2014．进行计算。

2）非农业人口比重

城镇化率反映一个区域整体的城乡经济社会结构水平，从 1990 年 18% 增长至 2013 年的 36%，23 年间增长了 18 个百分点。城镇化率的提升，农村转变为城镇，城市文明规范延伸到农村，使城乡一体化的实施更加快速，农村的生活方式和管理手段受到城镇的影响，使传统守旧落后的乡村向文明都市方向靠拢发展（表 4-19）。

渭南中心城市区域 1990-2013 年非农业人口比重　　表 4-19

年份	1990 年	1995 年	1999 年	2004 年	2009 年	2013 年
总人数（人）	766082	835439	845148	880332	932714	993559
非农业人口（人）	140169	184067	210578	234655	356742	361155
非农业人口比重（%）	18	22	25	27	38	36

资料来源：根据渭南市临渭区统计局．临渭统计三十年 [Z]．2006．
渭南市临渭区统计局．临渭统计年鉴 2007-2009[Z]．2010．
渭南市临渭区统计局．数字临渭 2013[Z]．2014．进行计算。

3）第三产业占 GDP 比例

第三产业占 GDP 比例反映一个区域产业高级化程度，临渭区从 1990 年的 34% 增长至 2013 年的 44%，23 年间共增长了 10 个百分点（表 4-20）。

渭南中心城市区域 1990-2013 年第三产业占 GDP 比例　　表 4-20

年份	1990 年	1995 年	1999 年	2004 年	2009 年	2013 年
第三产业增加值（亿元）	2.42	8.09	12.43	19.90	48.96	88.73
生产总值（亿元）	7.20	21.73	27.98	46.75	102.78	202.63
第三产业占 GDP 比例（%）	34	37	44	43	48	44

资料来源：根据渭南市临渭区统计局．临渭统计三十年 [Z]．2006．
渭南市临渭区统计局．临渭统计年鉴 2007-2009[Z]．2010．
渭南市临渭区统计局．数字临渭 2013[Z]．2014．进行计算。

4）固定资产投资总额

固定资产投资总额反映一个区域的投入产出水平，临渭区从 1990 年的 1.81 亿元，增长至 2013 年的 236.43 亿元，年均增长 23.60%（表 4-21）。

渭南中心城市区域 1990-2013 年固定资产投资总额　　表 4-21

年份	1990 年	1995 年	1999 年	2004 年	2009 年	2013 年
固定资产投资总额（亿元）	1.81	15.49	9.52	17.63	94.23	236.43

资料来源：根据渭南市临渭区统计局．临渭统计三十年 [Z]．2006．
渭南市临渭区统计局．临渭统计年鉴 2007-2009[Z]．2010．
渭南市临渭区统计局．数字临渭 2013[Z]．2014．进行计算。

5）城乡居民人均可支配收入

城乡居民人均可支配收入反映一个区域城乡居民的收入水平，临渭区从 1990 年的 1154 元增加至 2013 年的 26143 元，年均增长 14.53%（表 4-22）。

渭南中心城市区域 1990-2013 年城乡居民人均可支配收入　　表 4-22

年份	1990 年	1995 年	1999 年	2004 年	2009 年	2013 年
城乡居民人均可支配收入（元）	1154	2835	3491	6631	14008	26143

资料来源：根据渭南市临渭区统计局．临渭统计三十年 [Z]．2006．
渭南市临渭区统计局．临渭统计年鉴 2007-2009[Z]．2010．
渭南市临渭区统计局．数字临渭 2013[Z]．2014．进行计算。

6）交通运输情况

交运运输情况反映一个区域交通网络的通达程度及与外部城市联系的紧密程度。临渭区 2009 年货运量和货运周转量约是 1990 年的 10 倍，但是客运量和客运周转量却没有大幅度提升（表 4-23）。

渭南中心城市区域 1995-2009 年货运与客运情况统计　　表 4-23

指标		1990 年	1999 年	2004 年	2009 年
货运	货运量（万吨）	95	126	148	902
	货运周转量（万吨公里）	7600	10080	11840	96825
客运	客运量（万人）	265	278	276	232
	客运周转量（万人公里）	9275	9730	9660	11136

注：无 2013 年客运与货运情况统计数据。
资料来源：根据渭南市临渭区统计局．临渭统计三十年 [Z]．2006．
渭南市临渭区统计局．临渭统计年鉴 2007-2009[Z]．2010．
渭南市临渭区统计局．数字临渭 2013[Z]．2014．进行计算。

（2）评价结论

1）关中平原农业条件是渭南城镇形成与发展的重要基础

关中平原为渭河冲积平原，西起宝鸡大散关，东至渭南潼关，号称“八百里秦川”。该区域地处暖温带，地势平坦，土地肥沃，河流纵横，水热条件非常适宜农业耕作，是中国原始农业最发达的地区。自西周至唐，曾有 13 个王朝在西安建都，历时 1140 年之久，西安长期作为古代中国的政治、经济与文化中心，渭南则作为王畿，为都城西安重要的粮食供应地。良好的农业条件是渭南城镇形成的重要因素，至今，农业仍然是渭南重要的产业类型。长期的农业发展，使渭南涌出了大量农业职能突出的小城镇，成为渭南城镇形成与发展的重要基础，也形成了目前农业人口规模大、城市产业结构转型难度大等一系列问题。

2）中心城市职能较弱，对区域的辐射和带动作用不强

渭南中心城市有一定的空间极化效应，但中心职能较弱。渭南中心城市作为市域

中心，其行政中心职能较强，而经济中心与文化中心职能受到距西安太近的影响，其吸引力受到冲击，商贸、流通业和文化教育产业发展滞后。

3）渭南产业结构总体发展水平较低，第一产业所占比重过大，二、三产业动力不足

改革开放以来，渭南市三次产业结构不断调整，随着二、三产业的迅速发展，第一产业比重逐渐缩小，第二、三产业比重逐步增大，但产业结构调整的步伐有待加快。陕西省在全国范围内工业和旅游业占一定优势，而渭南在陕西省则显示出一定的农业发展优势。一产虽具比较优势，但农业发展模式粗放，长期以来农业产业化进程缓慢，农产品品牌建设意识不强。

在产业结构调整过程中，渭南二、三产业变动趋缓，表现出发展动力不足的典型特征。从产业比重上看,渭南的产业结构具有明显的资源依赖特点。工业发展基础较好，但总量偏低。工业产品附加值低，优势产业缺乏，产业链条短。目前，渭南已初步形成了能源、化工、冶金、机械、食品、建材、轻纺等优势产业。而第三产业则表现为经济总量小、增长速度缓慢的特点。渭南第三产业以传统服务业为主，现代服务业发展滞后。

农村二、三产业发展较差，现代服务业和旅游业有待加强和提升。渭南市的腹地极为有限和相对落后的第二产业制约了渭南服务业的发展。

4.3.2.3 社会属性

（1）数据统计及分项评价

1）人均住房面积

人均住房面积反映一个区域城乡居民的居住水平。临渭区人均住房面积从1990年的10.6平方米增长至2013年的33平方米，年均增长5.06%。随着城市建设经济发展，居民的居住条件及生活水准得到了快速的提高（表4-24）。

渭南中心城市区域1990-2013年城镇居民人均住房面积 表4-24

年份	1990年	1995年	1999年	2004年	2009年	2013年
人均住房面积（平方米）	10.6	14.34	17.16	16.88	22.6	33

注：1990年至2004年数据为人均住房使用面积，2009年、2013年为人均住房建筑面积数据。

资料来源：根据渭南市临渭区统计局．临渭统计三十年[Z]．2006．

渭南市临渭区统计局．临渭统计年鉴2007-2009[Z]．2010．

渭南市临渭区统计局．数字临渭2013[Z]．2014．进行计算。

2）城乡居民人均消费支出

城乡居民人均消费支出反映一个区域城乡居民的消费能力，临渭区城乡居民人均

消费支出由1990年人均1044元增加到2009年的8364元，年均增长11.57%。消费金额的增长，体现了临渭区居民的收入也在同比上升，商业也在经济的促进下逐步完善发展（表4-25）。

渭南中心城市区域1990-2009年城乡居民人均消费支出　　表4-25

年份	1990年	1995年	1999年	2004年	2009年
城乡居民人均消费支出（元）	1044	2538	2922	4964	8364

注：2013年人均消费支出无相关数据。
资料来源：根据渭南市临渭区统计局．临渭统计三十年[Z]．2006．
渭南市临渭区统计局．临渭统计年鉴2007-2009[Z]．2010．
渭南市临渭区统计局．数字临渭2013[Z]．2014．进行计算。

3）每万人医疗机构床位数

每万人医疗机构床位数反映一个区域卫生保健的发展水平，临渭区1990年医疗机构床位456个，至2009年增长为2837个，年均增长10.10%。医疗床位的增多，显示了全区的经济实力日渐增强，医疗服务水平不断提高，解决了床位急缺、看病难的实际性问题（表4-26）。

渭南中心城市区域1990-2013年每万人医疗机构床位数　　表4-26

年份	1990年	1995年	1999年	2004年	2009年
每万人医疗机构床位数（个）	456	632	1001	1468	2837

注：2013年人均消费支出无相关数据。
资料来源：根据渭南市临渭区统计局．临渭统计三十年[Z]．2006．
渭南市临渭区统计局．临渭统计年鉴2007-2009[Z]．2010．
渭南市临渭区统计局．数字临渭2013[Z]．2014．进行计算。

4）城乡居民家庭文教娱乐支出比例

城乡居民家庭文教娱乐支出比例，反映一个区域文化消费水平。文教娱乐支出从1990年的108.22元增加至2013年的1555元，年均增长率12.29%。文教娱乐支出的增加，进一步说明文化教育、艺术、娱乐等事业稳步发展，居民的生活更加丰富多彩，全民的生活质量得到了提高，人民的文化水平及个人素养也随之加强。但是从家庭文教娱乐支出占全部支出的比例来看，1990年至今比例虽有上升，但上升的比例不大（表4-27）。

渭南中心城市区域 1990-2013 年城乡居民家庭文教娱乐支出　　表 4-27

年份	1990 年	1995 年	1999 年	2004 年	2009 年	2013 年
文教娱乐支出（元）	108.22	319.96	350.20	806.65	1087.18	1555
占全部支出的比例（%）	10.37	12.61	11.98	16.25	13.00	—

资料来源：根据渭南市临渭区统计局．临渭统计三十年 [Z]．2006．
渭南市临渭区统计局．临渭统计年鉴 2007-2009[Z]．2010．
渭南市临渭区统计局．数字临渭 2013[Z]．2014．进行计算。

（2）评价结论

渭南乡村居民点整体面貌较差，内部结构松散，大部分乡村居民点的居住建筑缺乏统一布局和整体规划，对村庄空间的未来发展缺乏科学的预测和合理的功能布局。由于居民点规模小，导致基础设施配套和运营难度很大，公共设施、基础设施的配套严重滞后。道路硬化率近年来得到了一定程度的提升，但是排水、电力、燃气等市政基础设施水平都很低，甚至部分居民点完全没有。在公共空间的数量和质量上，农民的公共活动空间极为缺乏，仅有少量以党员活动中心为代表的公共交往空间，基本的教育、医疗、文化娱乐和商业服务设施难以满足乡村居民日益提升的生活需要，更无法与城市接轨。

4.3.2.4 生态属性

（1）数据统计及分项评价

1）人均生态足迹

肖玲（2007）运用生态足迹法对渭南市 1985-2003 年的生态足迹和生态安全进行了定量研究，认为“渭南市人均生态足迹由 1985 年的 1.3792hm^2 逐年增加至 2003 年的 2.3516hm^2，而实际人均生态承载力则波动在 0.5252（0.4726 ~ 0.5917）hm^2 左右，人均生态赤字从 1985 年的 0.8423hm^2 增至 2003 年的 1.8291hm^2。生态压力指数从 1985 年的 0.82 逐年增至 2003 年的 1.29，同期生态占用指数从 0.63 增至 1.08，生态经济协调指数波动在 0.58 ~ 0.88 之间。说明渭南市现有的发展模式是不可持续的，生态环境处于稍不安全状态，社会经济发展与生态环境的协调性很差”①。

2）人均公园绿地面积

人均公园绿地面积反映一个区域整体环境水平和居民生活质量。随着各项公共设施的指标的增长，渭南人均公园绿地面积也在增长，从 2009 年的人均绿地面积 9.9 平方米增长至 2013 年的 12.2 平方米。公园绿地面积的增大为居民提供了更为开放舒适

① 肖玲，赵先贵，杨冰灿．渭南市生态足迹与生态安全动态研究 [J]．中国生态农业学报，2010（6）：139-142．

的休憩空间，绿地面积的不断增加，更加体现出临渭区的城市建设和城市的整体环境水平以及居民的生活质量与层次发生了较大的改变，健全了整体生态系统，使在日常利用绿地的同时又让其起到美化环境的作用，面积的增加扩大，也为减震、防灾、人员撤离提供了较大的公共利用空间。

（2）评价结论

渭南市的生态足迹的增长趋势一方面表明了近20年来人均消费能力的增长和人民生活水平的不断改善，另一方面也预示了一种较为严峻的生态安全发展趋势。在生态承载力变化不大的情况下，生态足迹的显著性增大，使生态赤字呈现快速增加的趋势，生态足迹与生态承载力之间的矛盾正在加剧，说明该地区生态环境处于不安全状态。

但是从城乡生态空间的局部来看，城市人均绿地面积有较大幅度的增长，绿地功能趋于多样化，城市空间的生态属性效率增强。

4.4 城乡空间生长问题的原因剖析及趋势

4.4.1 城乡空间协调生长问题的原因

（1）城镇化发展缺乏动力

渭南城乡空间协调生长困境背后最大的原因是城镇化动力的缺乏。

进入工业化阶段后，粮食的商品化程度迅速提升，而渭南较低的农业生产率无法与其他农业发达地区抗衡，农业产业化的动力不足以推动农业剩余劳动力向中心城市区域转移。农业产业化水平的低下，无法使农民收入快速增长，导致乡村地区缺乏自下而上的发展动力。

城镇化过程需要就业结构的转变，而路径依赖使渭南中心城市区域延续农业主导下的产业结构，劳动力密集型产业不发达，资本密集型产业就业岗位少，因而无力提供适宜的就业岗位，吸纳低技术的农业剩余劳动力，缺少城镇化发展的拉力。2014年全市常住人口口径的城镇化水平仅为39.64%，中心城市的辐射能力有限，无法带动周边小城镇的发展，因此形成了中心城市空间增长缓慢、大量小城镇缺乏增长的局面。

（2）空间极化能力被削弱

渭南市位于省域中心城市西安市的东部，而在市域范围内偏于空间的西南，因此中心城市的职能被邻近西安市的富平县和市域东北部的韩城市分担，市域范围内缺乏有力的空间极化中心吸引人口的集聚。

4.4.2 城乡空间协调生长的趋势判断

孙施文（2005）将世界城镇化发展的主要模式总结为英国模式、美国模式和南美模式，其中英国模式和美国模式代表着发达国家已经基本完成的城镇化历程的及其经验[①]。

英国城镇化在圈地运动时达到高潮，“圈地运动客观上造成了一个庞大的自由劳动者阶层，并把他们强行推向城市，推向工业，从而为工业革命的到来准备了充分的劳动力条件”[②]。美国城镇化建立在移民基础上，早期移民大多富裕，原本就是农民或地主，渴望在美国获得土地。后期1820年代和1840年代移民为欧洲粮食欠收背景下的贫困移民，在涌入港口城市后向内陆城市和农村地区转移，因此，“城镇从建立之初就成为整个地区经济活动的中心、文化活动的焦点和社会巨变的场所。美国西部发展更是以大城市的优先、跳跃式发展的方式实行有重点的开发，通过大城市的巩固与扩展，带动中小城市及整个地区经济的发展，而不是‘齐头并进’式的”[③]。

但是，英国和美国模式形成的条件与目前渭南的现实情况有着极大的区别。

英国的工业化和快速城镇化建立在大规模劳动力密集型产业基础上，以纺织为代表的城市工业发展需要大规模的劳动力，而从农村被赶出来的大量人口正好可以从事这一技术要求低的劳动密集型产业。在当代，生产力已经得到高度发展，表现为劳动力的大量节约和资产成本的大幅度增加，渭南已经不再全面存在能够大量吸纳劳动力的产业。马克（2004）认为，当前“GDP每增长一个百分点所创造出来的就业机会只有1980年代的1/3”[④]。渭南低层次劳动力数量巨大，而城市的劳动力密集型产业所能提供的就业机会又相对很少，因此这对渭南乡村人口向城市转移提出了极大的挑战。

美国的工业化是以城市带动乡村，尤其是大城市作为一个区域的经济增长中心带动区域整体发展的模式。我国城市脱胎于乡村，无论是封建社会还是1949年以后，均是具有一定经济条件和技术能力的人才能获得城市的户籍，成为城市人口。这与美国的工业化存在着明显的差异。

从空间角度看，目前渭南城镇化的现实是城市生活空间已经提供，而由于工业化发展阶段影响，城市生产空间与乡村人口的从业能力不匹配，缺乏城镇化动力，因此这一部分乡村人口难以顺利地完成城镇化进程。从目前渭南的工业化发展阶段来看，

① 孙施文．中国的城市化之路怎么走[J]．城市规划学刊，2005，(3)：9-17.

② 孙施文．中国的城市化之路怎么走[J]．城市规划学刊，2005，(3)：9-17.

③ 孙文．中国的城市化之路怎么走[J]．城市规划学刊，2005，(3)：9-17.

④ 马克．历史性的突破[M]．上海：学海出版社，2004：2.

城市无法提供足够的低技术要求的劳动力密集型产业就业机会，而在产业转型升级的背景下，未来的产业发展趋势必然是智力密集型，这一产业对人的素质提出了更高的要求。可以认为，无论是当下还是未来，城市始终无法消化这一部分文化层次低、劳动技能不足的乡村人口。因此，渭南唯有选择就地就近城镇化，在乡村人口向城市转移的同时，在乡村地区也为乡村人口寻找适宜的就业机会，为其提供适宜的乡村空间，才能完成“人的发展”的任务，全面实现现代化。

4.5 本章小结

本章在对渭南中心城市区域发展现状进行评价的基础上，从城乡空间本体、城乡空间属性和城乡空间制度三个方面建立了城乡空间协调生长的评价体系，该评价体系可运用于规划前、规划中、规划后，并对渭南中心城市区域城乡空间协调生长的现状进行了分析和评价。

5

从现实经验到理想模式：可持续的城乡空间“美好图景”

5.1 “美好”城乡空间的典型特征梳理

5.1.1 经典理论中的典型特征

5.1.1.1 早期城市规划理论

早期城市规划理论产生于工业革命后期，“空想社会主义和无政府主义是现代城市规划最直接的思想来源，工程技术的发展为城市规划的统筹兼顾提供了原动力和基本方法，行政和立法赋予了城市规划实际操作的基本手段”①。

霍华德的田园城市理论认为理想的城市模型应当是城乡空间合一的空间关联模式，兼具城市和乡村优点，在这一城市—乡村共同体中，经济主要依赖于农业和轻工业。这一理想实现的途径是渐进式社会改革方略，而他的本质意图是通过田园城市的建设来进行社会制度变革。

柯布西耶的现代城市设想偏重技术性，对城市与乡村的空间关系所述不多。他认为通过空间联系方式的变革，可以实现城市空间的高度集聚，通过工业职能与生活职能的分离，可以提升城市整体的生态效率。

玛塔认为铁路是最集约、最具效率的交通工具，因而线形城市具有效率。他以享受城市型设施而不脱离自然为理想城乡关系，并通过空间对称、留有余地等方式来体现公平。

加耶的工业城市倡导的理想城市空间模式是功能分区明确，同时留有余地可以容纳扩建。区域的经济发展以重工业为基础，经济主要依赖于工业。

---

① 孙施文. 现代城市规划理论 [M]. 北京：中国建筑工业出版社，2007：66-86.

格迪斯的区域观认为城市向郊外扩展已是必然趋势，不能简单地将人口转移至城市周边，只有区域层面才能够解决城市和乡村空间发展的矛盾冲突，因此必须建立区域的整体规划框架，将城市与乡村纳入统一的规划体系。格迪斯认为“城市规划是社会改革的重要手段”[①]，在规划中可以在民意测验和方案初选两个环节鼓励社会参与。

沙里宁有机疏散理论的出发点是缓解大城市过分集中带来的问题，他提出的解决办法是疏解。即在城市区域集中的功能分解成若干个功能单元，并在一定区域范围内进行分散，空间单元之间用绿化地带进行分隔，同时将城市活动和城市功能与空间进行匹配，把衰败地区的活动转移到适宜的区域。

5.1.1.2 “二战”后~ 20 世纪 60 年代城市规划理论

《雅典宪章》提出了合理的规划、功能分离、高层低密度、排除历史与传统、地区自立等现代城市规划的五大原则，其中合理的规划强调了城市规划工作对于城市空间形态和活动的改造必须有效，功能分离和高层低密度体现了现代技术条件下有效率的城市空间模式，排除历史与传统原则是为了更加体现空间的效率性，更进一步与过去的旧技术、旧方法划清了界线。《雅典宪章》还从思想上将城市居民的普遍利益作为城市规划工作的出发点。

马克思和恩格斯对资本主义制度及其运行规律的研究、韦伯对资本主义制度及其合理性的研究、涂尔干社会分工理论初步建构了现代城市研究的框架。

芝加哥学派“提出了城市空间结构的描述及其演变的经典理论，即同心圆理论、扇形理论和多中心理论等，成为城市社会学、城市经济学、城市地理学等学科相关研究的基点以及城市空间分布和土地使用配置的基础”[②]。这些研究在经济理性的视角下，对有效率的城市空间布局模式进行了探索。

市场经济的发展促进了经济学的发展，杜能的农业区位论、克里斯泰勒的中心地理论、廖什的市场网络理论等区位理论运用经济学的方法，试图求解如何通过合理的市场空间大小和联系时间最短为目标，对作为稀缺资源的城市空间进行资源分配的方法。这些区位理论试图“为各种人类活动找到最佳区位，即获得最大利益的区位”[③]。

在区域规划方面，大伦敦区域规划和田纳西流域规划均建立了专门的区域规划委员会或管理局，作为单一的权力机构，去协调解决区域发展的各种问题。马克思主义理论认为工人被资本家剥削，生活在不公平当中，共产主义就是要实现财产共有和权

① 孙施文．现代城市规划理论 [M]．北京：中国建筑工业出版社，2007：102.
② 孙施文．现代城市规划理论 [M]．北京：中国建筑工业出版社，2007：124.
③ 孙施文．现代城市规划理论 [M]．北京：中国建筑工业出版社，2007：124.

力平等，苏联在这一理论基础上建立了社会主义制度，提出了消除城乡差别的思想，而相应的城市规划对策是通过区域规划合理布局区域生产力和人口，并消除经济发展对城市的依赖。

5.1.1.3 1970年代以来城市规划理论

20世纪70年代资本主义国家经济发展出现滞涨，在这一经济危机中，弗里德曼倡导的新自由主义蓬勃发展，城市规划“逐步成为融合了社会运动、政府行为和工程技术紧密结合的综合性活动，并成为全球范围内各城市社会经济体制中的非常重要的组成部分”①。

城市设计重新兴起，以凯文·林奇的《城市意象》、简·雅各布斯的《美国大城市的死与生》、亚历山大的《城市并非一棵树》为代表，规划师更加着眼于研究空间中人的活动和行为方式，城市规划对空间的塑造更加偏好复杂性和丰富性。CIAM10提出了“以人为核心的人际结合（human association）思想，认为城市的形态必须从生活本身的结构中发展起来，城市和建筑空间是人们行为方式的体现”②。这一时期对人的主体地位认识更加深入。

以麦克洛林的《系统方法在城市和区域规划中的运用》为代表，系统科学的理论与方法在城市规划中得到了广泛的运用。福利经济学的理论与方法则为城市规划提供了社会资源合理分配和组织的评价准则。

5.1.1.4 特征总结

现代主义倡导的理性思维和科学技术带来的一系列创新，逐渐被后现代主义的复杂性和矛盾性所取代。

早期城市规划虽具有一定的社会改革意义，但在实践层面，仍然以物质空间的建设为主。随着城市规划中的理论趋于多元，城市空间的研究视角也走向了多元，对城市空间所具有的经济、社会和生态属性的研究更加深入，空间制度对城市空间演变的影响更加明显。

在城市与乡村的空间关系上，将城市与乡村纳入“区域规划”的范围进行统筹安排早已成为定式，但是城市作为区域经济增长中心，也是各种空间矛盾最为集中的地方，决定了城市规划的主要工作仍然以城市为重心。

以人为核心、从人的平等的角度出发，提升人的能力和素质，使其与现代城市文明相适应，从“城市居民”视角转换为“城乡居民”，是价值观的主要转变。

① 孙施文．现代城市规划理论[M]．北京：中国建筑工业出版社，2007：159．

② 孙施文．现代城市规划理论[M]．北京：中国建筑工业出版社，2007：161．

5.1.2 实践案例中的典型特征

5.1.2.1 三大地区城乡空间与西北地区中等城市的可比性

兰斯塔德、大伦敦和大洛杉矶地区代表了三种不同的城乡空间发展模式，虽然与这三大地区的主要城市相比，西北地区中等城市在人口密度、产业基础、经济发展水平、城镇化水平等方面有着很大的差距，但是回顾这三大地区近百年来的城乡空间生长历程，仍有较多的经验可以借鉴，同时也有不少教训可以避免。通过对这些典型特征的梳理，可以更早地认识到西北地区中等城市城乡空间生长可能遇到的障碍和困难，并能通过城乡空间协调的机制与方法主动调整城乡空间的发展方向，推动城乡空间朝向更加可持续的方向发展。

西北地区主要城市群与国内外城市群的规模比较　　表 5-1

城市群名称		人口规模（万人）	用地规模（万 km^2）	人口密度（人 /km^2）	统计时间
国内	兰州都市圈	492	2.1	234	2010 年
	关中城市群	1681	2.4	700	2010 年
	大北京地区	6081	8.3	733	2010 年
	珠三角地区	7952	9.3	855	2010 年
	长三角地区	10623	10.1	1052	2010 年
国外	大洛杉矶地区	1788	8.75	204	2010 年
	兰斯塔德地区	710	0.83	855	2008 年
	大伦敦地区	860	0.16	5375	2014 年

资料来源：

国内城市群数据根据武廷海，张能．作为人居环境的中国城市群——空间格局与展望 [J]. 城市规划 , 2015, (6): 14-25, 36. 进行计算；

大洛杉矶地区数据根据 http://www.december.com/places/la/cmsa.html 进行计算；

兰斯塔德地区数据根据 "Approximation of area on Google Maps". 2010-10-16. Retrieved 2010-10-16. 和 "Randstadmonitor 2010" (PDF). 2010-01-01. Retrieved 2011-07-21. 进行计算；

大伦敦地区数据根据 http://www.timeout.com/london/blog/five-maps-that-quantify-exactly-how-rammed-london-is-021816?adbsc=social_20160219_58457856&adbid=700651990263533569&adbpl=tw&adbpr=22906929 进行计算。

城市的发展日趋网络化，一个城市的综合竞争力，要依托于这个城市所在地区的竞争力。三大地区均为城镇体系发育相对完善的城镇群，兰斯塔德地区的首位城市是阿姆斯特丹，大伦敦地区则为伦敦，这些城市在世界竞争格局下所具有的优越的发展条件是西北地区中等城市不具备的，但是这三大地区城镇体系中均有相应等级规模的城市，其发展历程可供西北地区中等城市进行学习借鉴。

伴随经济全球化的过程，西北地区与这三大地区虽有经济发展阶段的差异，但产业联系和社会交往日益密切，文化的交流更使人们对“美好”城乡空间的诉求存在着越来越多的共同点，这些对于未来的诉求，在相对发达的三大地区，有的已经落实于城乡空间建设，有的已经写入区域空间发展战略，通过对这些典型特征的梳理，可以更加明晰西北地区中等城市未来城乡空间的发展方向。

5.1.2.2 兰斯塔德地区（Randstad）：多中心紧凑化城市群的网络化模式

兰斯塔德地区位于荷兰西部，由阿姆斯特丹、海牙、鹿特丹和乌得勒支等四大核心城市及数量众多的小城市组成，区域总面积 8287km^2，其中城市面积 4200km^2，2008 年大都市区人口 710 万，城市人口 660 万[①]（图 5-1）。

（1）特色空间结构：绿心 + 多中心 + 网络（图 5-2、图 5-3）

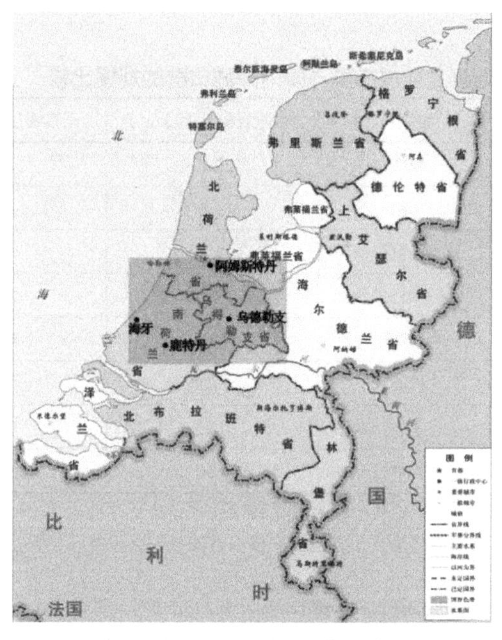

图 5-1　兰斯塔德地区在荷兰的区位

多中心：兰斯塔德地区的多个城市，组成了环形城市带，通过城市间网络进行分工协作，形成区别于欧洲诸多单中心城市的多中心空间结构。区域内各大、中、小城市和乡村地区在产业协调上密切合作，通过产业分工形成区域竞争力，但又避免了单中心城市扩张带来的一系列空间问题。

绿心：兰斯塔德的“绿心”位于兰斯塔德城市群中央，是被众多大小城市环绕的以农业和休闲功能为主的绿色开放空间，其中农业用地面积约 400km^2。1960 年，伯克

① 维基百科 https://en.wikipedia.org/wiki/Randstad

定义了多中心的城市与中央绿心构成的整体区域形态，从区域层面确定了兰斯塔德地区的空间特色和增长模式。至1990年，荷兰政府正式划定绿心边界，并对功能进行规划，将农业、自然地带、其他用地按75：15：10的比例明确了用地性质。

网络结构：兰斯塔德地区的城市通过高度发达的有形空间网络和无形的经济联系网络进行密切协作，由于中部绿心的存在，兰斯塔德地区空间发展的交通成本高于其他地区，但是网络化结构能够为各个城市提供相对公平的竞争与发展环境。

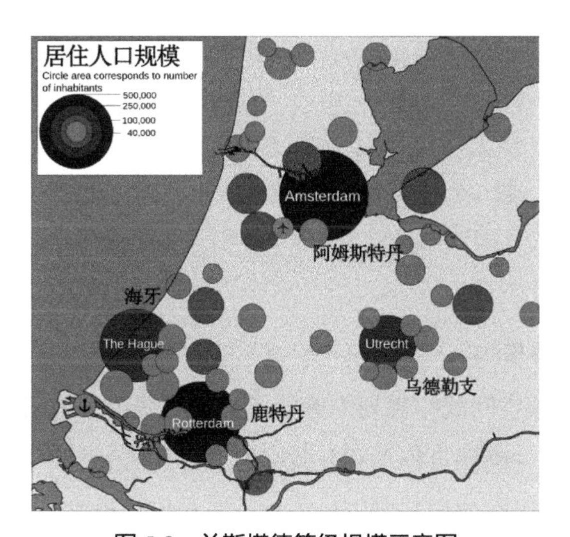

图 5-2 兰斯塔德等级规模示意图

资料来源：根据 https://en.wikipedia.org/wiki/Randstad 改绘

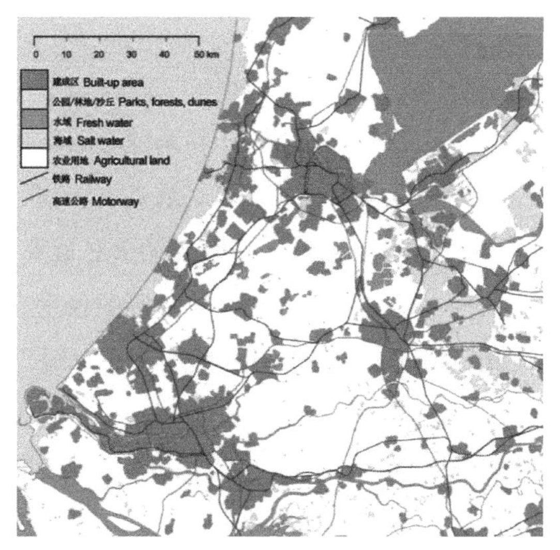

图 5-3 兰斯塔德地区空间布局模式图

资料来源：根据 https://en.wikipedia.org/wiki/Randstad 改绘

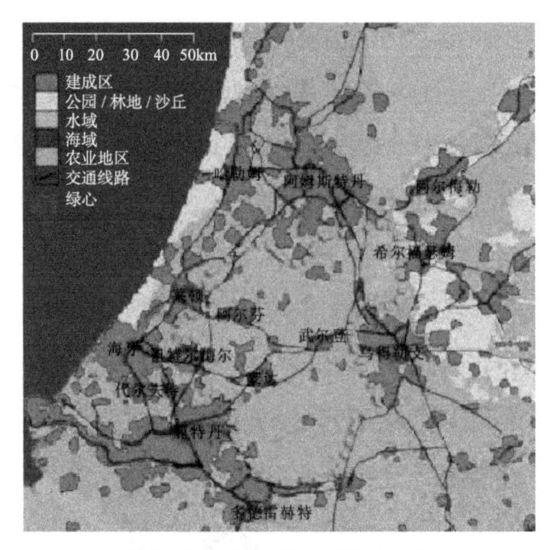

图 5-4 兰斯塔德都市群及其绿心空间示意图

资料来源：张衔春，龙迪，边防．兰斯塔德“绿心”保护：区域协调建构与空间规划创新 [J]．国际城市规划，2015（5）：57-65.

（2）紧凑城市发展模式

荷兰在第四次国家空间战略规划中确立了“紧凑城市”策略，主要包括“减少到主要城市中心的距离”“确保自行车和公共交通良好的可达性”“尽可能保持开放空间城市化的自由度”“给混合使用开发以优先权，包括娱乐设施、产业和办公”“提供健全的财政基础（包括私人金融和国家财政）”等准则[①]，旨在整体上控制城市的蔓延，一方面将分散化的发展形态集中植入有限的新城中，着力推进新城发展，另一方面则在绿心内遏止城市蔓延（图 5-4）。

（3）绿心的复合管理

绿心是兰斯塔德地区的核心特征，但是几十年来绿心战略在实施中也面临着大量的争议。批评意见主要为“绿心战略提高了区域发展成本”“农业地区保护失控”“绿心的限制发展模式有悖于地方自治的传统”“低质量的景观造成了绿心的‘虚化’”等观点，对此，荷兰政府采取了将绿心列为兰斯塔德地区的独立管理区、设立“国家地景区”并与遗产保护相结合、大型基础设施建设时充分考虑对绿心的环境影响、通过“三角洲大都市”（Delta Metropolis）理念推进绿心地区城乡一体化发展等措施促进绿心的复合管理[②]，从而一定程度上解决了绿地保护的理想模式与区域发展效率的现实之争。

① 张衔春，龙迪，边防．兰斯塔德“绿心”保护：区域协调建构与空间规划创新 [J]．国际城市规划，2015（5）：57-65.

② 袁琳．荷兰兰斯塔德“绿心战略”60 年发展中的争论与共识——兼论对当代中国的启示 [J]．国际城市规划，2015（6）：50-56.

（4）区域发展协调

作为多个平行城市组成的大区域，兰斯塔德地区的区域协调显得格外重要。荷兰国土规划通过“设立国土规划的协调机构”“实行广泛的公众参与”“建立国土规划监察员制度”“加强中央对地方的宏观控制”等手段和措施进行协调,政策的重点在于“大力促进边远地区的经济开发”“积极疏散兰斯塔德的人口和就业岗位”“合理引导各种产业活动的区位选择”，以保证区域整体发展的效率和区域内部发展的公平（表 5-2）。

兰斯塔德 / 三角洲大都市层面上的关键组织 表 5-2

组织	组成	主要职责
兰斯塔德区域（Randstad）（从 1991 年起）	南荷兰、北荷兰、乌得乐支（从 1994 年起）和弗莱福兰	合作组织旨在通过协商、政策协调和对外宣传来强化兰斯塔德的职能（国家、欧盟）
兰斯塔德管理委员会（Administrative Committee for the Randstad）（从 1998 年起）	中央政府、兰斯塔德 4 省、兰斯塔德 4 大城市（阿姆斯特丹、鹿特丹、海牙、乌得乐支）和各自的都市区当局	咨询机构，最初协调中央政府在斯塔德的空间投资，后来也讨论兰斯塔德空间规划第五次政策文件
三角州大都市联合（Deltametropolis Associaton）（从 2000 年初起）	兰斯塔德 4 大城市（作为发起人）和越来越多的其他城市地方议会和利益集团	非正式机构，旨在提升兰斯塔德向三角洲都市转型，通过发起研究和设计活动、游说、充当智囊团，鼓励以兰斯塔德为基础的地区合作等

资料来源：吴德刚，朱玮，王德．荷兰兰斯塔德地区的规划历程及启示 [J]．现代城市研究，2013（1）：39-46.

（5）兰斯塔德地区城乡空间发展的借鉴

农业至今仍是兰斯塔德地区重要的产业，高品质的农产品为兰斯塔德地区城乡发展带来了很高的收益。对于西北地区中等城市来说，农业基础依然是城乡经济发展可以依托的重要资源。借助于工业化、信息化实现农业产业化，提高产品附加值，是兰斯塔德地区作为著名农业地区提供的发展经验。

兰斯塔德地区基于自身城市与生态空间结构特点，以几十年的规划实践探索了围绕大规模生态区域建设多中心网络城市，在空间组织和产业协作上具有积极意义。在空间结构上，以增长中心为单元，在区域层面引导了人口和就业岗位的合理布局。这种具有弹性的网络状空间结构，很好地应对了不同时期城乡经济、社会和生态发展需要，百年来均保持着稳定的结构。在面对外部环境变化时，空间所具有的弹性，能够很好地适应变化，是长效、稳态的空间结构模式，是投入少、收益久的空间建设模式。西北地区中等城市小城镇和乡村空间发展动力不足，在整体上并未出现多个乡镇连续性的空间蔓延，反而成为空间结构优化的前提，使城乡网络化、分散式集中的空间模式成为可能。

在绿心的综合利用上，兰斯塔德地区在大都市区尺度下丰富了生态区域的功能，使生态环境保护与休闲游憩区、发达农业区的多种功能相结合，对生态区域建立了更加明确的管理模式。多样化的生态空间，使兰斯塔德地区在全球层面都具有较强的环境吸引力。

在对绿心进行综合利用的同时，兰斯塔德地区政府不遗余力地保护绿心，并与其他生态要素进行关联，形成了区域生态网络。强有力的生态控制手段，是政府层面对城乡空间采取的主要措施。

在区域协调上，探索了分权体制下大都市地区在自然、经济、社会、文化、生态等多个方面的协调，以及大规模生态区域的综合模式。

5.1.2.3 大伦敦地区（Greater London）：单中心 + 新城 + 村镇协调发展模式

伦敦都市区的组成部分包括大伦敦（the Greater London）及绿化带附近的县。伦敦都市区是一个统计单元，不是一个行政区域；大伦敦是县级行政单元，直属于中央政府。

大伦敦地区位于英国英格兰东南部，面积 1572km^2，2014 年底人口 860 万人，下设 33 个次级行政区（图 5-5、图 5-6）。

图 5-5 大伦敦地区在英格兰的区位

资料来源：https://en.wikipedia.org/wiki/Greater_London

图 5-6 大伦敦地区的次级行政区划

资料来源：https://en.wikipedia.org/wiki/Greater_London

（1）空间模式：单中心城市 + 新城 + 普通村镇

大伦敦的中心体系分为“四级一区”，其中“四级”分别是全球中心（International Center）、都市区中心（Metropolitan Center）、城镇中心（Major Center）以及地区中心

（District Center），“一区”为中央活动区（Central Activity Zone）（图 5-7、表 5-3）。

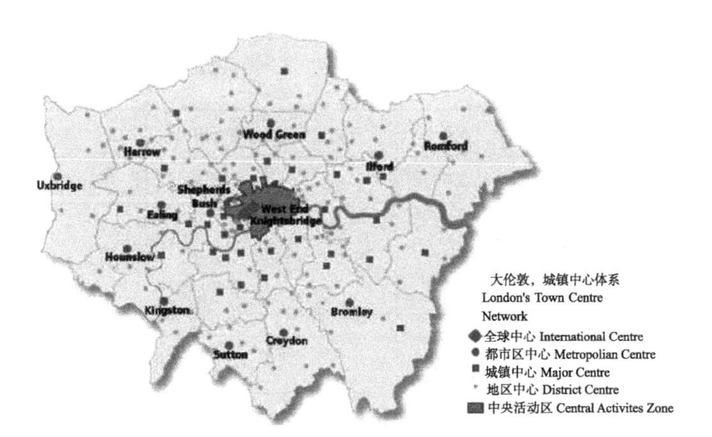

图 5-7　大伦敦地区的中心体系

资料来源：根据 Mayor of London. The London Plan Spatial Development Strategy for Great London[R]. 2011. 改绘

大伦敦地区各级中心的职能　　表 5-3

中心层级	中心名称	职能	数量
一级	全球中心	面向全球的商业中心、聚集奢侈品牌等高端商业	2 处
二级	都市区中心	伦敦外围的区域型中心、高端商业及相关日常便利店	12 个
三级	城镇中心	重要的就业、娱乐及公共中心	35 个
四级	地区中心	为社区提供日常商业服务	约 150 个

资料来源：方伟．大都市中心体系规划的新趋势与新思路——基于伦敦、新加坡、上海的案例与实证探讨 [C]//2014 中国城市规划年会论文集，2014.

伦敦是典型的单中心城市，城市中心住房非常紧张。伦敦的新城多在已有村庄或小镇的基础上建立，建设目的之一是承担析出的城市人口，并与中心城市同样强调为当地居民提供就业与居住平衡的社区。1946 ~ 1949 年间建设的 8 座新城，2001 年共容纳人口近 60 万，远超过了规划总人口（38 万），虽然人口与产业的分布较为分散，但“英国新城承担的人口和产业远远低于数目众多的普通村镇”[①]（表 5-4）。

1940 年代，伦敦新城建立时主导产业为制造业，距离主城区 30 ~ 50km，依据给水资源、排水条件、交通便捷性、与风景区和生态保护区的距离等多重条件进行严格筛选。新城政府为增加就业机会，还通过贷款、土地租金减免、税收优惠等方式为企业的入驻提供机会。

① 谈明洪，李秀彬．伦敦都市区新城发展及其对我国城市发展的启示 [J]．经济地理，2006（11）：1804-1809.

伦敦新城的人口变化　表 5-4

年份	新城名	2001 年人口（万人）	设立时的面积（km²）	设立时的人口（万人）	规划目标人口（万人）	2001 年人口密度（10³ 人 /km²）	离伦敦主城区的距离（km）
1946	斯蒂夫尼杰（Stevenage）	8.2	2.2	0.7	5.0	3.7	50
1947	克劳利（Crawley）	10.1	3.0	0.9	6.0	3.3	47
1947	哈罗（Harlow）	8.8	2.0	0.5	6.0	4.4	40
1947	赫默尔普斯特德（Hemel Hempstead）	8.3	2.0	2.1	6.0	4.1	47
1948	哈特菲尔德（Hatfield）	3.2	1.1	0.9	2.5	2.9	32
1948	韦林田园城（WelwynCarden）	4.4	1.2	1.9	5.0	3.7	35
1949	巴西尔登（Basildon）	10.0	2.4	2.5	5.0	4.1	48
1949	布雁克内尔（Bracknell）	7.1	1.7	0.5	2.5	4.1	45
	合计	60.0	15.7	9.9	38.0	3.8	47

资料来源：谈明洪，李秀彬．伦敦都市区新城发展及其对我国城市发展的启示 [J]．经济地理，2006（11）：1804-1809.

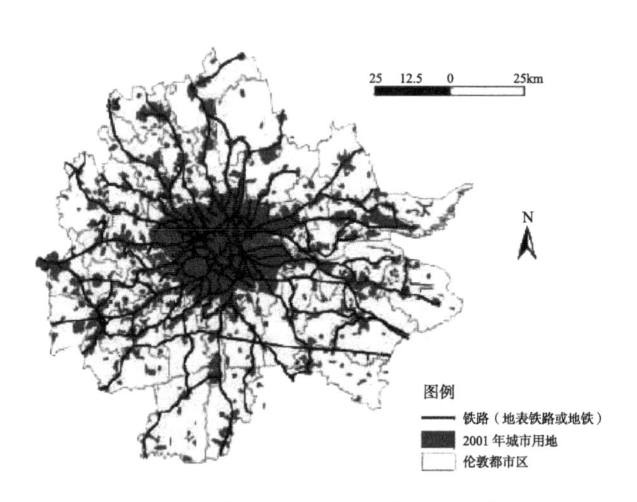

图 5-8　伦敦都市区城市用地和铁路的空间布局

资料来源：谈明洪，李秀彬．伦敦都市区新城发展及其对我国城市发展的启示 [J]．经济地理，2006（11）：1804-1809.

（2）交通模式：公交是主导通勤方式，轨道交通引导乡村地区合理有序发展

熊竞（2013）对伦敦居民的出行结构进行了测算，1993 ~ 2010 年近 20 年间，伦敦居民的出行结构变化最显著的特点是公共交通的出行比例从 1993 年的 30% 上升至 2010 年的 42%，上升了 12 个百分点，成为比重最大的出行方式，同期私人交通的出

行比例从46%下降至36%，下降了10个百分点[①]。

目前，伦敦的铁路系统已非常成熟，能够快捷、准时地将众多乡村小镇和城市中心区进行串联，“以聚落为中心、以铁路为依托的‘聚落—交通线—区域’的空间格局”已成为伦敦都市区范围内土地利用的基本形态[②]（图5-8）。

（3）识别重点发展地区，进行有计划的城市复兴

1990年代后，全球出现了一定程度的经济衰退，同时郊区化现象也更为明显，伦敦因此出现了旧城衰败、就业困难等一系列空间发展问题，伦敦的城市更新目标是“多样化、保护历史环境和注重公众参与的社会改良和经济复兴”[③]。基于城市复兴的目标，大伦敦空间发展策略划分了机遇性增长区域和强化开发地区、复兴地区，从住房、就业和交通等方面进行相应的公共投资，促进城市的更新（图5-9）。

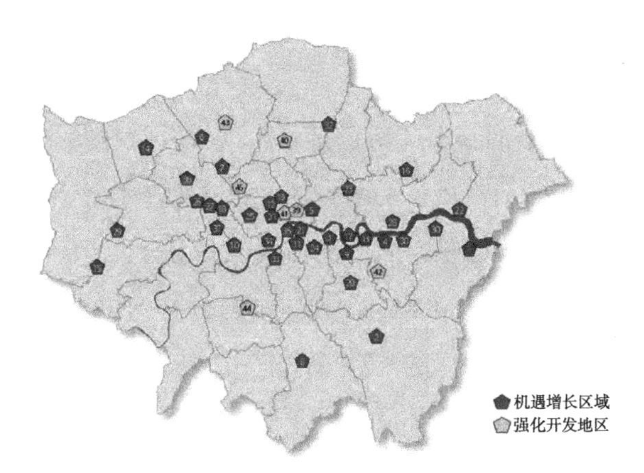

图5-9 大伦敦地区重点地区的识别

资料来源：杜坤，田莉．基于全球城市视角的城市更新与复兴：来自伦敦的启示[J]．国际城市规划，2015（4）：41-45.

（4）大伦敦地区城乡空间发展的借鉴

新城在大伦敦地区空间发展中起到了重要的作用，不少新城是在已有的村庄或小镇的基础上建立起来的，最初人口并不多，这一基础条件与西北地区中等城市的大多数小城镇相似。大伦敦区政府通过贷款、地租、税收等多方面的措施，吸引企业进驻，这种政府对产业布局强力引导的模式，成功地为居民提供了大量新城就业机会，才使人口规模迅速上升，并且已形成就业与居住平衡的社区。新城离主城区30～50km的距离，使新城在产业发展和空间环境上，与主城区有着较大的区别，新城根据自身资源特色，在产业发展由最初的制造业转向了电子、信息、通信、娱乐、旅游、零售、

① 熊竞，马祖琦，冯苏苇．伦敦居民就业通勤行为研究[J]．城市问题，2013（1）：92-97.

② 谈明洪，李秀彬．伦敦都市区新城发展及其对我国城市发展的启示[J]．经济地理，2006（11）：1804-1809.

③ 杜坤，田莉．基于全球城市视角的城市更新与复兴：来自伦敦的启示[J]．国际城市规划，2015（4）：41-45.

物流、服装加工等多样化的产业类型，甚至不乏尖端的航空制造业。随着全球化进程的推进，城市空间内部出现了空间重组的新趋势，制造业不断向外围扩散，工作地点不断外迁，金融管理职能则更加向城市中心集聚。新城是一种对中心城区与外围乡村之间城乡空间进行整合的模式，是新型的产业空间与居住空间，起着重要的产业发展与职住平衡作用，在城市化后期，新城对城乡空间的整体协调作用将更加显著。新城的产业发展轨迹为西北地区中等城市的小城镇提供了丰富的发展案例。新城的规模在3万~10万人之间，融合城与乡优点、小而精的模式使其成为理想的居住和生活场所，体现了霍华德田园城市的基本构想。

区域性交通设施，尤其是轨道交通的发展，对城乡空间格局与用地布局影响重大。区域性交通设施可以为人们缩短就业通勤时间、亲近自然提供可能。适宜的城乡空间发展模式应建立在发达的区域性交通网络基础上，通过网络串联重要的城乡空间节点，并塑造合理的土地利用模式。

西北地区中等城市普遍面临由“增量扩张”向“存量挖潜”的转型要求，城市更新日益受到重视。城市更新应在城乡空间整体更新框架下有序开展，并发挥政府、企业、居民等多元主体的作用，实现公平与效率的协调统一。

5.1.2.4 大洛杉矶地区（Greater Los Angeles Area）：区域城市化阶段的典型模式

大洛杉矶地区位于美国西海岸的加利福尼亚州，面积87490km^2，由洛杉矶县（Los Angeles County）、橙县（Orange County）、里弗赛德县（Riverside County）、圣贝纳迪诺县（San Bernardino County）、文图拉县（Ventura County）等5个县组成。“县”下设“市”（表5-5）。

大洛杉矶地区历年人口增长情况 表5-5

<table>
<tr><th colspan="3" rowspan="2">区域</th><th colspan="3">人口统计（人）</th><th colspan="2">1990~2000年人口增长</th><th colspan="2">2000~2010年人口增长</th></tr>
<tr><th>1990-4-1</th><th>2000-4-1</th><th>2010-4-1</th><th>增长量(人)</th><th>增长率(%)</th><th>增长量(人)</th><th>增长率(%)</th></tr>
<tr><td colspan="3">大洛杉矶</td><td>14531529</td><td>16373645</td><td>17877006</td><td>1842116</td><td>12.70</td><td>1503361</td><td>9.20</td></tr>
<tr><td rowspan="7">其中</td><td colspan="2">洛杉矶县</td><td>8863164</td><td>9519338</td><td>9818605</td><td>656174</td><td>7.40</td><td>299267</td><td>3.10</td></tr>
<tr><td>其中</td><td>洛杉矶市</td><td>3485398</td><td>3694820</td><td>3792621</td><td>209422</td><td>6.00</td><td>97801</td><td>2.60</td></tr>
<tr><td colspan="2">橙县</td><td>2410556</td><td>2846289</td><td>3010232</td><td>435733</td><td>18.10</td><td>163943</td><td>5.80</td></tr>
<tr><td colspan="2">里弗赛德县</td><td>1170413</td><td>1545387</td><td>2189641</td><td>374974</td><td>32.00</td><td>644254</td><td>41.70</td></tr>
<tr><td colspan="2">圣贝纳迪诺县</td><td>1418380</td><td>1709434</td><td>2035210</td><td>291054</td><td>20.50</td><td>325776</td><td>19.10</td></tr>
<tr><td colspan="2">文图拉县</td><td>669016</td><td>753197</td><td>823318</td><td>84181</td><td>12.60</td><td>70121</td><td>9.30</td></tr>
</table>

资料来源：http://www.december.com/places/la/cmsa.html

图 5-10　大洛杉矶地区鸟瞰

资料来源：https://en.wikipedia.org/wiki/Greater_Los_Angeles_Area

（1）空间结构：高度分散、多中心、扁平化（图 5-10）

大洛杉矶地区的空间结构没有强大的城市中心区，只有相对集中的多中心，整个区域空间为高度分散的城市连绵区，在空间上各城市连为一体，在地域上没有明显的界限。大洛杉矶地区中心城市与周边其他城镇的发展速度相近，整个大洛杉矶地区是多个城镇共同发展的结果。

（2）空间发展阶段

韩效（2014）将大洛杉矶地区的城市空间发展分为“城市分散发展时期”“轨道交通发展时期”“公路交通发展时期”“高速公路时期”“城市连绵发展时期”等五个阶段，认为洛杉矶特殊的空间结构与其高度机动化的交通方式紧密相连[①]。

（3）多中心结构形成机制（表 5-6）

肖莹光（2015）认为“城市扩张进程与机动化进程同步和快速进入后福特制生产时代，是形成洛杉矶多中心空间结构的主要原因”[②]。

铁路、汽车、高速公路这些现代交通方式的引入，与洛杉矶城市高速扩张的时期几乎同步。洛杉矶在洛杉矶城市刚进入发展成熟期的第一阶段，尚未形成显著的商业和工业中心，此时引入的有轨电车和城际电气化线路使居住区和商业区有可能在较远地区发展。在汽车和高速公路引入时期，城市交通工具的机动性进一步提升，导致洛杉矶城市空间发展的快速郊区化和多中心化特征更加明显，但与此同时也带来了空间可达性和接近性被忽略的问题。

① 韩效．大都市城市空间发展研究 [D]．成都：西南交通大学，2014：105.

② 肖莹光．洛杉矶城市空间特征浅析 [J]．国际城市规划，2015（4）：79-87.

由于建设时间短暂、发展迅速，洛杉矶没有经历城市居住和工业在城市中心集聚的前工业化时期，没有经历工业在城市中心大量集聚的阶段，福特制工业也没有成为主导城市空间结构演化的核心力量。洛杉矶经济发展主要受后福特制生产方式影响，这一生产方式促使城市形成了橙县、圣弗纳多山谷等多个外围就业区，充分体现了高科技、大型商业分散化选址的特点。

洛杉矶的空间发展模式有别于美国典型的“低密度郊区＋高密度中心城市”模式，是一种区域城市化（regional urbanization）发展的新阶段。

洛杉矶“多中心”结构在不同时期的形成机制　　表 5-6

	社会因素	产业因素	交通支撑	规划和政策
1870 年以前	—	—	—	西班牙人选址，《印第安法》
1870 ~ 1900 年	移民偏好“去中心化”	农业主导，村镇选址分散	沿铁路线布局	—
1900 ~ 1920 年	—	石油、电影产业选址分散	有轨电车引导郊区化	—
1920 ~ 1940 年	—	港口建设拉开框架，炼化、飞机制造等产业外围发展	率先进入汽车时代	洛杉矶主要交通道路规划（1924）
1940 ~ 1970 年	—	战后迅速发展的航空、防务、电子产业选址灵活	联邦扶持的高速公路快速发达，网络化的高速公路网	联邦住房政策，洛杉矶高速公路总体规划（1939）
1970 年至今	—	高科技产业，弹性专精，后福特生产方式	—	洛杉矶总体规划（1970）

资料来源：肖莹光．洛杉矶城市空间特征浅析 [J]．国际城市规划，2015（4）：79-87．

（4）大洛杉矶地区城乡空间发展的借鉴——区域城市化多中心结构城市的优势

产业结构的升级是推动城镇化和城乡空间协调的主要动力。大洛杉矶地区每个城乡空间发展阶段都与工业化的阶段息息相关。而在当今的后福特时代，以满足个性化需求为目的，通过信息和通信技术实现个性化需求的大规模定制，因而生产过程和劳动关系都更具弹性。符合后福特时代生产方式的产业，在空间选址上各具灵活性，决定了后福特时代城乡生产空间比以往更为分散。

区域城市化阶段的多中心结构是基于后福特时代和全球城市竞争格局这一前提，西北地区中等城市普遍存在着“虚多中心”的现象，产业发展与地区人口的就业结构不相匹配，因而生产空间的拓展无法成为促进城乡空间生长的主要因素。而在后福特时代，对相对分散的生产要素进行合理组织，在全球城市竞争格局中充分利用好自身的比较优势，就可能获得理想的经济和社会效益，促进城市具有综合功能的“多中心”空间结构的形成。

市场机制能够很好地推动城乡空间发展。大洛杉矶地区城市空间发展主要受市场经济作用，市场的力量深深影响了不同阶段城市空间的形态和规模。分散化、郊区化都是市场的客观需求，是经济发展一定阶段下必然出现的现象。因此，西北地区中等城市城乡空间发展要充分把握市场需求，通过空间供给促进自身空间的提升。

交通的发展有助于城乡人口与生产要素的自由流动，大洛杉矶地区城乡空间的发展倚赖于完善的交通网络。借助于发达的交通网络和信息网络，将区域中心的职能分散到相对广泛的范围内，可避免一部分大城市病。同时，城乡融合的空间关系使城乡居民在享受城市生活便利的同时还可以享受到乡村的优美环境，符合网络时代城市分散化发展的趋势，在满足区域空间结构优化的前提下可以更好地提升城市空间效率。

由于区域范围内城乡空间相对均质，因此城乡二元结构在空间上被打破，是更具公平性的城乡空间协调模式。

5.1.2.5 特征总结

（1）区域空间结构：有集中的分散，具有弹性的网络空间结构

城市的集中与分散是城市空间结构探讨的永恒主题，集中导致大城市的各种问题，分散则土地的利用效率低下。在空间结构上，大洛杉矶地区、大伦敦地区和兰斯塔德地区分别给出了不同的解答，但三者的共同特点是选择了“有集中的分散”这一的方式，从区域层面解决城市发展问题，在区域范围内实现产业和人口的合理分配，既能够保证区域的整体运行效率，又能够保障不同区域发展机会的公平。而在空间环境上，选择“有集中的分散”可以使人口在城镇集聚区内相对集中，使就业和服务相对便捷，同时又享有良好的区域生态环境。

（2）区域交通网络：区域空间结构协调的基础

大洛杉矶地区的城市发展选择了依托多个交通节点进行分散化引导，大伦敦地区选择了沿着交通干线进行放射状引导，兰斯塔德地区则选择围绕绿心环状布局，三者的空间形态不同，但均建立在快捷的区域交通网络基础上。三个地区均选择了在交通节点上逐步推进多核心空间结构发育的模式。

（3）生态空间建设：生态环境的全部提升和区域特色空间的塑造

保护“绿心”是荷兰国策，是“唯一由中央政府规划和建设的国家级景观”[①]，通过立法手段对重要生态区域进行永久的保存和维护，既能够限制城市的无序扩张，又

① 秦尊文. 打造中国的“兰斯塔德”[J]. 江汉论坛，2012（10）：21-26.

能够保护区域生态环境和农业发展，使其在大区域内发挥更好的协调作用。

（4）区域协调模式

区域发展往往面临诸多矛盾，如区域内不同行政主体利益的矛盾、生态环境保护与经济发展之间的矛盾，需要有明确的战略目标和强有力的政策手段。

为维持各种平衡，可从区域生态补偿、基础设施区域协调等方面推行城市区域化管治，建立各种体制机制，确定区域空间发展的绩效和跨区域空间发展战略的实施。

5.1.3 "美好"城乡空间的典型特征总结

（1）城乡空间中各种矛盾交织，每个历史阶段都有相应的价值导向和规划任务

从城市规划学科的发展看，建筑学、经济学、社会学等学科的发展对时代的价值导向产生了影响，也对城市规划的价值导向产生了影响。早期城市规划产生了技术革命的新时代，努力挣脱传统美学准则的影响；后在经济学研究影响下，着力探寻合理、高效的城市空间布局模式；社会学的影响促使城市规划的价值导向进一步融合了社会公平公正。

在城市规划的任务上，西方城市规划经历了促进经济增长、解决人口迁移、缓解就业压力的早期阶段，目前的普遍任务是在保持经济持续增长和提升空间环境质量之间进行平衡。

早期城市规划理论主要解决的是大城市人口密度过大、交通拥堵和工业污染的问题。建筑师和工程师首先要运用当时较为先进的工程技术手段改造城市的物质空间。自由、平等的精神则推动思想家和政治家从城市居民整体的角度来考虑城市空间发展问题。这一阶段的空间发展导向体现为城市空间的高效运行和以城市居民整体利益作为诉求。

"二战"后~20世纪60年代城市规划理论呈现"物质性规划大行其道""规划师通过法规和设计来影响物质与经济环境，在实践中落实专业教育所确定的美学准则""城市空间的单调乏味和经济效率低下"[①]等特点，规划关注如何为城市经济活动的开展提供适宜的空间。

1970年代以来重新回归了"人本"，"以人为本"的思想成为城市规划的重要理念和指导思想。围绕可持续发展这一永恒追求，人本尺度、土地混合利用、公交引导土地开发等规划的技术和方法更加多样，在进一步提升空间效率的基础上，价值更加多元，

① 田莉．城市规划的价值导向：效率与公平消长中的困惑 [C]// 中国建筑工业出版社，2006：331-334．

社会价值和生态价值更加显现。

（2）空间实体与空间制度是城乡空间的两个作用面

早期城市规划理论虽然有明确的城市空间实体规划目标和社会制度改革目标，但大多通过城市空间实体的改善来实现社会制度改革目标。

1970年代以来的城市规划理论，表现出由政府控制的物质性的空间规划转向面向政府和市场主体的规划，公众参与增强。城市规划制度在协调城市空间发展上发挥了越来越重要的作用。

（3）空间是稀缺资源，提升空间配置效率是城市规划永恒的追求

早期城市规划理论在调整城市空间结构时,从现实出发,摒弃了形式化的空间形态。“二战”后~20世纪60年代城市规划理论通过功能分区的方式解决城市空间混乱的问题，1970年代以来城市规划理论和实践更加强调城市空间发展中生活、生产和生态空间的相协调以及不同城市间的协调,并通过城市协作、城乡分开等方法寻找空间最经济、高效的布局方法。

适宜的规模能够带来最佳的城市规模效应，随着经济全球化，城市的部分功能开始向外围扩散，城市普遍面临着结构调整问题。通过产业与空间的匹配、空间密度的调整、时空距离的缩短，可以更好地发挥城市空间的结构效益。

在高度网络化背景下，不同城市、城市的不同区域之间根据自身资源、产业和空间特点，不分强弱、公平竞争、协同发展，是城市发展的理想模式。围绕高度发达的交通网络、设施网络和行政管理网络形成城乡空间体系，选择适宜的规模并进行紧凑发展，则是城市发展理想的空间模式。

（4）城市空间与乡村空间的地位趋于平等

早期城市规划理论研究是基于城乡空间物质环境上的优缺点比较，是对大城市拥挤的不满和对乡村美好环境的向往，但从根本上还是要解决大城市的人口密度过大、交通拥堵和工业污染问题。

“二战”后~20世纪60年代城市规划理论将乡村纳入研究视野是基于城市已经无法提供足够的空间来承载人口和职能，需要向外围疏解，而乡村有可能承担某一部分职能。乡村空间在区域空间中发挥了一定作用，但城市空间仍然是区域空间发展的中心和重心，乡村空间不过是一张可以随意涂画的“白纸”，它的作用在于尽其所能满足城市空间的发展。

1970年代以来城市规划理论更加强调人的社会性和空间的社会性，“主要围绕经济、制度和文化等系统到底如何变迁这个宏大命题来开展社会科学研究”，出现了明显

的“历史转向”[1]。“人”是平等的,因而居住在城市的人和居住在乡村的人也是平等的,他们应当平等地享受就业机会、公共服务设施和美好环境。空间成为改善城乡关系的重要手段。而城市和乡村逐渐成为优势互补的同一空间的两种不同形式，城乡空间各自发挥所长，提供差异化的人居环境，理想空间模式融合城乡优点。

5.2 可持续性城乡空间的价值观:公平与效率的统一

5.2.1 作为普遍价值观的公平与效率

5.2.1.1 公平

（1）公平直接影响人的工作动机

人工作的积极性不仅决定于个人实际报酬的多少，还与人们对报酬的分配是否感到公平息息相关。在获得报酬的同时,人们会将自己的劳动付出和回报与他人进行比较,对获得报酬的公平性做出评价。这一评价将直接影响职工接下来的工作动机。

（2）公平的内涵

伦理学中的“公平”指不同社会成员在权利和利益分配上，应该合理、符合人的平等权利。公平在不同领域有不同的体现，在社会、经济和政治领域分别体现为社会公平、经济公平和政治公平。

（3）公平的三种基本含义

按照分配的时序，公平有起点公平、过程公平和结果公平三种含义。起点公平又称机会公平，过程公平又称规则公平。

1）起点公平

起点公平是指使主体的起点条件平等。起点公平包括天赋权利和人赋权利，宗教和宪法主张的“人人生而平等”是指人的权利平等，家庭出身等条件是人赋权利。但是自然界赋予人本身的“资质”有所差异，这是客观因素造成的。因此，起点公平问题就转变为如何对待起点差异的问题。

2）过程公平

过程公平指个体或群体在社会活动中获得发挥自身能力的机会平等，以及活动中在公平原则和公平操作下的竞争公平。只有原则公平、操作公平和机会公平，才有可能使过程公平。机会公平指参与某项活动时的权利平等，原则公平指不同主体在处理

① 尹贻梅，刘志高，刘卫东．路径依赖理论研究进展评析 [J]．外国经济与管理，2011（8）1-7.

事情时的规则和方法公平，操作公平是指操作的步骤和程序公平。

3）结果公平

结果公平可分为相对结果公平和绝对结果公平。相对结果公平包括两方面内容，一是对一个特定个体而言，他的投入与产出相匹配，为纵向相对结果公平；二是横向相对结果公平，指不同个体之间的差距在合理的范围内。绝对结果公平是指不按照社会成员的贡献大小去分配报酬，而是按人头来，是绝对的平均。

解决结果不公平的问题，可以从两方面溯源。从起点公平角度，应通过权利与机会的均等使起点公平，同时在保障效率的同时提供社会保障体系和救助机制。从过程公平角度，应从原则、操作和机会三个方面保障公平。

4）公平与公正、正义、平等的关系

贾莉，闫小培（2015）对公平、公正、正义、平等等概念进行了比较（表 5-7）。

公平等相关概念的比较　　表 5-7

概念	内涵	侧重点
正义	社会制度的首要价值	关注更为抽象的、深层的价值观念
公正	处理人与人关系的原则	关注在政治、法律、伦理道德等关系上保持社会以及社会成员之间追求权利和义务的统一
公平	利益分配的原则	关注理现实的、具体的利益分配
平等	获得资源和利益的客观性维度	资源和利益在数量、质量大小上的均等程度，可以用现代数学、经济学、统计学等方法来检验

资料来源：根据贾莉，闫小培．社会公平、利益分配与空间规划 [J]．城市规划，2015，39（9）：9-15+20．总结

5.2.1.2　效率

（1）资源的稀缺性决定了资源要进行有效率的配置

资源的稀缺性包括两个方面，一是自然赋予的资源太少，二是由于资源没有得到合理利用而产生的稀缺。因此，资源的稀缺性决定了人们要对现有资源进行合理配置，提高资源的分配效率。

（2）提升效率是经济学要解决的核心问题之一

萨缪尔森认为经济学的精髓是“在于承认稀缺性的现实存在，并研究一个社会如何进行组织，以便最有效地利用资源。这一点正是经济学独特的贡献”①。吴敬琏认为“经济学要解决的两大问题，一是有效率地生产，一是较公正地分配”。张卓元认为“一

① ［英］保罗·萨缪尔森著，萧琛等译．经济学 [M]．北京：华夏出版社，1999：2．

切经济问题的核心在于如何充分而合理地配置现有的资源，提高资源的利用效率”[①]。可见效率是经济学研究的核心问题。

（3）效率的三种基本含义

一般认为，效率有技术效率、帕累托效率和卡尔多—希克斯效率等三种不同含义。

1）技术效率

技术效率指从一定量的投入中获得最大的产出，即投入—产出比，表现为劳动生产率、资金周转率等。分工和专业化程度提高可以提升技术效率，技术效率可以分为静态效率和动态效率。静态效率是恰当的人从事适当的工作，最大限度地发挥专业化能力；动态效率是指随着生产力水平的提升，资源的稀缺性减小。

2）帕累托效率

帕累托效率又称帕累托最优，指“如果社会资源的配置已经达到这样一种状态：如果想让某个社会成员变得更好，就只能让其他某个成员的状况变得比现在差，即如果不让某个人变差就不能让任何人变得更好，这种资源配置的状况就是最佳的，就是最有效率的”[②]。帕累托效率综合了资源配置的总量效率以及资源配置的分配效率两种效率标准。实现帕累托最优的唯一方式是通过平等交换，改变资源在不同成员之间的配置格局。帕累托改进是与帕累托最优对应的一个概念，指“在通过对资源的重新配置，至少使得某个人的效用水平在其他任何人的效用不变情况下有所提高的状态”[③]。但是，帕累托改进指交易双方都得到了改善，不一定是公平或公正的。

3）卡尔多—希克斯效率

1939年，卡尔多在《经济学的福利命题和个人间效用的比较》中提出了卡尔多效率标准：“一种经济变化使受益者得到的利益补偿受损者失去的利益而有所剩余”[④]；1941年，希克斯在《消费者剩余的复兴》中提出了效率概念：“经济变化的受损者不能促使受益者反对这种变化，也意味着社会福利的改进”[⑤]。卡尔多—希克斯效率的提出，主要针对帕累托改进中定义的在资源重新分配中是否有人会在利益上受到损失这一前提，卡尔多—希克斯效率定义的效率是资源重新分配过程中的收益总量超过损失，不管交易是否会导致部分人分配收益减少，都是有卡尔多—希克斯效率的。与其他关于

① http://news.hexun.com/2015-11-24/180766425.html

② 厉以宁，吴易风，李懿．西方福利经济学述评 [M]．北京：商务印书馆，1984：85.

③ 厉以宁，吴易风，李懿．西方福利经济学述评 [M]．北京：商务印书馆，1984：85.

④ Kaldor，N. Welfare Propositions of Economics and Interpersonal Comparisons of Utility. Economic Journal，1939，49:549-52（Sep）.

⑤ Hicks，J.R. The Rehabilitation of Consumers’ Surplus. The Rereiw of Economic Studies，1941，Feb:108-116.

效率的概念相比，卡尔多—希克斯效率的概念的使用条件更为宽泛，概念本身更加强调社会总福利的增加，也包含了非自愿的财富转移这一结果。

5.2.1.3 公平与效率的关系

多数学者认为分配公平与经济效率之间是对立统一关系。“统一性表现在两者相互促进：公平是效率的前提和保障，效率是实现公平的物质基础和动力；对立性表现在两者相互排斥：过分强调经济效率会导致公平的损失，过分强调收入均等化，会降低经济效率。”① 公平与效率是辩证关系，存在着正相关——两者相互促进、负相关——两者相互对立和复杂关系等情况。

不同经济学流派有不同的公平效率观。胡莹（2006）将西方经济学界的公平观分为过程公平和结果公平两类（表 5-8）。

西方经济学界的公平效率观　　表 5-8

观点	代表学派	公平效率观	主要观点
过程公平意义上的公平效率观	古典经济学派	规则公平、效率优先	提倡建立在自由竞争的市场价格体系基础上的规则公平
	新古典经济学派		认为生活资料和生产资料的有效使用只有在消费者均衡和生产者均衡的状态下才能实现，均衡规则才是一种有效率的制度安排
	自由主义学派	机会平等、效率优先	经济自由主义
	货币主义学派		既坚持机会平等意义上的平等和自由观，又认为实实在在的机会平等是不可能的，机会平等意义上的公平只有经济自由可以保证，经济效率的提高才有可能
	供给学派	有效率才有公平	通过减税来降低企业成本、提高利润、扩大生产和增加就业，不仅可以使富人更富，还可以使穷人也能增加收入
	理性预期学派	机会平等才有效率	认为市场经济需要的是机会平等意义上的公平效率观
结果公平意义上的公平效率观	凯恩斯学派	收入均等、效率优先	资本主义经济危机时期的低效率，是因为收入分配结果不公平
	旧制度经济学	效率优先、兼顾公平	提高效率能够增加社会可分配的财富，有效率才有公平
	新制度经济学	公平优先、兼顾效率	公正分配是社会稳定发展的重要因素，只有公正分配社会收入，才能使每个人都有动力提高经济效率，增加社会财富

资料来源：根据胡莹．公平与效率问题研究综述 [J]．兰州学刊，2006（3）144-147．总结

5.2.2 城市规划视角下城乡空间协调的公平与效率

5.2.2.1 公平与效率作为当代城市规划的价值观

城市规划的终极问题是价值观问题。城市规划以空间为研究对象，而空间是一种

① 孙敬水，林晓炜．分配公平与经济效率问题研究进展 [J]．经济问题，2016（1）：30-37+48．

稀缺资源，那么城市规划的本质就是如何将空间资源进行合理分配的问题。

目前城市规划的价值观趋于多元，经济学视角下空间资源分配问题的核心在于“有效率地生产”和“较公正地分配”。“有效率地生产”即通过城乡的分工来扩大总量，“较公正地分配”指在分配过程中缩小城乡差距。

5.2.2.2 城乡空间协调的公平与效率

（1）城乡空间协调的公平

1）城乡空间协调公平的含义

城乡空间协调的公平，实质是对城乡空间和土地资源配置的问题。城市规划作为协调城乡空间的主要手段，就是探寻城乡空间协调生长的自然规律、市场经济资源交换的规律和法律法规所赋予规划管理的权力，通过特定的规划方法保障城乡居民的整体利益，同时还要对城市居民之间和乡村居民之间的利益进行协调。

空间规划是一种公共政策，贾莉，闫小培（2015）认为“社会公平所关涉的内容主要指向公共领域，因此作为政府重要的公共行政和公共服务职能的城市规划，势必成为社会公平诉求的主要对象”，认为空间规划可以从调节区域差距、统筹城乡发展、推进基本公共服务均等化、实现居住公平化等四个方面促进社会公平的实现[①]。

2）空间公平与空间生产、空间正义

列斐伏尔（H. Lefebvre）于1970年代提出了“空间生产”概念，认为“随着资本主义再生产的扩大，城市空间已经成为了一种生产资源，加入了资本进行商品生产的过程中。在这个过程中，资本通过占有、生产和消费，最终达到了增值的目的。因此，城市发展已经不仅仅是一个单纯的自然或者技术过程，资本利用城市空间实现再生产的一个过程，其中贯穿着资本的逻辑”[②]。叶超，柴彦威（2011）提出城市空间的生产“指资本、权力和阶级等政治经济要素和力量对城市的重新塑造，从而使城市空间成为其介质和产物的过程”，该理论是“在批判传统的将空间视为容器和无价值判断的空间观的基础上产生”[③]。

张京祥（2012）认为公平、公正和正义并非完全相同的概念，“公平与公正是正义的具体要求；而正义则更为抽象，是社会价值观的确立，正义相对于其他价值观具有

① 贾莉，闫小培．社会公平、利益分配与空间规划 [J]．城市规划，2015，39（9）：9-15+20.

② 江泓，张四维．生产、复制与特色消亡——“空间生产”视角下的城市特色危机 [J]．城市规划学刊，2009（4）：40-45.

③ 叶超，柴彦威，张小林．“空间的生产”理论、研究进展及其对中国城市研究的启示 [J]．经济地理，2011，31（3）：409-413.

某种优先性，是‘诸价值的价值’……作为决策的程序独立于诸价值和主张之上”①。

按照效率原则，自由市场竞争可以实现城乡空间配置效率的最大化。但是按照这一逻辑，城乡空间资源的配置会向资本聚拢，即越靠近城市中心的位置资本价值越高，空间资源的价值单一化，并呈环状分布。在城市更新过程中，空间会以利润为标准进行用地置换，将最具优势的空间资源根据市场经济原则分配给最具资本优势的人，将空间资源价值最差的分配给资本匮乏的人，加剧贫富差距。任平（2006）将空间不正义总结为六失，“失地、失业、失居、失保、失学、失身份”，空间正义（justice）是“存在于空间生产和空间资源配置领域中的公民空间权益方面的社会公平和公正，它包括对空间资源和空间产品的生产、占有、利用、交换、消费的正义”②。

空间正义的提出是针对城市空间更新中隐藏的资源配置，即空间的再生产过程。在经济效率主导的城乡空间资源配置模式下，空间资源的配置主要受资本影响，会产生一系列的不公平现象，使一部分人的空间权利被剥夺，加剧社会的不平等，即空间不正义。为解决空间不正义问题，围绕着正义，与正义相关的社会正义、空间正义等规划与实践，均“表达了对弱势群体、被排除在中心之外的群体权利的争取，以及对当前权力、资本统治下的城市空间的激进批判”③。张天勇，王蜜（2015）认为“空间需求、空间应得、空间公平和空间公正是构成空间正义的本质要素”④，空间正义在伦理层面是“不同社会主体能够相对平等、动态地享有空间权力，相对自由地进行空间生产和空间消费的理想状态”⑤。

现阶段，学界尚无法提出一个城市空间正义的空间模式或规划模式，但在对空间不正义进行批判性研究的基础上，正不断修正现存的大量不正义行为。

（2）城乡空间协调的效率

城乡空间协调的效率指城乡空间资源在城市内部、乡村内部以及城乡内部进行了合理的配置，最大程度地满足城市各种功能发展需求。从效率的含义出发，城乡空间协调的效率包括三种基本含义。

1）技术效率

城乡空间协调的技术效率是在某一生产力水平的特定历史阶段，在给定动态效率水

① 张京祥，胡毅．基于社会空间正义的转型期中国城市更新批判 [J]．规划师，2012，28（12）：5-9.

② 任平．空间的正义——当代中国可持续城市化的基本走向 [J]．城市发展研究，2006（5）:1-4.

③ 胡毅，张京祥．中国城市住区更新的解读与重构——走向空间正义的空间生产 [M]．北京：中国建筑工业出版社，2015：154.

④ 张天勇，王蜜．城市化与空间正义——我国城市化的问题批判与未来走向 [M]．北京：人民出版社，2015：152.

⑤ 陈忠．空间辩证法、空间正义与集体行动逻辑 [J]．哲学动态，2010（6）：40-46.

平的前提下，运用城市规划方法对城乡进行职能分工和空间资源分配，最大限度地发挥城市空间和乡村空间的专业化能力，使城市空间与乡村空间的比较优势更为突出。城乡空间协调效率的改进就是通过改变城乡空间资源的配置来提高城乡空间的总体价值。

2）帕累托效率

城乡空间协调的帕累托效率是指，城乡空间总体的效用程度之和达到最大，同时在给定总量的前提下，总的效用能够最大程度地满足城市空间与乡村空间之间的不同分配。

城乡空间协调的帕累托改进是运用城市规划方法对城乡空间资源重新配置，通过法律和行政手段（强制性）或经济手段（自愿性）改变资源配置格局，使城市与乡村均在资源交换中受益。由于帕累托改进不一定具有公平特性，因此要在城乡空间协调中通过规划方法确保既能实现帕累托改进，又可以使资源重新配置的过程对城市和乡村都是公平的。

3）卡尔多—希克斯效率

卡尔多—希克斯效率只考虑总量效应而不关心分配效应，城乡空间协调的卡尔多—希克斯效率即指通过城乡空间资源重新分配中，无论是强制性还是自愿性的交易方式，无论对城市和乡村空间双方是否公平，只要实现了城乡空间总体效用的增加，就具有卡尔多—希克斯效率。

4）三种效率的关系

城乡空间协调的技术效率，反映的是城市和乡村空间生产力水平的高低，一定量的投入（成本），在城市和乡村之间会有不同的产出（收益），反映了城市和乡村在不同领域的生产力水平差异。

城乡空间协调的帕累托效率，反映的是城乡空间资源的配置效率，即空间作为稀缺资源，在城市或乡村进行投入才能获得最大的产出。

城乡空间协调的卡尔多—希克斯效率，反映的是城乡空间资源配置的制度效率，即城市规划作为空间资源分配的公共政策，如何进行制度安排，可以使一定量的社会总投入获得最大的社会总产出，确保社会总体福利最大化。

技术效率的提升方法是通过分别提高城市和乡村空间的生产力水平，帕累托效率是一种理想化模型，卡尔多—希克斯效率的提升方法是通过一定非市场化的制度安排，实现资源产出的最大化。

5）空间效率与空间绩效

“绩效”包括“成绩”和“效率”。绩效的研究最早源于管理学，作为企业提升管理水平的一种途径，后引入经济学，用以评价投入产出比。城市空间绩效则是指“城市空间的综合成效或效果”①。“绩”在效率的基础上更加强调成果,常用于城市规划实施或管理（投入）与城市空间建设的最终效果（产出）之间的关系分析。

（3）城乡空间协调公平与效率的关系

空间是一种稀缺资源，它的社会性配置存在着相互竞争，城乡空间发展的矛盾日益突出，是其竞争日趋激烈的表现。协调是在城乡空间各个子系统在竞争过程中，通过竞争和协同作用，从而使竞争中的一种或几种趋势优势化，并因此支配整个系统从无序走向有序的过程。城乡空间系统需要通过机制的调节，使城市与乡村空间的各种功能在竞争中形成优势职能，城市空间和乡村空间分别提升自身的技术效率，实现职能分工要求。通过空间资源的重新配置，提升卡尔多—希克斯效率，使城乡空间的总体效用增加，从而使城乡空间系统走向有序，实现空间效率的整体提升。

市场经济在进行空间资源配置的过程中能够提升卡尔多—希克斯效率，但不一定能够实现配置过程的公平。因此，在不影响空间效率的同时，要从起点公平、过程公平和结果公平三个阶段倡导社会资源分配公平，才可实现社会的进步。

（4）城乡空间协调公平与效率的相对性（图 5-11）

公平与效率都是历史范畴，城乡空间协调的公平与效率在历史纵向上具有相对性，其标准与数值会随着时代而不断变化。

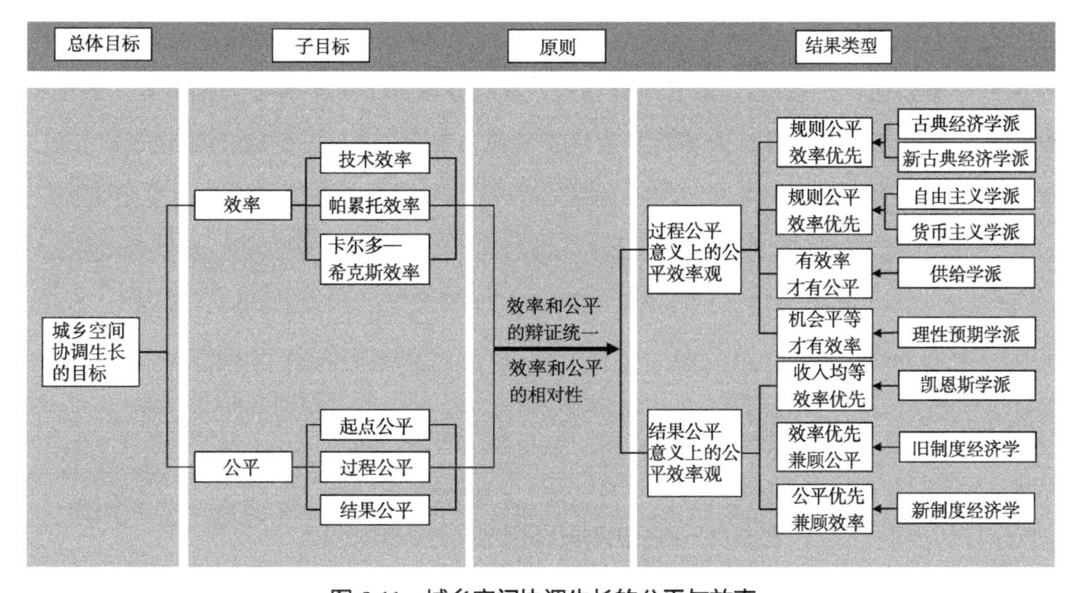

图 5-11 城乡空间协调生长的公平与效率

① 颜文涛，萧敬豪，胡海，等. 城市空间结构的环境绩效：进展与思考 [J]. 城市规划学刊，2012（5）：50-57.

公平与效率对不同的空间也具有不同的意义。进行横向比较时，公平与效率的数值也会相应变化。

公平与效率之间的倾向性选择，也同样具有历史和空间相对性，“特定的历史和政治经济条件，往往决定着特定时期城市规划的价值导向”[①]。

5.3 西北地区中等城市区域城乡空间价值的审视

5.3.1 城与乡：人居环境的两个侧面，互为图底、相互依托、价值共享

西北地区山地、高原、盆地相间分布，地形地貌复杂多变，差异较大，气候较为干旱，部分高原、山区不适宜人类居住。人类居住的区域从居住形态上，可以分为城镇空间及乡村空间。人居空间作为一种客观存在的形式，在漫长的城、乡不断的演替过程中，总体上体现为从乡村成长为城市为主。人居空间的两大形态，城市和乡村表现为此消彼长、相互依存、相互融合、共生发展的关系。城市和乡村犹如一个硬币的正反面，构成了人居环境的整体。

城市具有由人口与经济要素集聚所带来的一系列规模效应，是产业的主导空间，同时作为技术进步的前沿阵地，也是现代文明的重要标志。随着城乡关系的改变，乡村对于城市的价值被重新认识，价值的内涵趋于多样化。在乡村价值的重新定位上，申明锐，张京祥（2015）认为“在当代中国社会，在全球化、信息化、生态化等助力之下，乡村发展完全可以避免因循工业化轨迹的追赶发展模式，而走出一条超越线性转型的‘乡村复兴’之路。‘复兴’强调的是在现代语境下重塑乡村耐人寻味、不可或缺的文化传统与独特价值，而不是沦为城市的简单附庸”[②]（图 5-12、图 5-13）。

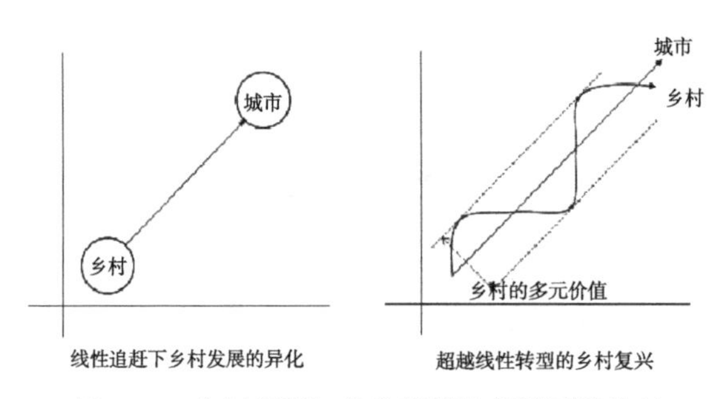

图 5-12 乡村复兴与传统线性追赶转型的比较

资料来源：申明锐，张京祥. 新型城镇化背景下的中国乡村转型与复兴 [J]. 城市规划，2015，39（1）：30-34. 63.

① 田莉. 城市规划的价值导向：效率与公平消长中的困惑 [C]. 中国建筑工业出版社，2006：331-334.

② 申明锐，张京祥. 新型城镇化背景下的中国乡村转型与复兴 [J]. 城市规划，2015，39（1）：30-34，63.

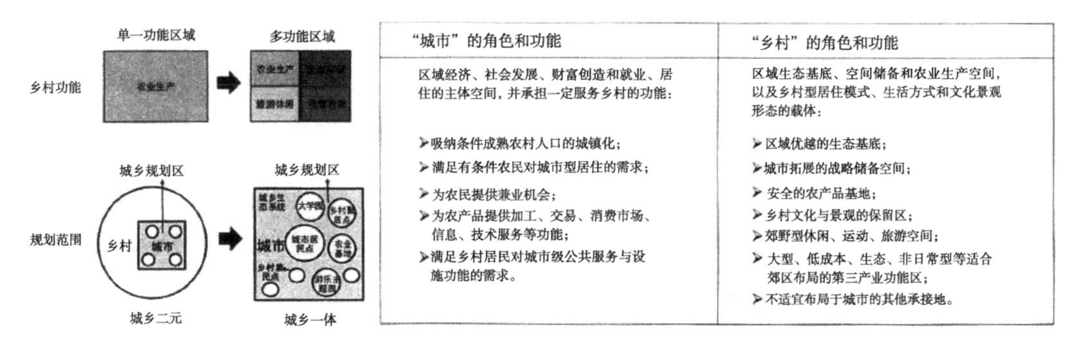

图 5-13 城乡关系的理念转变与功能分工

资料来源：罗彦，杜枫，邱凯付．协同理论下的城乡统筹规划编制 [J]．规划师，2013（12）：12-16.

5.3.2 城：空间集聚的高级状态，区域发展的主要动力

城市是人类社会生产力第二次大分工的产物，总体表现为城市人口高度聚集，主要以从事非农产业为主。从根本上讲，城市由“城”和“市”两部分组成，城代表一种人居形态，在古代主要指具有防御功能的城墙等外在生活和抵御外侵的空间载体，而市则代表城市的经济交易职能。经过几千年的发展，今天的城市对区域和乡村而言，其职能及作用则异常复杂，主要有生产功能、服务功能、管理功能、集散功能、创新功能，在城乡关系的协调中扮演着非常重要的作用。城市是人居空间的高级状态，是一个地区的经济中心、人口聚集核心、文明展示中心、社会组织中心及综合服务中心。

5.3.2.1 生产：区域经济中心

中心城市自产生起，由于特有的交通枢纽条件，决定了它在广大的农村腹地所具有的物质生产及精神输出方面的比较优势，城市是一个地区的经济社会活动中心。

城市对城乡要素具有巨大的吸引力辐射力。中心城市的发展，需要从广大的腹地和外部区域输入资源、劳动力、资本和信息，中心的吸引力越大，它的输入需求就越大，经济社会要素的生产与交换就会更加频繁，输入和吸引所覆盖的地域也就越广阔。西北中等城市需要进一步通过经济发展增强城市自身的吸引力，留住区域的各种生产要素，防止资源外流，促进新型城镇化的发展。同时，城市对乡村地区及周边城镇也具有相当大的辐射力，能够促进其发展腹地的技术更新、经济发展和社会进步。

西北地区中等城市农业产业化和工业化水平不高，农村地区难以产生自下而上的发展动力，中心城市在区域经济发展中的地位和作用就更加重要。作为区域生产中心，城市集中了大量工业企业，且工业门类越发齐全、技术装备日益更新、产业结构不断提升，

具有雄厚的发展基础，使其具备了跟踪先进技术和产业创新能力，能够带动市域甚至更广大地区的经济发展。作为交通中心，城市为所在区域人流与物流汇聚的中心，有着四通八达的交通线路和快速安全的运输手段，担当着区域交通枢纽的重任。作为金融中心，城市聚集着银行、保险公司、证券公司、信贷机构等多种金融机构，具有从金融市场借贷和调拨资金的能力，保证经济发展对资金的巨额需求能最大限度地得到满足。

5.3.2.2 生活：综合服务中心、文明展示中心

（1）现代文明的集中展示中心：文化、科技、创新、体验

城市是目前为止，人类文明演替、进化到最为高级的状态，不但在城市空间中保留了大量人类活动的物质文化遗产，而且传承了大量非物质文化遗产，是人类文明的重要载体。而且，城市在今天和明天的社会发展中，也是大量的人类科技、创新和生活方式的主要缔造者。

西北地区中等城市作为区域性信息中心，拥有市域影响力最大、受众面最广的广播电视、新闻出版、广告咨询等机构，能够快速地生产和转换外部信息，促进城市的对外沟通交流；城市是区域的科学技术中心，西北地区中等城市中相当一部分城市已拥有较高水平的大专院校、科研院所，科学工作者和专业技术人员可以将信息和技术进行广泛地传播，促进一个区域整体的技术创新；同时，城市还是文化教育中心，普及深入的义务教育、具有民族特色的文化教育和针对西北地区人才结构的专业化职业教育，可对区域人口素质的提升起到关键性作用，减小人口城镇化发展阻力。

（2）综合服务中心：城市级公共服务中心

总体而言，城市是人类社会高效生产、生活的产物，因而，大量的商业金融、行政办公、文化娱乐、体育医疗、综合交通、市政基础设施都在城镇区域大量聚集，城市是大量公共产品和公共服务的聚集地。

目前不少西北地区中等城市的主要职能仍然是传统农业区中心地职能，而乡村生活空间的设施水平普遍较低。在西北地区目前的经济发展阶段，对广大的农村地区施行“撒胡椒面”式的设施布局，根本无法有效提升乡村生活空间的设施水平，唯有先采用极化模式集中力量对城市进行建设，通过加强城市交通等基础设施建设、扩大和完善城乡市场体系、提升社会信息服务，进一步强化中心城市作为交通运输中心、商业服务中心、金融中心、社会信息中心的功能，才能迅速提升西北地区中等城市市域城乡空间整体发展水平，更加快捷有效地与外部环境进行衔接，提升城市的开放水平。

5.3.2.3 生态：资源高效利用中心

城市的主要特征之一则是人口的高度聚集。工业革命以来，随着人口的增长和城

镇化速度的进一步加快，西北地区生态环境也在急剧恶化，但在人与环境的关系上，不能将所有的问题归咎于城市。实际上，城市作为区域的人口聚集核心，对于区域的生态环境保护具有重要的积极意义。

首先，城镇化促使西北地区中等城市的人口向中心城市区域集聚，并在空间上形成若干个聚居区。人口的集中，带来了生产和生活空间的集聚，避免了原有的分散化低密度人居空间对土地资源的浪费，避免了低效的农业生产过程中对城乡生态空间的破坏。

其次，集聚的生产空间要求工业集中布局。目前西北地区中等城市不少工业类型对环境造成了一定影响，但产业结构调整不是一蹴而就的，在产业结构调整的过程中促使工业生产空间向工业园区集中，有利于资源的循环使用，减少对城乡生态空间的影响。

最后，城镇人口的高度聚集，有利于技术的传播，因而可以促进技术水平的迅速提升，同时也有利于各种先进的、生态化的技术的推广应用。

因而，城镇是乡村及区域的综合服务中心，对于区域的社会治理、基本公共服务具有无可替代的职能。

5.3.3 乡：人居环境发展的根基，区域发展的重要基础

5.3.3.1 生态：生态保育价值

（1）乡村比城市承担更多的生态保育职责

城市与乡村均为自然—人工复合生态系统，但是与城市相比，乡村的人口密度相对较低，景观生态格局更为丰富，生物多样性更高，因此在区域生态格局上，承担着更多的生态保育职责。

（2）中心城市区域乡村正由环境缓冲区向生态保障区转变

在传统城乡生态格局中，乡村在整个城乡生态系统中扮演着环境污染稀释和自然净化的作用。“随着城市生产活动和人口规模的扩张，以及同时乡村地区的飞跃发展，乡村空间已经不再是一个消污除垢的净化器了。这一方面缘于城市污染物总量的增长已经突破了乡村空间的环境容量；另一方面的重要原因是乡村空间本身的污染源已经上升为重要的问题。”

中等城市意味着城市空间规模和空间蔓延程度仍在可控范围内，仍可规避大城市蔓延式增长带来的各种弊端。在新的城乡空间格局中，中心城区外围的河流、农田、林地、果园，与乡村居民点相结合，共同形成了城乡空间交错带，以丰富的景观生态要素包围着城市，抑制中心城区蔓延式增长，促进中心城市区域形成紧凑、集约、开敞、开放的城乡空间结构。

5.3.3.2 生产：农业生产价值

（1）乡村始终是农牧业生产的基地

西北地区中等城市普遍是在农牧业基础上发展起来的，农牧业是这些城市的基础产业，而乡村是农牧业生产的重要基地，农牧业生产能够为西北地区中等城市提供粮食和用于加工的原材料。西北地区中等城市要实现产业结构的调整、实现社会分工的深化和扩展，首先要确保农业对城市经济发展的支撑作用。

西北地区中等城市目前的城镇化水平仍然很低，大力扶持农业生产，有助于稳定占较大比重的农村人口，鼓励他们实现农业稳定发展、农民持续增收，逐步实现农业产业化，促进人口有序地向城市转移。

（2）近郊乡村有条件培育新兴产业，成为经济增长的动力源泉

传统农村以农业生产为主，为城市提供基础性生产原料，随着农业现代化进程的加快，城乡资源要素互为补充、相互渗透，城市近郊现代农业、休闲农业、观光农业等功能复合型的农业不断发展。“城市近郊农业依托自然生态资源，并借助现代物质技术条件，融农业产业、田园景观、乡村文化、观光休闲及农事体验、环境教育等职能于一体，其表现的形式和内容独具特色。其主要有产品型农业、设施型农业、观光（休闲、体验）型农业、生态（园艺）型农业、创汇型农业、科技型农业等类型”[①]。农村的产业正在由单纯的第一产业向二、三产业拓展，“接二连三”已成为城市近郊农业发展的基本模式。未来城市近郊农业的发展潜力将被进一步挖掘，并成为城市重要的经济增长点和中心城市区域经济转型的重要抓手，农村已逐步“由资源供应者向生产者和城市生产的协作者转变”[②]。

5.3.3.3 生活：体验寻根价值

（1）人口承载价值

1）乡村是人类聚居的永久形式

相关研究表明，“我国城镇化水平快速增长的态势不会一直持续，2030 年前后我国城镇化率将达到 65%。这就意味着村庄仍然是 5.2 亿～ 6 亿人的安居家园”[③]，广大乡村地区仍将容纳大量人口。部分人口在乡村定居，也是保持乡村地区人居环境永久活力的必要条件。

① 刘丹．对中国西部地区大力发展城市近郊农业产业的思考 [J]．农业工程技术（农产品加工），2007（9）：51-54．

② 张泉，王晖，陈浩东，等．城乡统筹下的乡村重构 [M]．北京：中国建筑工业出版社，2006：83-84．

③ 蔡立力，陈鹏，等．新型城镇化视角下乡村发展的未来之路 [Z]．规划中国公众微信，2015-04-17．

2）乡村是就地城镇化的重要单元

西北地区中等城市的产业发展虽有基于当地资源发展起来的特色产业，也有对东部地区产业的承接，但是随着工业化和信息化的发展，整体上，劳动力密集型产业提供的就业岗位越来越少，城市接纳缺乏劳动技术的农民工的能力逐渐降低，因此大量乡村人口只能寻找就地城镇化的发展路径。

虽然乡村承载人口城镇化的规模相对有限，但由于对大多数农民来说，在过去的生产方式、生活方式上具有延续性，也是增加空间归属感的重要因素，在维持社会稳定上具有不可替代的作用。

“不少新生代农民工在城市长大甚至出生在城市，没有什么务农经历，因而他们没有父辈那么强烈的乡土情结。比起父辈，他们更希望留在城市中生活，对于城市的依赖感和归属感要远远大于农村”①。但对于老一代农民工来说,他们的乡土情结浓重，对自己成长的土地十分惦记，他们年轻时外出打工，中年之后仍然期望返乡照顾家庭和养老，因此小城镇和乡村是他们理想的安居地之一。从现实角度看，由于住房和生活成本高，即使他们对城市生活有着诸多依赖，大城市也难以成为他们安家立业的首选场所。

3）乡村提供城镇化的多样性选择

张尚武（2013）认为“中国所处的城镇化环境和国情背景，决定了城乡均衡发展的重要性。作为城镇化战略和政策设计的重要取向，通过保护乡村地区活力，发挥乡村地区在城镇化过程中的稳定器的作用。保护乡村地区和乡村经济的弱势地位，避免乡村快速衰落，建立一种双向流动关系，提供参与城镇化的个体更多选择性”②。在新型城镇化背景下，中央对于乡村地区的政策支持，将会促进乡村地区就业岗位的增加和农民经济收入的增长，一部分农村人口将从城市回到乡村地区就业，同时城市人口也会将乡村地区作为新的创业基地，乡村地区的适龄人口数量和经济活力都将得到增长。

（2）休闲体验价值

旅游和休闲活动是近年来不断增强的乡村空间功能。“城市居民去乡村观光休闲主要是观新赏异,体验清新洁净的乡村生态环境和悠久的农耕文化,感受淳朴的乡情乡味,同时也能逃避都市喧嚣、摆脱都市疏离感、寻找满足感和踏实感”③。具有地域性特征、

① 吴漾．论新生代农民工的特点 [J]．东岳论丛，2009（8）：57-59.

② 张尚武．城镇化与规划体系转型——基于乡村视角的认识 [J]．城市规划学刊，2013，（6）：19-25.

③ 郑文俊．旅游视角下乡村景观价值认知与功能重构——基于国内外研究文献的梳理 [J]．地域研究与开发，2013,（1）：102-106.

风景如画同时距离又近，普遍在半小时至 1 小时车程范围内，这一生态和区位优势使中心城市区域的乡村愈发成为中心城市休闲功能实现的空间载体之一。

体验自然生态：对于长期居住在城市里的居民来说，中心城市区域的乡村可通过周末休闲度假游，为居民提供短距离感受大自然、认识大自然、理解大自然的空间环境。

体验农耕生产：传统农业景观和耕作方式凝结了几千年来人类智慧。“乡村是传统人地关系的综合体，生产、生活、生态有机融合。乡村自古以来都是以农事活动为主体，融生活与生态于一体，以此为核心，建设以自然、生产、休闲、康乐为主体的乡村体验园，包括农作物耕种、果园采摘等活动，普及人们农耕知识”①。

感受自然风景：乡村与城市景观差异巨大，能让人精神放松、心情愉悦。“地貌、植被、水体、结构（色彩、质地、形式等）是构成乡村景观美学功能的 4 个景观要素”②。不同地区的乡村表现出不同的美学特质，反映了自在的意境，能体现人与自然的和谐关系。“乡村往往是文化的诞生地与溯源地，乡村诗画的创作与文学作品呈现出一种思维认识与升华的二次景观，乡村的自然生态之美、地域之美、民俗之美、生产之美将继续为创作提供无尽的灵感源泉，嬗变中村落以一种外向性与时代性继续演绎着城市不可取代的审美地位与价值”③。

（3）文化寻根价值

1）乡村文化是中华文化的根本

回顾中华民族五千年的文明史，乡村文化是中华大地上持续时间最长的文化形式。从生产方式来看，农业生产是人类文化活动重要的一维，是唯一直接依托于天地宇宙，为人类创造最直接食物资源的生产方式，而乡村文化则是这一农业物质生产实践活动的产物。因而甄峰等认为“中国文化从整体上讲是一种典型的农耕文化，勤劳智慧的中华民族子孙凭借得天独厚的自然条件，创造了几千年的农耕文明”④。张孝德认为“中国乡村就像构成生命体的细胞一样，携带着中华文明演化的秘密和基因，是中华民族从哪里来，到哪里去的精神归宿和精神家园”⑤。

2）乡村文化是城市文化的根源

城市是人类第二次劳动大分工的产物，是农业生产向手工业生产转变中，形成了

① 李颖怡．城乡一体化背景的乡村景观价值探讨 [J]．风景园林，2013（4）：150-151.

② 郑文俊．旅游视角下乡村景观价值认知与功能重构——基于国内外研究文献的梳理 [J]．地域研究与开发，2013,（1）：102-106.

③ 李颖怡．城乡一体化背景的乡村景观价值探讨 [J]．风景园林，2013（4）：150-151.

④ 甄峰，宁登，张敏．城乡现代化与城乡文化——对城市与乡村文化发展的探讨 [J]．城市规划汇刊，1999，（1）：51-53+77.

⑤ 张孝德．中国的城市化不能以终结乡村文明为代价 [J]．行政管理改革，2012，（9）.

“城”和“市”，而城则更多的具有军事防御功能，市则更强调“物物交换”或“以币易物”，更强调交易功能，此外城市还具有生产方式以非农产业为主，人口高度聚集的功能。但总的来说大部分城市都是依托于原有的村落拓展、集聚、转变，最终形成城市的原型，即使个别工矿点、新区的发展是在没有乡村居民点的基础上发展起来，但是在生长过程中总会和周边乡村发生联系，或者其发展的区域也总会或多或少的遗留有文化遗迹，这些遗迹则是先前乡村的产物。因而，从这一角度看，城市是乡村演化发展的产物，乡村文化是城市文化的源泉。

此外，从城市文化的特质来看，城市文化是指城市中一切人类活动创造的物质财富与精神财富的总和，表现为城市文化遗迹、精神追求、风俗习惯及制度安排等。但在城市文化的形形色色表征中，总会或多或少的呈现出乡村所特有的传统文化娱乐、风俗习惯、庙宇祠堂、历史旧址、古村落、戏台之类等文化遗产以及各种社会关系、人情世故、乡音土语等丰富多彩的乡村文化，因而乡村文化是城市文化发展的社会土壤。

3）乡村文化是城市文化的根基

当代城市的发展，在选择空间发展模式时更加注重经济效益的最大化，更加追求规模效益和经济运行效率，城乡空间中不少体现传统文化的场所被迫让位于经济建设，城乡文化遭遇了一场空前的碰撞，在这个碰撞中，有冲突也有融合，乡村文化作为弱势文化，正在逐步退缩，甚至在局部消亡。西北地区中等城市历史上大多是在农耕城市基础上发展起来的，中心城市区域良田充足，是祖先辛勤耕作、繁衍生息的地域，因此，这个区域带着西北地区人民集体的记忆。“三千年读史，不外功名利禄；九万里悟道，终归诗酒田园”，不少人退休后热衷于农事种植，热爱乡村生活体验，这一普遍特征反映了乡村田园作为华人社会自然人文生活中的文化背景与心灵归宿。我们始终存在着一种夹杂在现代与传统之间的“焦虑感”，患上了“乡愁”之病。“在传统文化的影响之下，中国人往往会将原本针对逝去时光和家园的“怀旧”投射到乡村的语境中，一个繁荣复兴的、可以寄托文明归属和历史定位的乡村因而也就具备了重要的人文意义”[①]。

相对于东部地区和西北地区大城市、特大城市，西北地区中等城市因其内陆性区位和经济发展的内向性，受全球化影响相对较小，一定程度上制约了经济的发展，但是从另一个角度来看，正因为受外部影响小，才保持了大量原真的乡村风土人情。乡村地区自然环境虽经历史变迁，仍具有饱经风霜而岿然不动的自然地域特色。乡村作

① 申明锐，张京祥．新型城镇化背景下的中国乡村转型与复兴[J]．城市规划，2015，39（1）：30-34+63．

为地域原生文化的保留地，从饮食起居到服饰工具，从民俗文化到宗法制度，都体现了浓郁而丰富的地域文化特色，弥补了城市文化的缺失。

5.4 公平—效率导向下中等城市城乡空间协调规划框架

5.4.1 城乡空间生长的协调目标

基于对“美好”城乡空间典型特征的梳理和“公平—效率”价值观的分析，建立城乡空间协调生长的目标。

（1）多元

随着城镇化进程的推进，乡村空间的价值得到了重新审视，乡村地区作为人类多元文明的重要体现，其空间发展是人类发展基因库的重要组成部分。

分工与协作是实现城乡空间效率（卡尔多—希克斯效率）的措施之一，城乡等值化是在城乡空间地位和价值相当的基本认识的基础上，深入比较城乡空间的所长，通过城乡优势互补和城乡优点融合实现城乡空间生长的整体效率。因此，城乡差别成为交换的基础，多元的城乡空间使交换格局中的城市占绝对优势、乡村占绝对劣势，转变为城乡分别具备一定相对优势。

（2）紧凑

可持续发展要求最低限度地使用资源，又要求最大限度地提高资源利用效率。在市场机制和政府有效干预下，在现代化的城乡关联设施保障条件下，各种城乡空间要素应进行合理流转，并得到最优配置。城市和乡村空间在土地使用方式上应当是规模经济、布局紧凑、功能组合有机、整体生态化的，同时在空间运行过程中也应当维持花费最低原则。

（3）平衡

信息化和全球化已成为当前时代最重要的内容，网络关联和交流互动对城乡空间的演变有着重要的意义。高速发展的信息技术塑造了一个全球网络化世界，使城乡空间生长出现了诸多新的社会经济行为规则和发展特点。邻近关系（场所）被不分何物、何时、何地的多重互动关系（空间）所取代，使生产和生活要素在中心城区集聚的局面被打破，为西北地区中等城市城乡空间发展建立新的平衡提供了机遇。城乡空间协调模式的调整，可以改变原始中心地“主从”服务倾向，而转变为城乡“互补”的空间关系，为解决日益拉大的城乡距离，在城乡交换的基础上进行利益再分配（社会学意义），实现空间利益平衡提供了可能。

（4）弹性

随着全球经济和社会发展关联的日益紧密，外部环境对城市发展的影响日益突出。经济的全球化促使世界上的任何一个城市或乡村都直接或间接地参与到全球竞争中，城乡空间的快速变化使其已成为动态城市。外部环境的不稳定性和动态化的竞争，使城乡空间无法完全按照一个特定的发展轨迹变化，世界发展格局在随时变化，也因此引起其他城乡发展要素的变化，这种对城乡空间的影响与反馈比历史上任何时候都要迅速。基于这种外部环境的影响导致的空间发展的不确定性，需要建立新的城乡空间结构来应对这一发展背景。

5.4.2 城乡空间生长的协调机制

西北地区中等城市中心城市区域城乡空间生长的协调机制主要包括空间结构协调机制和空间参与人协调机制。空间结构协调机制是指以“人”的发展为导向，调整城乡空间结构，促进空间要素在城乡之间流动，形成新的集聚与扩散状态。空间参与人协调机制是指在空间生长过程中，以建立合作博弈为目标，协调民众、政府、商业利益群体的空间利益，在新的空间生长中发挥各个博弈参与人的能动性，形成多方共赢的正和博弈结果。

（1）空间结构协调机制

“空间模式是不断发展的经济、社会、政治等多种因素在时间与空间载体上的综合反映”①。西北地区中心城市区域城乡空间协调生长的结构模式，是集中体现城乡空间协调目标的，并融合空间博弈参与人利益诉求，对人与空间关系、“三生”空间关系进行简化表述的空间形式。通过具有整体性的空间结构来进行空间协调可以融合多种协调因子及其作用，使其在统一的空间结构平台上发挥作用。

城乡空间结构是对城市和乡村各自空间因素的优势和约束进行分析的基础上，得出城市与乡村空间的比较优势，将城乡空间资源在较大范围内进行优化配置；培育和发展城乡经济、社会和生态活动的主体，使其活动对城乡空间的区域带动起显著的促进作用，成为城乡空间中具有一定自身生长和对周边区域协调带动能力的空间；通过城乡要素流动通道的拉结和重组作用，实现非线性的空间生长过程，最终形成新的城乡空间格局。

（2）博弈参与人协调机制

改变城乡空间利益冲突的局面，就需要调整博弈模式，寻找空间利益的契合点，

① 张沛，孙海军，张中华，等. 中国城乡一体化的空间路径与规划模式——西北地区实证解析与对策研究 [M]. 北京：科学出版社，2015：275.

制定一个具有约束力的协议，将非合作博弈转变为合作博弈。城市规划作为公共政策，可以发挥制度性协议作用，通过使政府主体角色归位、对经济主体建立新的秩序、协助社会主体提高话语权等措施，增进各方利益及整体利益，使博弈结果为正值。

5.4.3 城乡空间协调的规划方法

城乡空间协调生长的规划方法是以效率、公平的城乡空间资源配置目标为导向，为消除城乡空间分割、突破城乡空间生长过程中的路径依赖与锁定效应，形成新的城乡关系和城乡空间关系，运用城市规划专业的技术与方法，实现规划目标的途径，主要包括促进空间利益统一的（泛）“多规合一”的规划方法和实现理想空间结构的规划方法。

（1）促进空间利益统一的（泛）“多规合一”的规划方法

“多规合一”是围绕空间参与人协调，具有法律性约束力的空间协议。

对比土地利用规划、城市规划和生态规划，土地利用规划编制的目的在于保护耕地及相关生态空间，城市规划的目的则在于合理布局城乡生产、生活和生态空间，生态规划更是明确地将保护的重点聚焦于城乡生态空间，并逐步由单纯的保护走向生态空间功能的多样化。因此，土地利用规划、城市规划和生态规划三者的合一，意味着将“三生”空间在总体层面通过利益契合，实现正和博弈。而这一利益契合点是在保障公平的前提下，空间如何更加高效地分配和利用，以及在保障长远利益的前提下，当下空间应当如何利用。

对比城市规划与国民经济和社会发展规划，国民经济和社会发展规划的目的在于统筹落实近期建设（五年）的空间。相比而言，城市规划是更加长远的规划，但在规划的实施中，不如国民经济和社会发展规划具有近期效应。因此，这二者的合一，意味着将空间生长的主要活动落实于近期建设，也与政府管理体系相结合，实现政府管理诉求、商业利益群体经济发展诉求和民众的综合发展诉求。

（2）实现适宜的空间结构演变的规划方法

西北地区中等城市城乡空间生长的核心问题在于城镇化进程中人与空间的不匹配，以及城乡空间内部生产、生活、生态空间的不匹配。因此，需要建立适宜的空间结构，实现人的与空间的关系调整，实现空间资源的优化配置。

5.5 本章小结

本章基于可持续性的城乡空间美好图景的探求，从经典理论和实践案例中梳理了“美好”城乡空间的典型特征，认为城乡空间中各种矛盾交织，每个历史阶段都有相应的价值导向；空间实体与空间制度是城乡空间的两个作用面，城市规划制度在协调城市空间发展上发挥了越来越重要的作用；空间是稀缺资源，提升空间配置效率是城市规划永恒的追求;城市空间与乡村空间的地位趋于平等。本章从公平与效率的关系出发，分析了可持续性的城乡空间的价值观；对西北地区中等城市城乡空间的价值进行了审视,认为城与乡是人居环境的两个侧面,互为图底、相互依托、价值共宁;并建立了公平—效率目标导向下西北地区中等城市区域城乡空间生长的协调框架。

6

滑南中心城市区域城乡空间协调生长的机制设计

6.1 城乡空间协调生长的重点区域界定

增长极是经济空间上推动型产业的集聚区，同时也是地理空间上的集聚区。渭南城市增长极已经具有一定的区域发展推动作用，体现了区域空间发展的效率。但在新的时代背景下，作为推动型产业集聚区的增长极在空间上出现了新的特征，在中心城市职能极化的同时，受交通和信息技术等的影响，生产要素对空间集聚的要求已经不像过去那么严格，而在空间上存在一定分散化趋势，如智力密集型产业倾向于选择在人居环境品质高且与城市中心联系便捷的区域，越来越多的养老产业选择在环境品质高的城市近郊，旅游休闲产业可以乡村自然生态环境为生产要素。这一阶段“增长极”的范围已不再局限于城市空间本身，而是随着产业空间的分散化，在中心城区及周边一定区域范围内分散式集中，形成产业和人口相对密集的“增长极区域”。中心城市区域空间逐渐具有空间功能的完整性，表现为中心城市区域作为一个相对完整的经济区域，内部城乡空间网络系统的结构和功能作用已经趋于完备。

从城乡空间协调角度，为实现区域空间发展的公平目标，增长极还应当发挥区域空间协调作用。因此，应将中心城区外围一定范围内的乡村地区也纳入西北地区中等城市“增长极”的空间范围，其意义如下：

（1）便于城乡空间联动

目前西北地区中等城市大多数小城镇和乡村产业集聚程度相当低下，在产业的选择上有较大的盲目性和局限性，产业发展的专业性不强，自身产业特点和比较优势不突出。随着市场经济的进一步深化，原来各种体制约束的逐渐减小，农村生产要素和产业正进行合理化转移，将距离中心城区较近的一部分具有相对较好经济实力和规模聚集能力的小城镇和乡村地区，纳入中心城市区域，形成统一的规模层次体系，能够破解城乡之间以及中心城区及周边一定范围内中心城区与小城镇之间的条块分割状态，使这一区域的小城镇、乡村能够也按照各自的空间禀赋吸纳和配置资源，有利于实现中心城区、小城镇、农村在整体层面的优势互补、空间联动发展，共同提高空间协调程度。

（2）提升空间协调效率

渭南在城乡统筹的阶段上，还远达不到产业、空间及设施一体化的高级阶段，因此“协调”是这一阶段城乡空间统筹的重点。从目前政府财力、市场开放程度、公众空间改造能力等多个参与人角度考虑，在市域范围内推行全面的空间优化并不现实，而采用重点突破的方式则更有效率。渭南城乡空间生长具有明显的圈层式特征，越靠近中心，总体发展水平越高，中心城市区域城乡关联相对紧密，成为落实城乡空间协调的优选区域。

（3）探索理想空间结构模式

在中心城区外围一定范围内保持密切的城乡联系，通过完备、共享的设施实现城乡关联，使城乡空间各种要素通过网络实现有序流转，就可以避免摊大饼式的空间增长模式，在缓解城乡空间两极分化的同时，避免大城市过度集中型空间发展模式和过度分散式空间发展模式。

（4）与城市规模稳定状态相对应，便于规划实施

大部分西北地区中等城市在2030年（正在完成或即将完成的城市总体规划编制中的规划期末）将实现城镇化率70%,人口流动在城乡之间初步达到动态平衡,也就是说，城市规模将达到相对稳定阶段。这时候，空间的生长重点将不再是城市空间向外围的拓展，而转向更新，在生长方式上由外延式增长转向内涵式增长。通过对未来城乡空间发展趋势的把握，将规划落实于中心城市区域，在中心城市区域进行（泛）“多规合一”的空间协调探索，就可以在规划实施时规避诸多“多规”协调难题。

6.2 城乡空间协调生长的结构模式

6.2.1 模式建构

中心城市区域城乡空间结构模式，是中心城市区域范围内城乡空间关联的空间组织形式，也是相关联系的城乡经济、社会和环境活动在中心城市区域范围内的总体表现。

6.2.1.1 整体模式

西北地区中等城市中心城市区域城乡空间结构模式，是城乡空间网络、城乡空间生长复合中枢和城乡空间单元三者耦合形成的空间结构（以下简称“网络—中枢—单元”结构）（图 6-1），是以中心城市区域中心城区、小城镇和新型农村社区空间生长复合中枢为核心，以交通、通信等线状基础设施为纽带，以空间生长复合中枢及其城市腹地或乡村地区所构成的城乡空间单元为基础，由点—线—面复合形成的网络状地域空间系统。

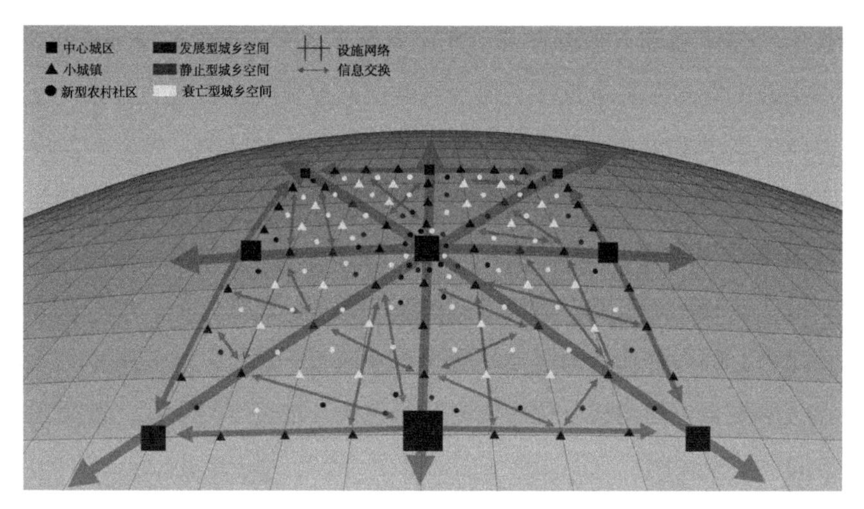

图 6-1 西北地区中等城市区域城乡空间结构模式图

城乡空间网络化发展是对过去城市空间过度集中、乡村空间过度分散的整合，同时也是对中心城市区域范围内缺乏关联的城乡空间的联结。

空间生长复合中枢是城乡空间发展的“增长极”，引导人口向城乡空间生长的重点地区进行集聚，以区域性基础设施建设调整空间区位，以适宜的就业岗位、城乡公共服务设施和多样化的住房、“美好”生态环境作为吸引物，使人口与空间进行双向匹配。

城乡空间单元旨在解决西北地区中等城市普遍存在的乡村人口过于分散的问题，根据以人为本和职住平衡等原则进行空间重构，塑造城乡等值的有活力的空间。城乡空间单元是一种模块化的空间单元，包含生产、生活和生态三大空间要素，因而能够就地就近实现职住平衡。城乡空间单元按照规模与服务范围分为中心城区、小城镇和新型农村社区三个层级。

6.2.1.2 城乡空间单元

从城乡空间的整体性和连续性出发，作为空间生长复合中枢的生长极和腹地共同形成的区域构成了中心城市区域城乡空间最基本的地域空间单元（图 6-2）。

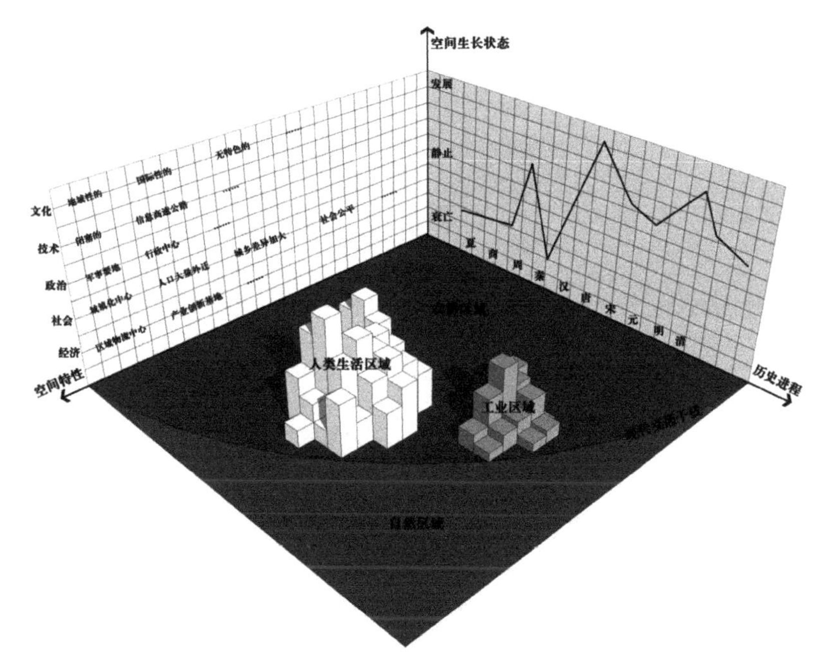

图 6-2　城乡空间单元的构成模式

6.2.1.3　空间生长复合中枢

空间生长复合中枢是中心城市区域城乡空间中对人口流动和迁移、空间的规模化和优化具有重要意义的部分，是城乡空间中的“生长极”。生产空间生长中枢的主要作用是为城乡人口提供适宜的就业岗位，包括就业规模和就业结构，提供城镇化的核心动力。生活空间生长中枢的主要作用是优化居住生活环境，包括标准化配置城乡公共服务设施和提供多样化的住房。生态空间生长中枢的主要作用是对生态网络中的节点进行重点优化，增强其生态服务、经济发展和社会服务功能，使美好生态环境成为吸引人口集聚的重要因素。

根据经济增长量的空间分布差异，可以区分生长极与腹地。在“中心城市区域”这一封闭的范围内依据比较优势原则进行城乡空间的区域分工，会形成中心城区、小城镇和新型农村社区三个层次的生长极，从空间属性上则可以进一步划分为生产空间、生活空间和生态空间三种类型。

中心城区生长极是市域中心，以中心城区城市建设用地为核心，腹地为市域范围内的小城镇与乡村。

小城镇生长极是中心城市区域内的小城镇，腹地为小城镇镇域及周边一定范围内的乡镇。

新型农村社区生长极是广大乡村地区经过空间整合后的乡村居民点，腹地为该村（行政村或自然村）所有土地对应的乡村空间。

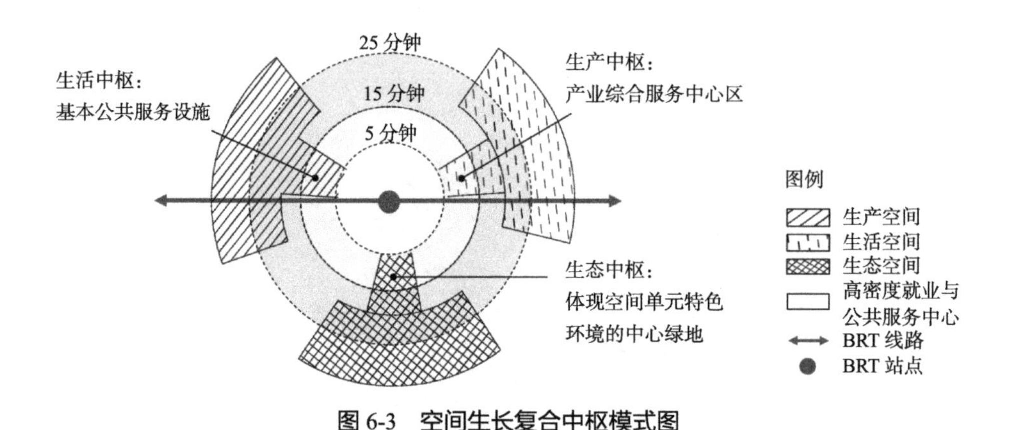

图 6-3 空间生长复合中枢模式图

6.2.1.4 城乡空间网络

城乡空间的联系网络包括由区域性交通设施和市政基础设施构成的基础设施网络，还包括由信息流、能量流构成的信息能量网络，由产业关联形成的产业网络，由文化传播形成的文化网络，三者共同构成了城乡空间的联系网络。其中区域性交通设施和市政基础设施为物质实体网络，信息能量网络、产业网络和文化网络为要素流动网络。

（1）物质实体网络

物质实体网络是指各个城乡空间单元之间通过设施网络进行大量的物质、能量、信息交换，以产业、交通设施、公共服务设施、市政基础设施为空间实体，是城乡空间联系的空间纽带。

（2）要素流动网络

要素的流动不仅是人口、物质、资金、信息和能量在空间系统中的传输方式，而且是形成人才交流、物质流通和资金融通等要素变量，以维持空间系统不断演变的重要手段。要素流动网络不仅仅是空间变化的过程，而且是城市与乡村空间本身变化的特征。

6.2.2 协调机制

6.2.2.1 城乡空间资源的重组

“网络—中枢—单元”结构具有多元、紧凑、平衡和弹性等特征，从空间结构上体现了公平—效率的价值诉求。

（1）使城乡空间生长具有多元性

不同区位的城乡空间都有自身资源与空间的优势和劣势，通过城乡分工与协作，在一定范围内优势互补，不仅可以使不同区位的城乡空间的优势得到充分的发挥，提升特定区域城乡空间利用效率，而且可以形成结构多层次、形式多样化的城乡空间，促进区域整体资源利用效率的提升（卡尔多—希克斯效率）。

（2）使城乡空间生长更加紧凑

引导人口与空间双向匹配，通过产业的规模化集聚提升城乡空间的生产效率（技术效率），通过设施在重点地区的规模化布局提升城乡生活空间的配置效率（技术效率）和公平性（过程公平、结果公平），通过减小生态斑块的破碎度提升城乡生态空间效率（技术效率）。在每个独立的城乡空间单元中，按照溢出效应的正负，划分出空间生长复合中枢与腹地，在空间协调初期，集中主要建设力量促进中枢的形成，腹地则通过对中枢的模仿和创新带动空间发展，生长更加有机（技术效率）。

（3）使城乡空间生长具有平衡性

网络是最具公平与效率特性的结构模式，通过联系网络将城乡空间单元纳入一个开放的空间生长系统，赋予不同城乡空间单元机会公平的竞争环境（过程公平），同时还能够使城乡空间单元的发展与所在区域大环境的发展紧密关联，并随着网络设施的完备、产业关联度的增强、要素流转的通畅、组织功能的不断完善，获得由网络结构带来的空间发展效率（卡尔多—希克斯效率）。

（4）使城乡空间生长具有弹性

从历史维度看，网络、中枢和单元都是城乡空间不同主体之间各种空间活动所形成的长期关系系统，总是处于不断的演进中，但结构模式所具有的整体性与灵活性，使保障每个城乡空间单元稳定地进行自身生长效率（技术效率）提升的同时，也能够情景化地应对外部环境的变化，在规模、结构、形态上通过一定的适应与转换，而减小对其他空间单元生长的不利影响，从而提升城乡空间的整体效率（卡尔多—希克斯效率）。

6.2.2.2 城乡空间利益的协同

"网络—中枢—单元"结构以共同的空间生长目标作为合作博弈的基本前提，基于城乡空间的"需求—生产"关系，以民众、政府和商业利益群体对空间生长的共同诉求为利益契合点，（泛）"多规合一"视域下中心城市区域规划为合作博弈的协议，对城乡空间生长进行协调。

（1）协调人口、就业与环境的关系

城乡空间生长的效率、规模和结构，主要取决于城乡区域的分工体系。城乡空间生长中枢及周边区域能够提供适宜的就业岗位，引导人口集聚，实现空间的高效、复合、集约化利用，就可以降低对西北地区原本脆弱的生态环境的影响。

（2）引导和约束空间的开发

在市场经济体制下，通过城市规划对城乡空间开发进行引导和约束，是政府的重要职责。城乡空间生长模式的调整，是对城乡经济增长效益的结构在空间上的再分配，通过政策倾斜对城乡要素流动进行干预，以行政和经济手段引导人口集中于适宜开发的区域，可以减小禁止开发和限制开发区域的管理难度。

对于不同的城乡空间单元，也可利用空间结构的调整带来的资源配置倾斜，以及政府设定的生长战略的预先安排，进行空间生长“公平”与“效率”的顺序调整，平衡不同城乡空间单元博弈参与人的利益，尤其是给予乡村等空间生长相对缓慢地区居民相同的发展机会，使其能够享受到经济增长带来的各种效益。

（3）解决先行投资匮乏问题，提供空间生长动力

特定地域的开发中，商业利益群体之间往往存在着激烈而互动变化的博弈选择。投资风险和利益权衡常常会导致开发企业均采取等待策略，一致放弃率先投资的选择，出现先行投资匮乏问题。以城市规划为空间协调的协议，公共部门先期进行公共开发，可以消除市场风险，带动市场资金的跟随。

在空间利益巨大的城市中心，往往存在过多的企业进行激烈争夺，而特定区域的空间资源总是有限的，将“中心”的范围扩大，使城市中心区域存在多个空间利益巨大的“中心”，可分散企业对特定区域空间利益的争夺，避免商业利益群体整体的收益丧失和亏损。

（4）优化政府公共物品供给结构

公共物品因缺乏投资效益，是市场失灵的典型领域，而政府的主要职能之一就是提供必要城乡公共物品促进城乡发展。政府将有限的投入均匀地分散到量大面广的乡村地区，是不具有规模效益的；而根据城乡空间的集聚规模，集中公共物品的投放，有利于提升政府公共物品供给的公平与效率。

（5）引导商业利益群体进行理性的空间再生产

商业利益群体在建设城乡空间和提供就业方面为城乡发展带来了很大的正外部性，但是与空间生长不协调的建设也产生了一定的负外部性。因此，通过土地的供应，合理引导商业利益群体在特定区域进行空间建设，可扩大空间生长的正外部性，增加公

平性，消减负外部性。另一方面，也可将公共用地与非公共用地进行捆绑开发，通过PPP、BT等公共基础设施的项目融资模式，使西北地区中等城市各级政府有限的财政发挥更大的社会效应。

6.3 城乡空间网络的协调机制

网络是地域空间的联系脉络，联系空间生长复合中枢的通道和纽带，是城乡空间协调的地域关联通道，是各种物质和非物质的关联系统。关联通道为沟通城乡空间不同主体（民众、政府、商业利益群体）活动的各种路线和途径，包括交通联系、通信联系、商品流通、人才流动、资金融通等。城乡空间的相互作用则为不同城乡空间单元之间的物流、信息流、技术流、人流和资金流等空间要素的流动。在网络的作用下，城乡空间节点的作用不仅取决于它的等级、规模和经济职能，还取决于它作为复合网络联结点的作用。城乡空间网络的整体协调机制体现为：

（1）联结城乡空间

目前西北地区中等城市不同乡村空间之间、城市与乡村空间之间的空间联系并不紧密，基础设施网络化将有利于形成沟通城乡关联的渠道，通过城乡空间的联结促进城乡社会经济要素的流动。

（2）提供设施共享网络

西北地区中等城市现状基础设施水平不高，有的城市广大乡村地区甚至连基本的排水设施都不健全，小城镇不具备独立建设部分基础设施的人口规模和经济实力，因此在中心城市区域共建共享区域性大型公共基础设施，可以促进小城镇和乡村地区的空间发展水平，使设施资源的利用更加高效，从福利性设施的提供上进一步平衡了城乡空间发展。

6.3.1 经济网络

城乡空间协调的效率在生产空间上体现为产业空间的分工与协作上，经济网络是经济发展过程中城乡之间的专业化分工与协作的必然结果，引导城乡之间生产要素双向流动通道的建立，对强化西北地区中等城市城乡之间产业关联，打破城乡闭锁，具有重要意义。

经济网络的形成，可以打破城市和乡村由于地域和行政隶属关系、产业发展规模等因素导致的产业发展限制，更加合理地配置资源和优化经济结构，进一步提升城乡资源和技术的利用效率，引导城乡之间经济的横向联系，并形成城乡统一的市场。具体来说，经济网络对西北地区中等城市中心城市区域空间生长的协调作用体现在以下三个方面：

（1）作为生产空间联系的“通道”

城乡经济网络是各种生产要素的流动形成的网络，城乡空间在产品生产的过程中，通过产业链加强产业之间的关联，通过各种要素“流”实现空间的改变。

城乡经济联系往往依托于交织成网的各种线状基础设施，如铁路网、公路网、供电网、通信网等，这些基础设施本身即为城乡空间的组成部分，这些“通道”的建设，能够改善城乡空间单元的区位条件、建设基础，为这一区域优化外部环境，从而成为城乡空间结构转型和协调发展的动力。

（2）作为城乡产业关联的“系统”

城乡联动的经济网络的系统性体现在城乡各产业之间存着规则的联系，体现为一定的秩序性，是城乡产业关联全面、系统强化的过程。工农分割、城乡分治是二元经济结构的典型特征，产业关联可以促进城乡空间协调生长，强化中心城市区域城乡产业的整体性和开放性特征。

推进西北地区中等城市区域的城乡产业融合，促进主要经济功能沿产业链延伸，并刺激相关功能的发展，可通过城乡不同产业依据其前向、后向和旁侧关联关系，形成产业链，并在空间上集聚于不同的产业区，从而促进城乡空间协调生长。城乡产业关联包括三次产业内部上下游产业的依赖关系，也包括三次产业之间的联系关系。

城乡产业关联还包括三次产业之间的两两关联，重点促进工业和农业由平行发展向工农业互相协调、城乡互相协调发展转变，同时促进第三产业向农业、工业的渗透。

（3）作为生产空间的“组织”

1）形成生产空间“组织”的必要性

在城市，企业的活动通常是直接导致生产空间变化的原因，商业利益群体是生产空间的组织者。但对于西北地区中等城市落后的乡村地区，农业生产往往多以个体的方式进行，因而难以对市场需求信息进行全面把握，同时难以提供外部市场所需的规模化、高品质产品。在乡村地区乡绅阶层逐渐消失、有文化有见识的年轻人外流后，西北地区中等城市的乡村地区生产空间的生长迫切需要一个强有力的空间协调主体，成为乡村地区经济网络联系的主要管理和运作机构，对碎片化、空心化、低效率的乡村生产空间进行整理和高效利用。这一主体应当对市场需求有较为深入的了解，引导这一区域农业产业化；同时能以代表的身份与政府等其他博弈参与人进行对接，减少谈判成本，以力量对等的面貌进行空间利益的博弈。在乡村地区，空间协调主体的主要任务是组织农业生产和整理生活空间。

2）生产空间“组织”的类型

在乡村空间整理和高效利用上，难点在于土地分散于各个农户，生产什么、销路如何均由农民个体决定，农业难以形成规模化，农业现代化也难以推进，是低效的农业组织方式。不同乡镇可以根据自身的产业特点和龙头企业、农民专业合作社发育情况，因地制宜地采用以下模式之一进行经济网络的组织：

龙头企业＋社区＋农户模式：由地方龙头企业牵头组织农民，农民将土地入股到龙头企业，并由龙头企业进行统一整理。在生产空间的利用上，强化一种或几种特色农产品的规模化，或在此基础上形成更加综合的生态循环产业链。生产空间以农业生产为主，企业根据土壤的特性进行分类利用，发挥土地的最大效应。

农民专业合作社＋社区＋农户模式：由农民专业合作社牵头组织农民，农民将土地入股到合作社，并由合作社进行统一整理。农民专业合作社与龙头企业之间签订合同，由龙头企业提供技术，提供生产资料（如种子、化肥、灌溉机械等），并统一收购农业产品，进行经营销售。与龙头企业相似，农民专业合作社负责组织生产和生活空间的建设。在社区的管理上，居住区改造完成后由住户选举的村委会或社区管委会进行管理。这一模式的主要缺陷在于农民专业合作社是本乡农民（甚至是本村的农民）组织起来的，规模小，底子薄，市场开拓能力有限，因此得不到农民足够的认可。加之，农民专业合作社如果缺少与农民企业的合作，在市场中难以有大的作为，因此可以走联社经营道路，进一步拓宽销售市场，增强农民对联社的信任。

社区指导下的农民自营模式：生产空间仍由农民自主进行优化，但社区对接外部市场需求信息，指导农户进行种植、养殖品种的选择。农业生产由各户自行负责，社区则组织专业的运输队，帮助农民将农产品运往农贸市场进行销售。或者将这一区域改造为旅游点，引导农民办农家乐或组织妇女制作手工艺品。这一模式的主要缺陷在于虽然能够对农业生产进行服务和指导，但社区毕竟不是经济实体，农户在进行农业生产时随机性很高，不如订单农业的组织方式那样能够直接、准确、点对点地组织农业生产，同时，由于缺乏统一的生产和销售契约，农户之间的竞争相当激烈，变相削价，无形之中减少了每个农户的销售收入。

社区指导下的农民集体经营模式：在市县政府或乡镇政府的主持下，帮助农民集体创新，如全部或大部分农村劳动力从事工业、建筑业、物流业的工作。生产由农民组织的公司和民选的公司董事会负责经营管理，生活则由社区统筹安排，社区管委会负责人同样也由民选产生。

3）渭南生产空间组织模式的比较与选择

渭南乡村地区大多尚处于农民专业合作社刚起步阶段，缺少大型农业龙头企业。社区指导模式在生活空间的整理上需要乡镇较有较强的经济实力，在空间整理产生经济效益之前，进行经济补助，除了部分以能源为主的乡镇，渭南绝大部分乡镇财政吃紧，普遍缺乏这样的经济实力进行规模化生活空间的整体改造，但是对于具有一定经济基础的乡镇，可以进行类似的尝试。社区指导模式对生产的组织方式适合于中心城市区域外部组织模式更加初级的农业地区进行尝试。

6.3.2 社会网络

6.3.2.1 城乡人口流动网络

乡村人口向城市集聚是城镇化的普遍规律，优化人口布局、推动人口合理分布是西北地区中等城市实现空间协调的基础。城镇化路径的选择是调整城乡关系的重要手段，就地城镇化是西北地区中等城市人口转移的适宜性路径。

（1）就地城镇化是渭南城镇化的必然选择

人口城镇化是农村人口变成城镇人口的过程，但在区域层面，渭南存在着明显的跨区域、跨城异地城镇化，尤其以西安强大的区域发展中心极化作用导致大量农村剩余劳动力向西安转移最为典型，减缓了渭南本地工业化进程。这部分农村剩余劳动力实际处于半城镇化状态，过量劳动力的外流，推进了西安等迁入地的经济发展，但也造成了迁入地资源环境的过度消耗，另一方面使迁出地渭南出现“空巢”现象，城镇化发展动力不足引发新的社会问题。

引导农村剩余劳动力回归，促进就地城镇化，不但能够缓解西安等特大城市的资源环境问题，还可以成为当前和今后一个时期推进渭南经济增长的新引擎。以市域重点城乡空间集聚区为依托，通过产城融合、城镇体系和城乡居民点体系空间布局调整，可进一步发挥城乡空间关联的结构动力，提升空间公平与效率。

（2）中心城市极化给渭南城乡空间协调带来一系列公平与效率问题

随着工业化和城镇化进程的快速推进，渭南中心城市区域作为区域发展极核迅速扩展，在促进经济社会发展提升空间效率的同时也带来了区域差异拉大、城乡空间失衡等一系列公平性问题。“核心—外围”发展模式强调空间极化，有可能会导致更加严重的空间公平问题，因此，在保障空间效率的同时，应发挥小城镇和乡村地区的空间优势，将城乡空间极化中心进行理性延展，实现多点多极发展，改变资源在主城区过度集中的现象，赋予广大乡村地区更多发展机会，保障乡村地区空间发展的公平与效率。

（3）渭南中心城市区域就地城镇化的多样化模式

形成城乡协调的人口流动网络，主要有就业引导、服务设施引导和环境引导三大措施，政府可通过不同地区适宜的就业岗位提供、旧城改造和高新技术园区的综合性功能组团建设、城乡空间环境优化等措施，均可以引导城乡人口流动，达到疏解老城区高密度人口、增加产业园区人口、提升村镇人口集中度的目的。在不同区域则有不同的就地城镇化模式，分别是：

吸引型就地城镇化：为避免小城镇之间的盲目竞争和产业园区遍地开花式发展，集中力量增强中心城市区域对周边地区的辐射能力，提高渭南中心城市在区域城镇体系中的地位，使中心城市成为就地城镇化的吸引中心。

服务型就地城镇化：按照多样化发展思路，集中力量发展渭南市条件相对较好的城镇，形成对中心城市的有力支撑和对新型农村社区的辐射。

改善型就地城镇化：对乡村居民点进行整合，为乡村空间提供更优质的公共服务，改善其生活、生产和生态空间环境，在城乡整体层面提升空间公平。

6.3.2.2 城乡文化交流网络

（1）文化差异决定了城乡协调的必然性

城乡文化差异是指城乡文化在物质文化沉淀、精神文化信仰、行为风俗表现及制度体制设计等方面表现出的迥然不同的文化现象，从而导致了城乡间在经济、社会和生态等各方面的差异。正是城乡文化的差异，既为传统文化的传承保留了原生的土壤，又为文化的现代创新提供了可能，保障了文化的多样性；城乡文化的差异存在精神和物质等各个层面，催生了城乡地域性的风貌差异，从而在现代“好奇经济”的驱动下，引发了城乡文化体验的互动；城乡文化的差异，也造成了城乡经济、社会、生活等各方面的差异，为过去、现在、未来不同人群的双向选择创造了可能，从而促进了发展要素的双向流动，形成了城乡文化交流网络。

1）文化差异激活了文化生态多样性

城市文化代表着工业文明，表现为效率、现代、科技、时尚、整体划一和巨大尺度，乡村文化代表着农业文化，表现为舒缓、悠闲、原生、生态、师法自然和小巧玲珑，城市文化和乡村文化是目前人类世界的两种文明状态，存在着差异性。黄瓴（2010）提出了文化的“发展阶梯观、积淀观、生态观、兼容观和价值观”[①]，其中文化的生态

① 黄瓴．城市空间文化结构研究——以西南地域城市为例 [D]．重庆：重庆大学，2010：97-101．

观是指在某一空间同一时间内，各种文化物种、文化单体、种群及群落之间，如同生态体系一样，存在着竞争与共生关系。从生态系统的角度看，生物多样性是其系统稳定和繁荣的关键，同理，文化生态系统的多样性也是各种文化在竞争与共生中传承、创新的关键所在。此外，从城乡文化的产生和发展来看，乡村文化是经过长时间人类社会与自然环境的相互作用，形成的独特文化现象，可以称之为自然养育的产物，而城市文化则是人类改造自然，人类科学技术的集中体现，可以称之为改造自然的产物，因而乡村文化与城市文化是养与造的关系，养和造代表了人类面对大自然的两种截然不同的态度，也是文化多样性的一种体现。

2）文化差异引发了文化体验性互动

在当下经济社会发展背景下，体验经济已经成为经济发展的重要一极，体验消费的关键在于“体验”，体验的冲动在于“差异”，从这一角度来看，城乡文化的发展造成了城乡生产和生活方式的迥异。而生产生活方式的不同，也造就了乡村朴拙、原生态、自然、本色的乡村风貌，体现了人与自然须臾不离的亲近性。而城市现代、大气、科技感的城市风貌，整体景观是一种人工的雕琢性，充满人为的规划感、设计感，充满技术性，充满人与自然的疏离感。正是上述的种种差异，才真正引起城乡居民的双向互动体验，城市居民对于乡村环境的“乡愁”正是如此。

3）文化差异促进了发展要素双向流动

城市文化代表工业文明和现代文明，农村文化则代表农业文明和传统文明。在过去数十年至今，依然是以经济建设为中心的历史进程中，城市文化是强势文化，乡村文化是弱势文化，在两者之间存在着“文化势差”，这种文化势差造成了城镇化的强势动力，也形成了今天的乡村体验旅游的如火如荼。这两种文化代表不同的文化取向、生活方式、价值观念、思维方式、时间取向、社会规范等，在交流与碰撞中，会造成两种结果，其一是强势文化同化、分异乡村文化，直到另一种文化消失，这也就是过去几十年来，乡村快速消失，城市迅速膨胀的根本原因；其二是弱势文化逐步成长，成为与强势文化并驾齐驱的文化资源。从这一角度看，经过几十年的中国城镇化的高速发展，西北地区大量乡村消亡，具有特色的乡村也所剩无几，但从市场经济来看，尤其是随着旅游市场的迅速崛起，物以稀为贵，所剩无几的乡村已经演变为稀缺性旅游资源，成为一种救治城市病的重要良剂，逐步将乡村文化推向和城市文化并驾齐驱的文化形态。显然，无论是从保护传统文化、保护自然生态环境，还是从推进经济发展，推动人类社会进步的角度看，第二种文化互动交融的方式都是一种更符合历史潮流和时代进步的必然过程。而这种过程的结果会形成城市和乡村的动态平衡，也会带来大量城市与乡村在自然资源、文化产品、人力资源等各方面的流通。而这种流通表现在空间上，形成了由城市到乡村、由乡村到城市的文化交流网络，同时也需要依托于区域性的交通道路、交通设施、市政管线、设施、环境设施、公共服务设施的城乡均等化布局、连通，而正是这种流通、连通真正刺激、促进了城乡的高效协调。

（2）文化差异对城乡空间协调生长的影响

城乡文化差异主要通过物质、精神、行为和制度等四个层面的作用影响西北地区中等城市城乡空间协调生长（表6-1）。

物质层面：差异化的城乡文化作为资源与生产要素，一方面通过文化产业、休闲产业发展等相关产业的发展，改变城乡空间的利用方式，另一方面通过融入文化设施体系建设，改变城乡居民对城乡空间的使用方式。

精神层面：城乡文化通过统筹城乡的观念体系，改变现状城市空间的蔓延式增长以及对乡村空间的侵占，改变乡村空间日趋破碎化、空心化的利用方式，进而影响城乡空间的发展模式。

行为层面：由于城乡之间的双向流通，城市市民对生活品质、交际需求及办公联通、审美观念方面的诉求，刺激乡村在保持原有乡村风貌的前提下，改善居住的内部设施及基础设施，也努力保持原生态体验，吸引城市市民的乡村体验旅游；而乡村局面原有的社会风尚、民风民俗、宗族观念、交往方式也随着城镇化的历程和由村民到市民的过程，演变成为城市生活的一部分，在城市的功能布局、文化建设等各个方面都会有所体现。

制度层面：协调城乡文化发展的公共政策，通过中心城市区域文化产业、文化设施的空间配置等手段，调控城乡空间发展。

我国城乡二元结构在文化上的表现　　表6-1

表现方面	城市	农村
物质文化	建筑风格上，城市高楼林立，规模宏大；交通体系健全，与外界通达度高；基础设施完备，居民生活便利；商业活动频繁，市场发育完善；服饰和饮食文化表现为现代和多元的特征	乡村建筑多为独门独院，房屋低矮，村落布局分散；交通不便，与外界通达度低；基础设施简陋，农民生活极不方便；农业生产为主体，市场发展较差；服饰和饮食文化较传统单一
制度文化	国家经济制度高度向城市倾斜，法律制度、户籍制度、劳动就业制度、社会保障制度、教育制度等一系列制度在城市逐一实施。城市居民的社会结构是由职业、职称、文化水平等因素决定的，社会行为受法律法规、规章制度及公共道德约束	资金缺乏，人地矛盾逐渐增大；各种经济制度、教育制度、社会保障制度不健全，社会结构呈家庭式，有既定的谱系和辈分，宗族和其他约定俗成的非正式制度对其行为有较大影响，传统伦理习惯规范影响较大

续表

表现方面	城市	农村
精神文化	城市人口流动频繁，交往面大，人多注重个人的价值和人格尊严。血缘宗族的关系淡漠，民主和独立意识强烈。文化特质多具理性化，大众艺术活跃，流行时尚多变	乡村人口流动较少，交往范围狭窄，个体意识较弱，血缘关系和地缘关系浓厚，姓氏具有很强的凝聚力和向心力。乡村的文化特质多具感性化、传统性，宗族习俗观念重。艺术形式带有浓厚的乡土气息

资料来源：兰勇，陈忠祥. 论我国城市化过程中的城乡文化整合 [J]. 人文地理，2006，(6)：39，45-48.

近年来，渭南城乡文化旅游产品逐渐多样化，渭南中心城市周边广阔且交通便利的发展腹地可承担部分新生的文体旅游职能，满足城市居民城郊生态休闲活动需求。不少文化资源来自乡村地区，它的乡土气息正好满足城市旅游者对家园的精神渴望，对文化资源进行系统开发，形成城乡文化交流网络，使城乡居民的文化观念转变成为城乡空间协调的内在因素，使文化空间成为促进城乡空间生长复合中枢的重要组成部分。

6.3.3 生态网络

城乡生态网络是生态廊道及其所连接的生态斑块形成的网络化空间系统，生态网络对城乡空间协调生长的作用主要通过经济、社会和环境三大效益体现。

（1）城乡生态网络的生态服务功能

城乡生态网络将城乡空间中零散的绿地斑块进行连接，形成具有特定生态功能的有机体，维护了生物多样性，促进生态系统过程的完整，保障城乡生态安全，从而实现它的生态服务功能。城乡生态网络有效地连接了城市空间与乡村空间，以及城乡之间的诸多河流、风景区、森林公园，形成自然的、半自然的和人工化的绿地斑块相结合的生态联结体，保护了这一区域的生物多样性，并在生态环境保护中发挥了积极作用。

（2）城乡生态网络的经济发展功能

城乡生态网络的经济发展功能，一方面指生态网络为相邻区域带来的产业发展机会，另一方面是指生态功能的产业化和复合化。紧邻城乡生态网络的地区，因具有优越的生态环境和景观环境，表现出比其他地区更高的空间价值。生态功能的产业化和复合化主要包括农林复合系统和林渔复合系统，并鼓励农业旅游和生态型功能性项目的结合。产业化能够增加生态网络区域的城乡居民收入。

（3）城乡生态网络的社会服务功能

城乡生态网络可满足城乡居民日益增长的审美和休闲需求，“美好”的城乡空间逐渐成为城乡重要的文化与休闲游憩空间，是城乡空间吸引力与环境特色的重要展示空间，是就地就近城镇化的环境保障。

6.3.4 基础设施网络

传统研究较为注重物质性交通网络对城乡空间体系的影响，目前已向具有非传统物质特征的通信技术等新交通因素研究进行转向，交通运输设施网络和信息基础设施网络在城乡空间生长中均扮演着重要的角色。

6.3.4.1 交通运输设施网络

交通运输网络是最基础性的城乡经济网络，是城乡空间的骨架，是城市要素向乡村地区扩散的一种方式，同时又是城乡空间其他功能的纽带，完善的交通网络可促进城乡资源的双向流动。中心城市区域的交通运输网络是连接中心城区与外围小城镇、新型农村社区的现代运输线的组合。

（1）交通运输网络作为城乡聚落的空间联系通道

交通是不同城乡聚落之间的联系通道。从聚落的空间分布看，城市聚落具有集中性、连续性的优点，便于交通联系；乡村聚落则表现出分散性、分割性的缺点，且越是离中心城市远的乡村，弱势越明显。运用交通引导机制，将交通网络作为城乡聚落的空间联系通道，则可以减小城乡之间的时空距离。

城乡快速交通网络：优化中心城市区域与外围小城镇、新型农村社区的关系，重点改变中心城市与周边小城镇、乡村的空间关系。

乡村内部交通网络：削弱由于自然环境、历史文化等原因造成的乡村地域分隔，为城乡空间的整合、乡村自身资源配置与经济发展提供前提。

（2）交通运输网络作为城乡生产空间的经济联系通道

交通网络作为经济联系通道，可以改变区域生产力布局，尤其是依托城乡快速干道形成的经济联系主通道，沿线可形成新的经济增长点，构成通道产业密集带，在产业上实现产业结构的调整与升级，在空间上通过生产空间的集聚吸引人口的集聚，从而改变城乡空间布局与结构。交通网络作为运输通道，可推动城乡要素、资源与信息在一定范围内合理流动与有效利用，尤其是高等级的交通线路所形成的交通走廊，可以促进中心城区高端产业发展对区域内产业发展“低谷”地区的辐射，推动乡村地区工业化和农业产业化，促进人口向小城镇和中心城区大量流动和转移，加快生产空间的整合。

（3）交通运输网络作为城乡生活空间的社会联系通道

随着新型交通网络的出现、综合运输体系的形成，交通运输网络得到优化、通达性得到提高，城乡之间对外开放的开放扩大，城乡生产生活联系更加密切、快速，为城乡居民远距离就业提供了便利条件，而文化的传播则可以改善乡村居民生活消费行为。

（4）渭南中心城市区域的交通引导机制

渭南中心城市区域的交通引导的重点在于构建连接市、县（区）的高速公路网，加强中心城市与小城镇的对外联系。通过各级道路连通市域所有的镇与中心村，各镇之间以县道及以上级别道路连接，各村之间以乡道及以上道路连接。渭南市中心城市区域公路网骨架运输通道的建设包括主骨架与次骨架。

主骨架：包括高速公路网和国道系统。为减少对城市交通的干扰，国道经过中心城区部分应考虑从城区外部进行改线绕行，并串接多个小城镇。

次骨架：联系市域重点镇和交通节点的公路，也起到比较重要的交通功能。应提升为二级或以上公路，并串接多个小城镇及主要的新型农村社区。

公共交通是支撑中心城区外围新型农村社区发展的关键因素，公交网络的完善可以使中心城区与外围乡村空间的关系更为紧凑和有机。通过大力发展公共网络系统，将城市中心和外围社区紧密联系，将基本公共服务设施（商业、金融、文化、医疗、教育等）集中布置在公交网络节点的方法，可以使城乡空间结构更加紧凑。

注重旅游通道建设，可以将市域主要的自然资源和文化资源进行串接，扩大中心城区文化休闲空间的范围。

6.3.4.2 信息基础设施网络

信息基础设施网络的形成对城乡空间格局带来了根本性变化，主要表现在：

（1）扩大了空间共享的内容和范围

信息共享使城乡经济活动主体在分享信息资源的过程中几乎不受空间地理位置的约束，因此原有的一部分活动可不再依托长距离交通来实现。

（2）减少了信息延滞

网络不但能够传递和交换信息，还可以采集和加工处理信息，甚至可以从事各种经济、社会和娱乐活动。网络连接面广、传输速度快、搜集效率高，因此可以将单位时间内获取信息的延滞减少到最低，而城乡经济、社会和生态活动受时间的约束将极大地缩小。

（3）创新网络空间，为虚拟现实提供舞台

网络把政府、企业和个人连成一体，不仅使各类城乡活动和交流不再受时间和空间的限制，而且产生了多样化的虚拟现实和观念商业，拓展了城乡空间。

6.4 空间生长复合中枢的协调机制

经济增长不会同时出现在所有地方，而是以不同的强度首先出现在“增长极”上。具有创新能力的企业形成增长极后，在特定的产业中逐渐占据支配地位，在其经济聚集效应的影响下，更多相关企业汇聚于此，从而构筑主导型的产业群，并进一步成为更具宏观意义的区域性增长极，促进周边地区的共同发展。因此，创新性产业和就业人口的空间集聚是经济发展的必由路径，是生长中枢向外围进行空间传导的必由路径。空间生长复合中枢的整体协调机制体现为：

（1）作为城乡空间网络与城乡空间单元的“铰接点”

空间生长复合中枢本身也是城乡空间网络中的节点，在与城乡空间单元发生作用时，复合、清晰、高效的中枢有利于特定区域空间的有机扩张，所涉及的区域由于具有良好的公交交通系统、完备的基础设施干网、完善的公共服务设施，便可快速有效围绕中枢进行生长，这为中心城市区域的小城镇和乡村地区提供了强大的外部生长机遇，对促进城乡空间结构调整和城乡就业与社会公平，都具有积极作用。

（2）作为城乡空间要素集聚与扩散的“集结点”

生产要素和生活要素在城乡市场之间进行流通，存在多个交易与转换过程，如城市工业品流向农村、农村的农副产品流入城市，通常无法由中心城区直接流向市域边远的农村地区，而需要通过多个层次的对流来实现，空间生长复合中枢是城乡空间单元中大量城乡交往活动的集结点，这些集结点是空间上具有一定区位优势、生产优势、物流优势的空间节点。

在城乡要素流通过程中，工业企业、农业龙头企业等流通主体成为从事流通活动的经济组织，它们的活动在一定空间上进行集聚，以便于生产资源、产品和信息的交换，这一空间就成为城乡空间要素集聚与扩散的“集结点”。

（3）作为空间利益博弈的“契合点”

从产生的根源来看，渭南中心城市区域空间生长复合中枢可以有以下三种类型。

市场自发形成的复合中枢：自由市场竞争过程中自然选择形成的产业竞争优势，吸引相关产业在空间上集聚形成的生产空间生长中枢，是以商业利益群体为博弈主体形成的中枢。

政府调控构筑的复合中枢：通过政府宏观调控，引导特定类型的产业在空间上集聚，或是通过一定类型的公共服务设施或市政基础设施等公益性设施在空间上的建设，形成对某些特定区域的发展促进，是以政府为博弈主体形成的空间生长极。

混合型复合中枢：融合前面两种类型优点，以公众需求为出发点，同时发挥商业利益群体和政府两大主体优势所形成的复合中枢。目前绝大多数空间生长极虽然在市场竞争与政府调控之间有所侧重，但均受两者影响，因此都属于该类型，包括中心城区空间围绕高新技术设立的开发区、围绕旧城更新设立的棚户区改造项目、围绕城市空间品质提升设立的绿地广场建设项目，小城镇围绕特色产业设立的产业功能区、围绕吸纳中高端人才设立的品质化住区、围绕生态环境提升设立的水系改造项目，新型农村社区围绕观光农业发展设立的农业旅游区、围绕旧村改造设立的标准化居住区、围绕村落环境提升优化的各种开放空间节点等。

6.4.1 生产空间生长中枢

6.4.1.1 以城乡产业关联为原则，形成专业化生产空间

在渭南中心城市，要重点发展附加值高的高新技术产业和就业容量大的劳动密集型产业，并坚持以高新技术和先进实用技术改造传统产业。发展电子及通信设备制造、交通运输设备制造等机械制造业，以及医药化工、环保、新材料等新兴主导产业。在提升餐饮服务、商贸流通、邮电通信等传统服务业的同时，进一步扶持地方文化传媒、物流服务、远程教育、旅游休闲等新兴服务业，提高第三产业比重，提供多样化的就业岗位。

在小城镇，要依据农业、交通、加工等资源特色，发展相应的特色产业，增强产业集聚能力，吸引农业产业化的龙头企业在镇区进行产业发展，向上主动接纳周边大城市和渭南中心城市的产业转移，向下为农业和农民提供各种配套服务，针对区域的农民技术特点，发展相应的服务业，引导城镇化。

从城乡产业分工上，农业是乡村产业体系中最具效率的产业类型。从消费者到流通者再到生产者，市场需求已通过互联网开始指导农民进行生产类型的选择，倒逼“精细农业”形成。乡村可以根据不同的自然环境、区位特征与产业基础，形成“一村一品”的优势产业类型，通过规模化、专业化提升村民的收入水平。同时，大力发展农产品电子商务，根据市场需求对农产品进行加工，深化第二产业发展，与农产品销售、电商物流等第三产业相结合，共同形成一、二、三产融合的大农业体系。“在乡村形成成链条、成体系的农户的家庭经营+‘工业’式标准服务+个性化三产服务的新产业体系，真正实现一、二、三产业在乡村地域的有机融合，从而彻底改变传统农业低效、低收

益的局面，形成‘接二连三’的新型乡村产业大格局，实现富裕乡村的目标”[①]。

6.4.1.2 以就业为主要带动力，实现人口的空间集聚

从西北地区中等城市产业发展的现实水平与未来的可能性看，劳动密集型产业能够一定程度上与西北地区中等城市的自然资源、劳动力、资金以及科技发展水平相适应，能提供大量的就业岗位，且劳动密集型产业的存在本身具有广泛性，在三次产业与多种所有制中均有涉及，在空间上能够同时覆盖城乡两大地域，因此可以作为西北地区中等城市区域生产空间生长中枢的重要产业选择（表 6-2）。

劳动密集型产业的重点领域　表 6-2

产业类型	重点领域
劳动密集型农业	大力发展畜牧业； 发展具有独特优势的农产品加工业； 积极推进现代农业示范园建设
劳动密集型制造业	发展装配业； 发展与高新技术产业配套的劳动密集型产业； 充分发挥高新技术产业的扩散效应，带动相关联的劳动密集型产业的发展壮大
劳动密集型加工业	加快发展食品加工业； 大力发展加工制造业； 努力培植劳动密集型加工业的产业集群
劳动密集型服务业	发展商贸物流服务业； 发展旅游业； 发展金融保险业； 培育新兴行业

资料来源：根据喻新安，刘道兴．新型农村社区建设探析 [M]．北京：社会科学文献出版社，2013：192-196．总结

6.4.1.3 建立与城乡资源基础和规模效应相匹配的产业分工体系，形成城乡各有特色的生产空间生长中枢

（1）中心城区：产业龙头

针对渭南产业发展存在的动力不足的现实情况，在渭南中心城市集聚主要的二、三产业，依托科教、区位优势，“发展现代医药、精细化工、设备制造等高新技术产业和高附加值传统产业，成为全市高新技术产业的龙头、先进制造业的基地，同时发展现代服务业，强化关中东部商贸物流、金融、文化、休憩中心的功能。周边小城镇结合资源现状选择中心城市某一产业的向前、向后或旁侧产业关联，走专业化道路，形成生产力的空间梯度”[②]。

① 申明锐，张京祥．新型城镇化背景下的中国乡村转型与复兴 [J]．城市规划，2015，39（1）：30-34，63．

② 程芳欣，张沛，田涛．西北中等城市城乡空间协调生长机制研究 [J]．规划师，2016（1）：70-75．

（2）小城镇：疏解城市产业，产业强镇

西北地区中等城市周边的小城镇对城镇化人口普遍缺乏吸引力，因此可在中心城区，通过适当的劳动密集型产业吸引一部分城镇化人口。在小城镇，通过二、三产业园的发展以及城郊型生活性服务业中心的建设，吸引乡村居民定居，使其成为拉动乡村城镇化的重要载体之一。

（3）新型农业社区：农业专业化生产基地

渭南市临渭区经过多年的“一镇一品”发展，已形成若干特色化农产品，如临渭区的冬枣、核桃、西瓜、甜瓜，华州区的草莓、芦荟、山药、蘑菇等，新型农村社区应当成为某类商品农产品的集中生产区。

6.4.1.4 以园区为龙头、以基地为支撑，形成生产空间生长中枢向外围空间的辐射

在产业布局上，以核心＋外围的模式，构建以园区为龙头、基地为支撑的产业协作区布局模式。产业协作区采用主导园区和产业协作与配套基地相互协作、相互支撑的产业体系，在广域内实现产业链的组织，克服单一地区整体产业链难以组织的困境，在市域的范围内优化产业布局结构。在渭南中心城市区域布局各个产业协作区的主导园区，在市域层面形成不同地区分工与协作的产业体系。

渭南市市域整体可形成渭南高新技术开发协作区、渭南经济技术开发协作区等五大“主导园区—产业协作与配套基地”（表 6-3）。

渭南产业协作区构成 表 6-3

序号	产业协作区	主导园区（龙头）	产业协作与配套基地（支撑）	重点产业类型
1	渭南高新技术开发协作区	渭南高新技术开发区	华县工业园、潼关黄金工业园区、华阴华山医药产业园和华阴罗敷工业项目区	机械工业、电子工业、医药制造、精细化工、新材料、农副产品加工等
2	渭南经济技术开发协作区	渭南经济技术开发区	蒲城农化工业园	农副产品深加工、医药化工、机械制造
3	渭南国家农业科技产业协作区	渭南国家农业科技产业园	澄城韦庄农业产业化示范园、大荔商贸产业园、白水杜康苹果产业园、华阴华西生态农业旅游观光园	农副产品加工、农副产品集散、旅游、体验、研发等
4	卤阳湖现代综合产业协作区	卤阳湖现代综合产业基地	富平焦化工业园区、富平庄里建材产业园、蒲城东陈煤化工业园	煤电化、农副产品深加工、通用飞机组装及综合配套、旅游休闲等
5	韩城龙门循环经济生态工业协作区	韩城龙门循环经济生态工业示范园	澄城高新技术产业示范园区、澄城工业园、合阳工业园	钢铁冶金、煤电焦、新型建材

资料来源：根据北京清华规划设计研究院．渭南市城市总体规划（2010 — 2020）[Z]．2010．修改

6.4.2 生活空间生长中枢

6.4.2.1 城乡基本公共服务设施的均等化配置

《国家基本公共服务体系“十二五”规划》中提出:“基本公共服务，指建立在一定社会共识基础上，由政府主导提供的，与经济社会发展水平和阶段相适应，旨在保障全体公民生存和发展基本需求的公共服务。”“基本公共服务范围，一般包括保障基本民生需求的教育、就业、社会保障、医疗卫生、计划生育、住房保障、文化体育等领域的公共服务，广义上还包括与人民生活环境紧密关联的交通、通信、公用设施、环境保护等领域的公共服务，以及保障安全需要的公共安全、消费安全和国防安全等领域的公共服务。”[①]

基本公共服务设施配套是影响城乡空间协调生长的公平性保障和重点地区发展的措施，通过基本公共服务设施的配套，可以引导人口和产业向重点地区集聚。

（1）城乡基本公共服务设施均等化是实现城乡统筹的空间路径之一，具有公平性保障作用

王玮（2009）认为“公共服务受益和成本分担间的极度不对称使得我国在差异化的公共服务供给制度下形成的公共服务不均等的格局进一步加剧，这是我国公共服务严重不均衡的最主要原因”[②]。城乡基本公共服务设施是城乡基本公共服务的空间载体，城乡基本公共服务设施均等化是城乡空间公平的过程保障。

城乡基本公共服务设施是城乡基本公共服务的载体，从城乡空间规划与建设角度，是推动城乡统筹发展的重要方面与技术支撑。从公平服务的提供上，基本公共服务设施配套关系到城乡居民发展的公平、公正，关系到健康城镇化。

基本公共服务设施均等化是基本公共服务均等化的空间落实，西北地区中等城市城乡差距大，城乡公共服务水平差距大是其重要特点之一。改变城乡公共服务的建设与管理格局，推动城乡基本公共服务设施均等化，能有效地缩小城乡发展差距。在价值取向上，均等化体现为结果均等。

（2）中心城市区域城乡基本公共服务设施是引导人口集聚的有力措施

基本公共服务设施均等化主要包含“量”和“空间”两个层面的均等,其中“‘量’方面的均等，包括质量均等和数量均等;空间的均等，涉及设施的选址和区位条件”[③]。

① 国务院关于印发国家基本公共服务体系“十二五”规划的通知 http://www.gov.cn/zwgk/2012-07/20/content_2187242.htm

② 王玮．我国公共服务均等化的路径选择 [J]．财贸研究，2009（1）: 72-79.

③ 罗震东，张京祥，韦江绿．城乡统筹的空间路径——基本公共服务设施均等化发展研究 [M]．南京:东南大学出版社，2012: 3.

现实中，西北地区中等城市市域城乡空间发展面临着区域、人口分布、可达性、财政条件等多种差异，无法以均质化的方式提供公共服务。

我国基本公共服务设施均等化过程中的区域差距和城乡差距，与城市的工业化和城镇化阶段密切相关。在有限的财政资源投入前提下，设施的质量与规模通常存在一定的正相关关系。城市的人口密度大，设施较为集中，服务质量相应越好，服务范围也较大。对应城乡一体化的发展阶段，不同阶段的城乡基本公共服务设施均等化有不同的策略（表 6-4）。

城乡基本公共服务设施均等化的阶段及实施重点　　表 6-4

基本公共服务设施均等化阶段	对应的城镇化阶段	实施重点
形式均等的初始均匀阶段	低度城镇化	低密度人口分布状态下的基础适应性覆盖
转化过程的过渡均衡状态阶段	快速城镇化	设施改善与人口适度集聚并行的引导性覆盖
全面均等的优质均质阶段	高度城镇化	优质水平的人口全覆盖

资料来源：根据罗震东，张京祥，韦江绿．城乡统筹的空间路径——基本公共服务设施均等化发展研究 [M]．南京：东南大学出版社，2012：51-52．整理

中国城市规划设计研究院的研究成果《农村住区规划技术研究》中从空间视角将基本公共服务均等化问题进行了转化，“转化为公共服务节点相对于居民的空间可达性问题，这个问题主要涉及三个关键因素：基本公共服务节点、可接受的时间、绝大多数居民”，李惟科认为“规划中是否应主动调整空间组织层次，应根据以上三个变量相互关系进行判断”[①]。公共服务设施具有规模效应，将基本公共服务设施进行集中布局可以提高设施的规模效应。人口的集聚与基本公共服务节点的形成会形成双向调节，促进区域人口向公共服务设施集中区域集聚，可以减小绝大部分居民到达设施集中地的空间距离，同时实现基本公共服务设施的均等和设施可达性的均等，是针对西北地区中等城市各级财政有限情况下，提升基本公共服务配套的公平与效率的优化途径。

西北地区中等城市大多处于快速城镇化阶段，乡村人口向城市大量流动，选择需求最迫切的设施种类，结合区域内人口密度与空间发展战略要求，通过基本公共服务设施的布局，可引导人口集聚。将中心城市区域作为市域城乡空间的优先发展地区，通过有目的地提高这一地区的基本公共服务设施水平，扩大优质设施的覆盖范围，形成公共服务设施的梯度，从而吸引人口聚集。

① 李惟科．城乡统筹规划方法 [M]．北京：中国建筑工业出版社，2015：143．

6.4.2.2 城乡公共服务设施的多样化、适宜性配套

在层级上，中心城区、小城镇、新型农村社区的设施规模和配套存在着一定的差别。中心城区集中布局市级公共服务设施；小城镇、建制镇作为城市与乡村的过渡，是为广大农村地区提供基本服务的基层中心；新型农村社区作为整合后的乡村生产空间，是最基层的公共服务设施供给单元，承担最基本的公共服务设施供给功能。

中心城区居民对公共服务设施的需求体现为教育、医疗、养老设施的完善，提升服务设施的等级和标准将有助于形成中心城区的生活空间生长中心。同时应重点关注城市居民的休闲需求，除旅游或郊游外，还应围绕休闲文化和休闲产业的发展来改善城乡休闲空间，在城乡整体层面实现休闲经济的供求平衡，从而也使休闲经济成为城乡经济发展的新增长点。

小城镇和乡村地区根据情况，可以为农业型小城镇提供农业技术服务型设施，为工矿型小城镇提供工业和物流服务设施，为工贸型小城镇提供商业和物流设施，为旅游型小城镇提供旅游公共服务设施。

6.4.3 生态空间生长中枢

（1）提升城乡空间单元拓展的可能性

生态斑块（廊道）在城乡格局中表现为一种空间属性，能够通过结构形式将特定区域的城乡空间进行有机组织。生态斑块（廊道）可根据生态用地类型，发展为特色林地区、科普教育基地、农业观光带、特色旅游业、户外体育产业等。随着生态空间生长中枢的功能复合、结构完善及空间优化，生态斑块（廊道）周边区域在城乡空间演变中具备较大空间拓展的可能性，对于协调城乡空间关系、提升整体环境效益具有重要贡献。

（2）成为城乡空间重要的生态空间斑块

生态空间生长中枢以面积较大或功能较为丰富的生态斑块（廊道）为基础，形成城乡空间单元内部的生态网络，受生态斑块（廊道）影响但不紧邻的区域，亦可受益于城乡空间单元内部的生态网络结构而成为效益拓展区，距离生态斑块（廊道）仅步行 5 分钟便可到达的区域，无论是其用地性质是居住、办公或商业，均可成为生态环境良好、有吸引力的区域。

6.4.4 生长中枢的复合

区域城乡空间各要素之间相互依赖、相互补充、相互影响，复合中枢是刺激、促进空间创新和生长的动力因素，复合中枢形成后，生产、生活和生态空间生长中

枢分别与自身空间系统形成网络化关联，通过复合中枢的辐射带动作用，以空间要素流的形式在相应空间系统中有序流动，使“三生”空间各种要素之间产生有效的空间组合，形成新的空间组织，从而建立复合中枢与城乡空间网络和城乡空间单元之间的协调关系。

空间生长复合中枢本身是在开放和流通环境下形成的创新空间，各种空间资源的有序流动和配置，使人们在竞争中不断调整空间发展方向，以突出比较优势，因此，中心城区、小城镇和新型农村社区“三生”空间生长中枢的复合也应有所侧重。中心城区是高级别的生产中心与生活中心的复合，其中量大面广的就业是中心城区最重要的比较优势，生活中心则提供完善的公共服务。小城镇是专业化生产中心、精致生活中心的复合，其中生产中心提供的就业岗位来源于小城镇产业专业化发展，而宜人的城镇尺度、宜城宜乡的生活环境同样赋予小城镇重要的生长竞争力。新型农村社区是以农业生产空间为主的空间类型，它的核心竞争力来自于农业产业化带来的收益，以及乡村地区田园诗意的生活与生态环境。

6.5 城乡空间单元的协调机制

城乡空间单元的建立是将空间协调的范围由传统的城市建成区、作为个体的镇区及周边地区、一个或多个村庄，向更大区域进行转换，在更大范围内统筹空间资源，发挥资源的比较优势。城乡空间生长单元的整体协调机制体现为：

（1）提供公平的空间生长机会

交通方式、通信设备的快速发展，使中心城市区域城乡空间的增长不一定是中心城区毗邻区域的蔓延式拓展，而是适合其功能需要的特定区域。交通枢纽周边、政策特惠区、满足城乡居民近距离游憩需求、有某些特定资源的地方，将依托城乡空间交通网络迅速成长，反之则走向衰落。面对同样的外部环境，城乡空间单元之间的地位平等，给予了不同城乡空间单元参与竞争的平等机会（过程平等）。

（2）维持单元结构的稳定性

城乡空间单元的稳定性包括单元群体的结构性稳定和人口与空间关系的动态稳定。

城乡空间单元是将城乡空间整体划分为若干个独立的模块化空间单元，每一个模块单元都相对独立地运行,在遇到外部环境危机时可针对特定单元进行空间规模、结构、布局的调整，而避免“牵一发而动全身”的全面影响，因此，在整体上能够缓存和吸收由于外部环境不确定性带来的不利影响，从而提升城乡空间的整体效率（卡尔多—

希克斯效率）。

由于城乡空间单元是“生产—生活—生态”三位一体、就地就近实现职住平衡的基本空间单元，因此社区居民对这一地区的人居环境具有较强的归属感和认同感，真正成为空间发展的主体，能够参与各种社区组织、规划与建设活动，在空间生长中发挥自下而上的能动作用（技术效率）。

（3）调适外部环境的影响

在空间上，随着历史进程的变化，各个城乡空间单元的空间特性在城乡空间网络中的区域分工与地位发生变化，因此形成了发展、静止或衰亡的空间生长状态，当某个城乡空间单元的地位上升时，空间以增量拓展或是存量更新的方式迅速发展；当内外物质与信息交换处于瞬时稳态时，空间静止；当空间特性在区域中的价值下降时，空间走向衰亡。城乡空间单元的发生、发育、维持、演化、消亡，都是作为一个过程而进行的，在这个过程中，城乡空间系统各要素的功能也随之变化。在遇到外部环境变化时，城乡空间单元由于空间系统留有的生长余地，可以承受一定程度的变化，并进行局部积极消化；在外部影响加大时，空间系统能够进行自我调整，适应环境变化（技术效率）。

6.5.1 以城镇形态为主的空间单元

以城镇形态为主的空间单元主要为城市建成区及周边地区。随着城镇化的推进和人口结构的转变，人们对空间的需求将更加多元化，人们的休闲文化需求增长迅速、高端创新人才对人居环境的要求显著提升、城市老龄化特征更加明显，城市空间环境的吸引力成为城市竞争力的构成要素之一。作为城乡空间发展的最中心圈层，知识密集型产业和现代服务业成为这一区域的主导产业。

西北地区中等城市大多已在20世纪90年代至今的时期里，伴随城市空间的迅速扩张，形成了多组团、虚多中心的空间结构，城市骨架拉大，但大量城市空间未被填充，因此未来以城镇形态为主的空间单元生长的整体调控，将以存量更新为方向，充分利用已拓展空间，同时以棚户区改造为抓手，带动旧城更新。

在城市更新过程中，应形成以TOD理念为导向的空间生长方式，通过快捷通勤形成就业与居住就地就近平衡的多中心结构，实现与空间单元以外区域的协调，促进城市结构和土地利用的紧凑化。空间单元内部、城镇以外的乡村地区，因其拥有城郊高效农业、美好的自然景观或人文资源，可成为该空间单元乡村生活方式和景观风貌的有机补充。

在空间单元内部的拟更新区域，建立公交先导区，并依托通过 BRT 站点形成高密度就业和公共服务中心，减小空间单元内部的交通量；通过加大密度的城市格网和小街区土地利用，实现土地的高效利用（图 6-4）。

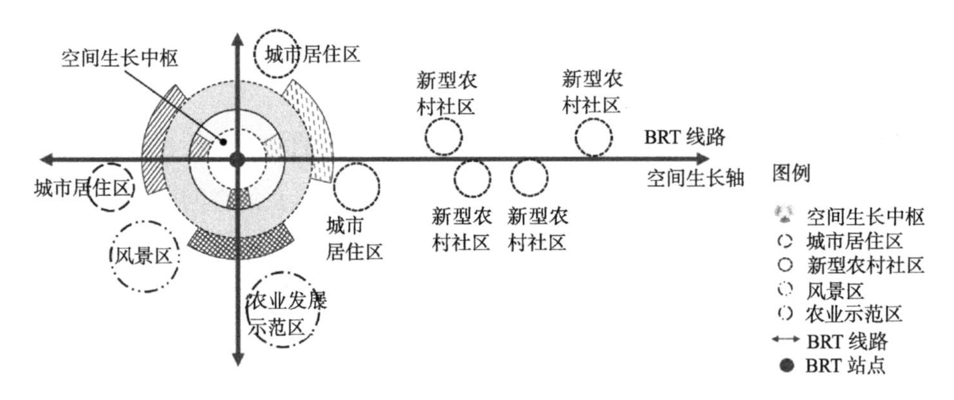

图 6-4　中心城市区域城乡空间单元协调机制

6.5.2　以乡村形态为主的空间单元

城镇化过程中，乡村人口结构进行重构，原来从事农业的人口经过整合，形成新的农村社区。农民中只有少量继续从事农业生产，而在农闲时从事其他产业活动，他们不再是乡村地区人口的主体，人口结构转变为农业工人、从事旅游业的人口和短期居住的旅游人口。

以乡村形态为主的空间单元的整体调控侧重对优势空间生长的推动和对衰落空间的整理，逐步改变当前分散、低效、缺乏动力的空间生长模式。镇区空间规模约 $1km^2$，地域、乡土特征明确的生产、生活和生态空间是其空间生长的核心，以农业生产经营活动为主，兼有旅游观光、休闲体验等衍生产业。

该类型空间单元按照资源基础和主导产业内容可分为畜牧农场、谷物农场、葡萄农场、水果农场、蔬菜农场等专业农业小镇；以农业为基础兼具生态休闲职能的生态小镇；以农业为基础，有一定历史文化和民俗文化资源的文化小镇。小镇大部分经营一种产品，突出各自产品的特点。特色农业发展中枢可为试验示范与带动推广、科技创新与成果转化、科技教育与职业培训等职能中的一种或多种，并向农业旅游进行延伸。围绕特色农业发展中枢的职能，可将一部分职能进行外延，在空间上进行轴向拓展，或对某个职能进行复合，形成土地利用复合化的空间。围绕生态资源或文化资源，可适当增加一部分旅游功能。

单元内部道路交通系统首先要与外部交通网络进行衔接，形成以公交为导向的节点，围绕这一节点耦合农业生产服务中心、生活服务和旅游服务中心。路网的形式跟随地形进行适宜性规划，外部形成外围车行环线及环镇区绿道，并于镇区门户设置集中停车场、农机场和仓储，内部则形成小镇的步行化邻里街道（图 6-5、图 6-6）。

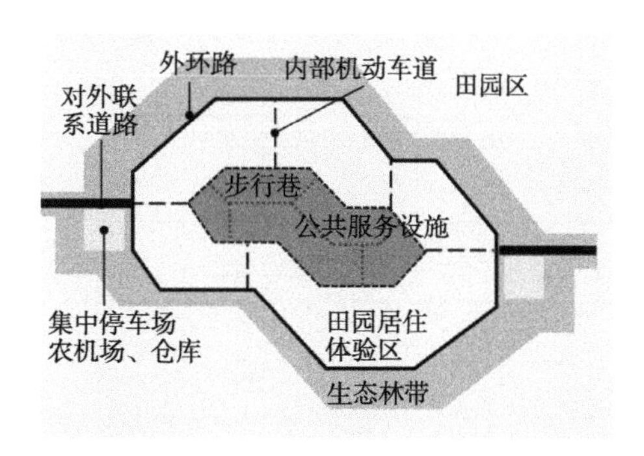

图 6-5　乡村空间单元内部协调

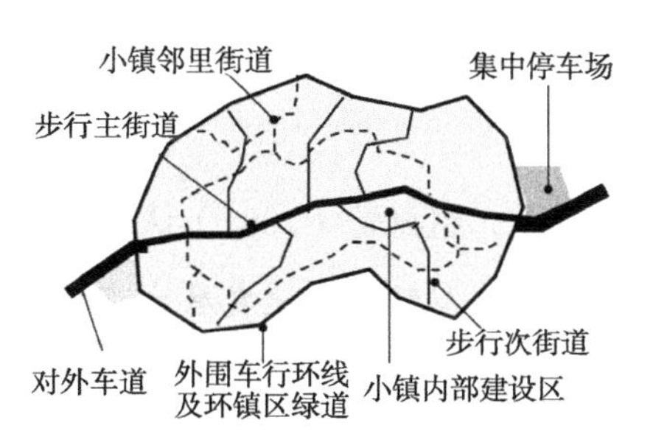

图 6-6　乡村空间单元内部交通的组织

6.6　本章小结

生长是新陈代谢的过程，是特定空间中新职能取代旧职能的过程。本章提出将“中心城市区域”作为渭南城乡空间的增长极，将能够促进城乡空间更新、优化的积极因素作为城乡空间的空间生长复合中枢，通过其在空间生长过程中的拉动、引导作用，形成具有多元、紧凑、平衡和弹性特征的城乡空间单元，从而实现城乡空间的整体协调。

7

渭南中心城市区域城乡空间协调生长的规划方法

7.1 传统规划回顾

7.1.1 城乡协调规划的传统方法

7.1.1.1 城乡一体化规划

在城乡一体化规划的性质上，赵燕菁（2001）认为城乡一体化规划“并非国家法定规划序列的一部分，而是根据一些经济高速发展城市的实际需要，为适应经济快速发展地区特点，以城市总体规划为基础，结合土地利用规划和其他专项规划衍生出来的一个新的规划品种”[①]。赵群毅（2009）则认为城乡一体化规划“既不能把它视为空间范围扩大化后的城市总体规划，也不能把它等同于传统城镇体系规划的细化，而应该定位为以优化‘城乡关系’为重点的区域规划”[②]。

在城乡一体化规划的空间覆盖范围上，有融合于传统规划中不进行单独范围划定、介于市域与城市规划区之间、等同于分区规划、跨越行政区等多种类型。

在城乡一体化规划的内容上，赵群毅（2009）认为市县级层面的城乡一体化规划要更加强调可操作性，并对“城乡产业发展、社会设施配置、人口流动、用地增减、基础设施、资源利用和环境保护等内容要做到定量、定位”[③]。

城乡一体化规划的前提是区域生产力发展已达到一定水平，主要适用于经济较为发达的城市，用于解决快速发展的非城市地区的建设控制以及基础设施的共建共享问题。实践的各个城市有不同的城乡协调问题和空间一体化的目标诉求，作为非法定规划，

① 赵燕菁．理论与实践：城乡一体化规划若干问题 [J]．城市规划，2001（1）：23-29.

② 赵群毅．城乡关系的战略转型与新时期城乡一体化规划探讨 [J]．城市规划学刊，2009（6）：47-52.

③ 赵群毅．城乡关系的战略转型与新时期城乡一体化规划探讨 [J]．城市规划学刊，2009（6）：47-52.

城乡一体化规划在规划任务和内容上也本着实事求是、因地制宜的原则进行探索。

7.1.1.2 **城乡统筹规划**

在城乡统筹规划的内涵上，赵英丽（2006）认为城乡统筹规划有狭义和广义之分，“狭义的城乡统筹规划是对未来一定时间和城乡空间范围内经济社会发展、环境保护和项目建设所做的总体部署，其实质就是把城市和农村的发展作为整体统一规划，通盘考虑”；“广义的城乡统筹规划是指对人口、资源与环境存在功能、结构等差异的区间整体发展的部署，广大的郊区、落后的县域中心城市和重点镇等均可以看作是农村地区”[①]。

在城乡统筹规划的本质意义上，张京祥（2010）认为城乡统筹规划的本质是“促进区域的城市化”。“城乡统筹是一个长期的过程，而不是一个特定的阶段，并不是只有经济发达、人口密集、土地短缺的地区才需要进行城乡统筹规划”[②]。赵华勤（2013）认为“城乡统筹规划本质上是将城市和农村的发展作为整体统一规划，通盘考虑，其目的是缓解城乡矛盾，推动城乡之间建构区域功能协调、城乡功能互补、空间布局合理与支撑体系配套完善的城乡系统”[③]。

在城乡统筹规划的任务上，我国幅员辽阔，不同地区经济与社会发展差异较大，各地区处于不同的城镇化与工业化发展阶段，因此城乡统筹的任务也有所不同。张京祥（2010）认为城乡统筹规划在不同的区域应当有不同的着力点，“对于中西部城市化水平还比较低的地区，其城乡统筹规划的重点是如何促进城乡生成合理的聚落级配，完善骨干性基础设施，发挥各级城镇‘据点’带动乡村区域发展的作用”。[④]

在城乡统筹规划的内容上，赵英丽（2006）认为城乡统筹规划的主要内容一般包括“城乡统筹发展的现状、存在问题及发展条件的评价；城乡社会经济和空间统筹发展的总体战略；城乡各用地类型的规划；城乡基础设施建设的统筹规划；城乡环境保护与生态建设规划；城乡统筹发展的阶段性目标与建设的重点项目规划；针对性的城乡统筹发展途径与对策规划”[⑤]。

在城乡统筹规划的方法上，仇保兴（2005）认为城乡统筹规划应当具有不同的方法和途径，可分为“扩大管制区域的城市总体规划”“深化市域的城镇体系规划”“把

① 赵英丽．城乡统筹规划的理论基础与内容分析 [J]．城市规划学刊，2006（1）：32-38.
② 张京祥，陆枭麟．协奏还是变奏：对当前城乡统筹规划实践的检讨 [J]．国际城市规划，2010（1）：12-15.
③ 赵华勤，张如林，杨晓光，等．城乡统筹规划：政策支持与制度创新 [J]．城市规划学刊，2013（1）：23-28.
④ 张京祥，陆枭麟．协奏还是变奏：对当前城乡统筹规划实践的检讨 [J]．国际城市规划，2010（1）：12-15.
⑤ 赵英丽．城乡统筹规划的理论基础与内容分析 [J]．城市规划学刊，2006（1）：32-38.

原有的区域规划空间化”“城乡一体化的规划”“专项的城乡统筹规划”等类型[①]。

城乡统筹规划既是区域规划，也是空间规划。与作为空间规划的城市规划相比，在目标和原则上更加强调区域城乡统筹的战略导向；与区域规划相比，则更加强调区域城乡统筹的空间对接。西北地区中等城市区域城乡空间协调生长是对城市空间的统筹，可融合城乡统筹规划中作为空间重点的相关统筹任务和要求，形成有针对性的规划方法。

7.1.1.3 城乡总体规划

2007 年，国家发改委批准重庆市为“全国统筹城乡综合配套改革试验区”，重庆市以此为契机，在现有国民经济和社会发展规划、城市总体规划、土地利用总体规划等三种法定综合规划的基础上进一步发展形成了《重庆市城乡总体规划（2007-2020）》，并获得了国务院的批准实施。

余颖（2008）认为城乡总体规划本质是区域规划，“从工作内容看，城乡总体规划就是要在传统城市总体规划的基础上，突破城市规划区的限制，进行覆盖城乡全区域的用地布局规划，凸显城乡规划的公共政策属性。从地位与性质看，城乡总体规划属于法定综合规划,同时具有发展规划与空间规划的双重属性,但更侧重于空间规划属性。从核心任务看，城乡总体规划通过弱化规模控制，建立‘刚性框架、弹性利用’的城乡规划编制与管理体系，着重解决传统城市总体规划灵活应对市场经济不确定性能力不足的问题。”[②]

段宁（2011）认为城乡总体规划的编制理念有“出发点由单纯满足建设规模需求转变为生态容量与规模需求的双向协调”“视角由单纯的建设区范围内的城市规划转向区域与城乡协调的综合规划”“指导思想由传统粗放扩张型转变为节约集约型城市发展建设模式”“规划内容由传统的城市社会经济与城市土地、空间资源的关系转向社会经济、资源、环境相互协调作用下的城乡空间关系”“侧重点由传统的重视人工空间体系规划转向生态优先的人工与自然双空间体系的综合规划”等五个重要转变[③]。

7.1.1.4 城乡“多规合一”

目前我国涉及城乡空间发展的规划主要有国民经济和社会发展规划、土地利用总体规划、城市总体规划、环境保护规划等规划，以及针对空间某个专项的产业发展规划、

① 仇保兴．城乡统筹规划的原则、方法和途径——在城乡统筹规划高层论坛上的讲话 [J]．城市规划，2005，29（10）：9-13.

② 余颖，唐劲峰．“城乡总体规划”：重庆特色的区域规划 [J]．规划师，2008（4）：69-71.

③ 段宁，黄握瑜．城乡总体规划编制的理念转变与内容创新——基于“两型社会”背景下城乡总体规划编制的创新思路 [J]．城市规划，2011（4）：36-40.

生态保护规划、市政工程规划等规划类型。各类规划侧重点有所不同，容易导致规划覆盖面不同、深度不足、规划要求相互矛盾等问题，易导致负外部效应，不利于城乡空间的协调与管理。

在“多规合一”的任务上，2014年国家发改委、国土部、环保部和住建部四部委联合下发《关于开展市县“多规合一”试点工作的通知》，提出了“合理确定规划期限”“合理确定规划目标”“合理确定规划任务”“构建市县空间规划衔接协调机制”等四大任务要求，以“形成一个市县一本规划、一张蓝图”[①]。

在“多规合一”的差异整合上，苏涵（2015）认为多规在“法理依据”“技术标准”“审批和管理”等方面存在着明显的差异，“多规合一”本质上“应是一种规划协调工作而非一种独立的规划类型，是基于城乡空间布局的衔接与协调，是平衡社会利益分配、有效配置土地资源、促进土地节约集约利用和提高政府行政效能的有效手段”[②]。

在“多规合一”的整合形式上，顾朝林（2015）认为应“在原有的几个‘类空间规划’基础上，整合或合并成为一个规划，或在这些‘类空间规划’基础上，将‘空间规划’元素抽取出来，形成一个高于这些规划，能够实现‘一级政府、一本规划、一张蓝图’的城市或区域总体规划，即‘区域发展总体规划’”[③]。

在“多规合一”的要点突破上，沈迟（2015）认为应通过多个接口设计促进多规的衔接，“在重构地方规划体系、加强‘三标’衔接、消除‘多规’技术壁垒障碍和完善法律法规等方面入手，强化接口设计，合理设定刚性与弹性”[④]。

多规在角度、空间、事权等方面存在着不同程度的隔离，整合到以城乡整体的空间规划为核心的规划框架中，已成为必然趋势。西北地区中等城市区域城乡空间协调生长是在“多规合一”的整体规划框架下对中心城市区域空间协调生长的具体化，应顺应“多规合一”的规划编制与管理趋势，并力求整合多规中的目标—任务—机制，在统一的数据平台、技术平台、标准平台和管理平台上有所突破。

7.1.1.5　特征与启示

上述规划均从城乡融合角度出发，以优化区域城乡关系和城乡空间系统为目标，在具体内容上，具有以下几个特点：

---

① 关于开展市县“多规合一”试点工作的通知 [EB/OL]. http://www.sdpc.gov.cn/zcfb/zcfbtz/201412/t20141205_651312.html

② 苏涵，陈皓.“多规合一”的本质及其编制要点探析 [J]. 规划师，2015，31（2）: 57-62.

③ 顾朝林，彭翀. 基于多规融合的区域发展总体规划框架构建 [J]. 城市规划，2015（2）: 16-22.

④ 沈迟，许景权.“多规合一”的目标体系与接口设计研究——从“三标脱节”到“三标衔接”的创新探索 [J]. 规划师，2015，31（2）: 12-16+26.

（1）规划类型选择和规划内容更加实用化

在规划类型的选择上，处于不同经济社会发展阶段的城市选择了不同的规划类型，在“多规协同”方面，城市规划最为综合、全面，成为统领多规、搭建平台的纲领性规划。各类规划的空间侧重点更加强调“重点发展区”，体现了对当下城市发展问题的积极应对，在规划实施中更加实用。空间协调的流程和内容也具有较强的针对性。

（2）以土地供给为抓手，实现全域覆盖

从规划覆盖的范围上，进行用地的全域覆盖可切实加强全市城乡空间的发展统筹调控，真正实现对土地资源的管控。

（3）注重公平，突出城乡协调特色

各规划空间协调的范围虽千差万别，但均根据现状城乡关系的阶段选择了城乡空间协调的重点区域，并尽可能与现行法定规划的要求一致。规划的立足点由“城市居民”逐渐转向“城乡居民”，在空间资源配置上更加注重公平，为乡村与城市的平等发展提供更多机遇。

（4）以 GIS、RS 的运用为主导，强化技术手段的更新与推广

在技术手段上，GIS、RS 等空间数据库的运用正逐渐推广，成为“多规合一”进行数据与技术协同的主要平台。

7.1.2 既有城市规划成果的检讨

7.1.2.1 规划编制体系

（1）规划体系与编制情况

渭南市城市规划编制已全部展开。市域层面主要编制完成了《渭南市城市总体规划（2010—2020）》《渭南城乡一体化规划》等城乡总体规划，编制了《渭南城市特色和风貌规划》《渭南市主城区公共设施专项规划（2013—2020）》等专项规划，针对城乡空间协调的重点地区编制了《渭南经济技术开发区城乡统筹实施策划》《渭河渭南城区段河滩地退耕还河还湿地规划》《渭南市主城区绿地系统及防灾避险规划》等规划策划。县域层面，到 2013 年底，各县城也编制完成了城市总体规划和城乡一体化建设规划，已基本实现了城乡规划全覆盖。镇域层面，各建制镇原则上均编制了相应的总体规划。在乡村规划方面，县域村庄布点规划、乡（镇）域村庄布点规划、村庄建设规划等规划类型均已全面展开（表 7-1）。

渭南十县（市）规划情况 表 7-1

县城	总体规划	城乡一体化规划	控制性详细规划	重点区域修建性详细规划 / 城市设计
韩城市	▲	▲	△	▲
华阴市	▲	▲	△	▲
蒲城县	▲	▲	▲	▲
富平县	▲	▲	△	▲
大荔县	▲	▲	▲	▲
澄城县	▲	▲	△	▲
合阳县	▲	▲	△	▲
白水县	▲	▲	△	▲
华县	▲	▲	△	▲
潼关县	▲	▲	△	▲

注：本表▲表示“有”，△表示“无”。

资料来源：渭南市城乡规划管理局网站 http://www.wngh.gov.cn/xwzx/gzdt/429847.htm

（2）特点与问题

渭南市编制了大量的城乡规划，对城乡空间发展起到了促进作用，但是也存在着一定的问题，主要有：

中心城区范围内的空间规划严格遵照相关法律与技术标准执行，但对市域范围内大量的乡村空间研究仅以原则上为主，呈现出了明显的“重城轻乡”的研究倾向，城乡空间规划分割明显。

小城镇规划主要围绕镇区展开，但是对镇域关注较少，在镇区与周边农村关系的研究、产业协调与空间布局、公共服务设施与基础设施建设统筹、生态空间的保护与利用等方面研究深度不足。

乡村规划全部开展，逐渐由短期内大量推进的“批量生产”走向了相对缓慢的“个性化定制”，但由于规划方法的不完善，规划对乡村空间的指导作用不强。

7.1.2.2 地方法律法规与技术支撑体系

（1）体系构成

渭南市的地方性法律法规与支撑体系主要采用的是陕西省层面的相关法规和技术标准，包括主要用于指导城镇建设的《陕西省城市规划管理技术规定》（2008 年）、《陕西省城乡规划条例》（2009 年）、《陕西省城镇绿化条例》（2010 年）等；用于指导乡村建设的《陕西省农村村庄规划建设条例》（2006 年）、《陕西省乡村规划建设条例》（2010 年修订）、《村庄整治规划编制办法》（2013 年）、《陕西省新型农村社区建设规划编制技术导则》(2013年)等。

(2)特点与问题

目前渭南市级城乡规划条例立法和技术支撑体系处于完全空白，难以针对市域范围内日常建设管理中具有普遍性的空间协调问题，从立法层面提供有针对性的解决方案，而对日趋多样化的乡村规划，现有的技术标准涉及的规划类型也较为局限。

7.1.2.3 规划实施效果

城市由于建设主体相对明确，规划的实施效果比乡村要好得多。

城市总体规划虽然有城乡空间协调的任务要求，但由于规划管理事权局限于城市规划区范围内，对城市规划区范围外的城乡空间只具有指导意义，因此难以实现城市和乡村空间真正的空间发展统筹。

对于小城镇的规划，由于镇区集中了主要的建设用地，政府的资金也主要投向镇区建设，因此规划的审批和实施主要围绕镇区展开，镇域规划部分得不到重视，因此规划对整个镇域空间协调生长的指导作用不大，难以起到对镇域空间资源进行高效、公平配置的调控作用。

乡村空间有着特殊的空间组织结构、土地权属和制度特征，调研与沟通难度大，加上规划师自身的学科知识背景与城市倾向的规划培养体系、规划编制技术方法的局限性、乡村规划的实施主体多样化、能力有限且建设过程的随机性强，因此在实施上难以达到理想的效果。

7.2 城乡空间协调生长的规划技术框架

基于城乡空间协调生长的规划方法是以公平与效率为价值导向，以中心城市区域为重点规划区域，结合城乡规划、城乡统筹、城乡一体化、多规合一等相关规划的技术要求产生的整体性规划方法，技术框架包括技术流程、技术准则和技术手段。

7.2.1 整体技术框架

7.2.1.1 技术流程

中心城市区域城乡空间的规划方法在整体和分单元两个层面均遵循着“选择节点—网络连结—单元优化”的步骤，具体包括以下步骤：

(1)中心城市区域整体层面

划定中心城市区域,并确定整体的空间增长边界,制定相应的增长引导和控制措施。

根据人口规模、就业规模、公共服务中心规模、生态活动中心的区位以及公共交通服务水平，选择中心城市区域范围内潜在的空间生长复合中枢，划定不同城乡空间单元的范围。

连结不同的空间生长复合中枢，形成中心城市区域城乡空间的整体网络。

（2）城乡空间单元层面

在各个空间单元内部，根据就业中心、公共服务中心、生态活动中心的区位以及公共交通节点的区位，对空间生长复合中枢进行优化，使生产—生态—生态空间进行耦合，并与人口规模和结构、公共交通服务能力相匹配。

调整各个空间单元内部道路交通系统，使空间生长复合中枢与中枢外围区域的联系更加高效、便捷。

以小街区的土地混合利用和相应的城市设计标准，优化城乡空间单元内部环境，营造人性化空间。

7.2.1.2 技术准则

渭南中心城市区域城乡空间协调生长的规划技术准则是：

（1）以空间生长复合中枢带动特定区域的空间增长

目前城乡空间生长不协调的原因之一在于城乡空间博弈参与人的空间利益得不到协调，以空间生长复合中枢作为特定区域的空间增长中心，可以集中公众、商业利益群体和政府的多方力量进行建设，政府以公平与效率为原则引导特定区域进行开发建设，商业利益群体通过空间生产，满足公众的空间发展需求，从而实现空间的正和博弈。

（2）强调步行主导的交通组织方式

随着汽车时代的到来，机动车数量激增，各种新方法、新技术解决城市交通拥挤往往是“车本位”的，忽略了城市和乡村交通系统是因人而建、为人服务的“人本位”原则。适宜步行的街道和街区是增强城乡空间生命力和活动的必要条件。步行能够减少对小汽车的依赖，支持公共交通，促进身体健康，凝聚空间活力。

（3）鼓励土地的混合使用

混合使用的空间，可通过减少交通距离，强化生产、生活和生态空间的联系，将交通时间归还于“人”的休闲生活，可满足居民不同层次的活动和交往需求，有助于增加空间的归属感，营造融洽的邻里关系。

7.2.1.3 技术手段

多规合一规划导向下的城乡空间规划，需要从“基础数据”“规划期限”“用地分类”

等三个方面进行技术统一[①]。

（1）统一基础数据与技术平台

城乡空间的相互作用具有非线性和空间过程的不确定性特征，空间的整体功能并非若干空间要素的线性叠加，也并非若干个平行的行政区划空间发展的简单叠加，而是各种因素综合作用的结果。为了有效调控城乡空间系统，应建立综合、高效的空间信息管理系统，以监控城乡空间网络系统的动态变化。

多规合一规划导向下的中心城市区域城乡空间规划，在进行基础数据分析时，需要协调形成统一的人口、用地、经济、社会等数据信息，以便于对中心城市区域进行整体规划。统一进行数据采集亦可减小部门间的数据挖掘困难。

GIS 具有强大的数据输入、存储、查询和分析功能，能够对规划区域内各类用地进行辨识和量化分析，是目前对城乡用地数据进行综合属性叠加与分析的最佳技术平台，应成为多规合一规划导向的城乡空间规划的核心技术平台。不同领域可在 GIS 平台上添加相应专业领域的信息。

（2）统一规划期限

目前城市总体规划、土地利用规划、国民经济和社会发展规划等规划的期限较为多样（表 7-2），可进一步调整为长期规划—中期规划—实施规划等三个层次，并采用滚动模式不断调整规划计划，以便于中心城市区域的规划能够打破行政区划界定，进行整体实施（表 7-3）。

我国目前主要规划类型的规划期限比较 表 7-2

规划类型	规划期限
城市总体规划	一般为 20 年，还应当对城市更长远的发展作出预测
土地利用总体规划	一般为 15 年
国民经济和社会发展规划	5 年
环境保护总体规划	5 年
城市近期建设规划	5 年

基于多规合一的规划期限层次划分 表 7-3

规划层次	规划期限	规划任务	规划类型
长期规划	20 年	对区域发展进行战略性规划	基于多规合一的区域发展总体规划

① 顾朝林，彭翀．基于多规融合的区域发展总体规划框架构建 [J]．城市规划，2015，39（2）：16-22.

续表

规划层次	规划期限	规划任务	规划类型
阶段规划	5 年	分解长期规划的任务，明确区域阶段性任务与工作重点	城市近期建设规划、国民经济和社会发展五年规划
实施计划	1 年	落实阶段任务，针对下一年需要实施的具体内容制定详细的工作计划	国民经济和社会发展实施计划、年度土地供应计划，等

（3）统一用地分类和规划建设用地标准

现行城市总体规划一般采用《城市用地分类与规划建设用地标准》（GB50137—2011），土地利用总体规划则采用《土地利用现状分类》（GB/T 21010—2007），两者在用地类型划分上各有侧重，在进行多规合一规划导向的城乡空间规划时，需要衔接用地分类或建立统一的权威性用地分类标准和规划建设用地标准。

7.2.2 中心城市区域的整体协调

7.2.2.1 中心城市区域范围的划定

1975 年，洛斯乌姆（L. H. Russwurm）在《城市边缘区和城市影响区》一文中提出了现代社会的区域城市结构（图 7-1），“重点考虑了区域空间范围的城市影响和城市节点等新要素，将乡村地域纳入了城市区域的整体空间范围”。洛斯乌姆的模型中由内而外包含城市核心区（core built-up area）、城市边缘区（urban fringe）、城市影响区（urban shadow）、乡村腹地（rural hinterland）等多个圈层（表 7-4）[①]。

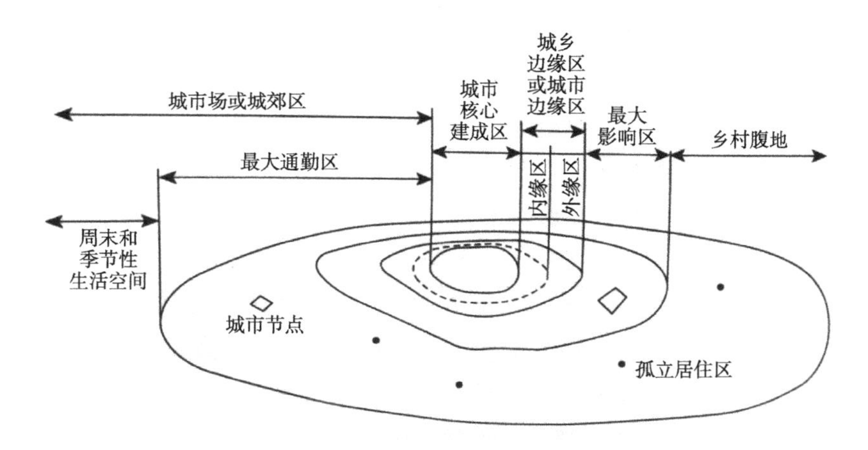

图 7-1 洛斯乌姆的“区域城市”模式

资料来源：顾朝林，甄峰，张京祥．集聚与扩散：城市空间结构新论 [M]．南京：东南大学出版社，2000.

① 顾朝林，甄峰，张京祥．集聚与扩散：城市空间结构新论 [M]．南京：东南大学出版社，2000：255.

洛斯乌姆"区域城市"结构模型　　表 7-4

圈层	范围	空间特征
城市核心区	大致包含了相当于城市建成区（urban built-up area）和城市新区地带（urban new tract）的范围	总体特征是已经没有农业用地
城市边缘区	位于城市核心区外围，其土地利用已处于农村转变为城市的高级阶段，是城市发展指向性因素渗透的地带，也是郊区城市化和乡村城市化地带	介于城市和乡村间的连续统一体
城市影响区	位于城市边缘区外部，是指城市对其周围地区的投资区位选择、市场分配、产品流通、技术转让、产业扩散等多种经济因素共同作用所波及的最大地域范围	距离城市中心愈近影响力愈大，距离城市中心愈远影响力愈小，并逐渐过渡到另一个城市影响区
乡村腹地	这一地区位于城市影响区的外围，由一系列的乡村组成，它们受周围多个城市中心的作用，与城市没有明显的内在联系	—

资料来源：根据顾朝林，甄峰，张京祥．集聚与扩散：城市空间结构新论 [M]．南京：东南大学出版社，2000．整理

渭南中心城市区域包括上述空间模型中的城市核心区、城市边缘区和城市影响区，其范围主要受自然环境、行政区划、交通网络、经济辐射、城乡统筹等多重因素影响。其中，经济关联是将渭南中心城市区域作为一个经济区对外部乡村腹地的影响范围，城乡统筹是将中心城市区域的范围与城乡空间一体化阶段相匹配。

（1）自然环境

渭南中心城市周边主要生态空间包括渭北浅山区、黄土台塬区、渭中平原区、秦岭北麓区等几大板块（图 7-2），渭河及其支流构成了这一区域的河流生态网络（图 7-3）。

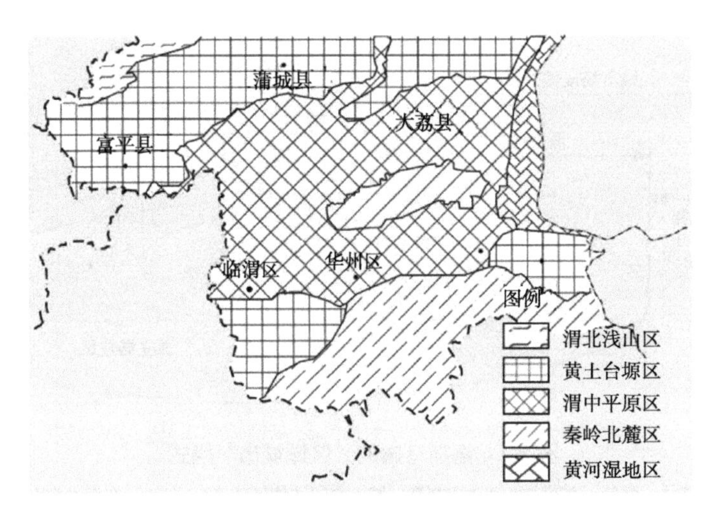

图 7-2　渭南中心城市周边生态空间分区

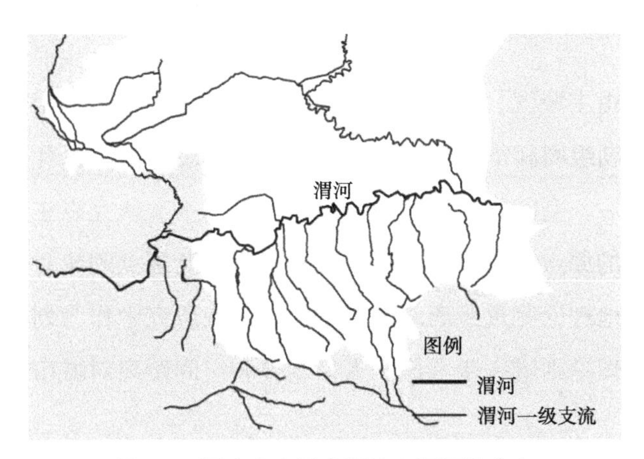

图 7-3 渭南中心城市周边主要河流分布

（2）行政区划

渭南中心城市周边主要有华州区、富平县、蒲城县和大荔县等区县。

（3）交通网络

渭南中心城市位于关中平原东侧，是陕西东侧相邻省份进入西安市的必经区域。由西安市向外围分散的多条铁路、高速、国道贯穿这一区域，主要有：铁路包括东西向的西运城铁和陇海铁路，西韩城铁位于区域北部，西南铁路自市区向南延伸；国道 G108 自东北—西南方向贯穿；省道包括 S201、S202、S107（关中环线）南北方向贯穿，S106 自东北—西南方向贯穿（图 7-4）。

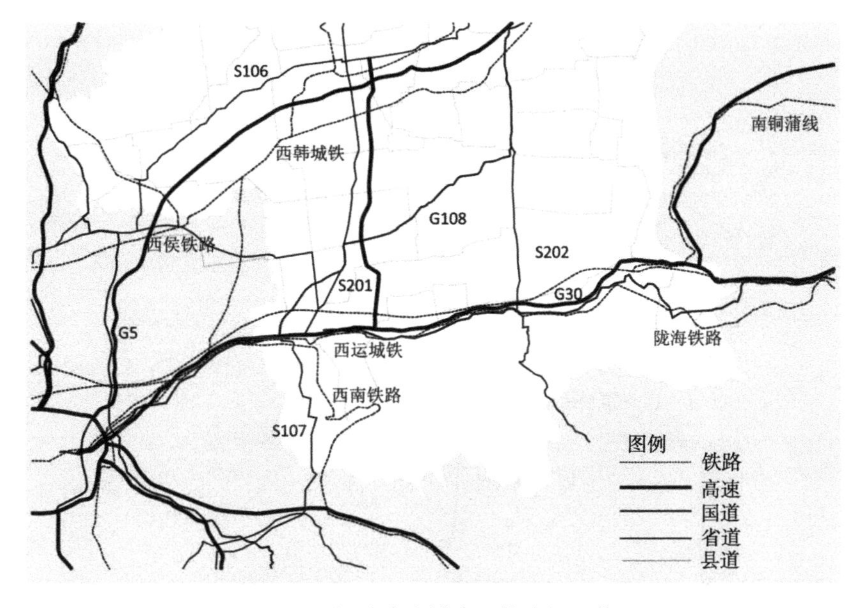

图 7-4 渭南中心城市周边交通网络

（4）经济关联

渭南中心城区由主城区、卤阳湖组团和华州组团等三个部分组成，但从现实空间生长情况看，卤阳湖组团和华州组团距离主城区距离遥远，2008 年城市总体规划将其纳入中心城区范围后，空间生长仍然较为缓慢，因此本次研究以主城区作为中心城市向外进行经济辐射的原点。研究运用了中心地理论和断裂点理论对经济影响范围进行测算，其中，中心地理论侧重距离对市场的影响，在研究中作为划分不同区县影响范围的基础，断裂点理论则进一步考虑了人口规模和空间距离对城市经济辐射能力的双重影响。

中心地理论中,克里斯塔勒在“理想地表”上建立了市场区模型。临渭区、华州区、富平县、蒲城县和大荔县所处地区大部分均为渭河冲积平原，用地非常平整，借鉴这一模型，假定临渭区及其他周边区县均为等级相同的中心地，不考虑交通方式等因素影响，对这些区县进行 5km 等距离交通面的划分（图 7-5），形成各区县相应的市场区（图 7-6）。从图中可以看出，临渭区的市场半径约 30km，边界与其行政区划较为接近。

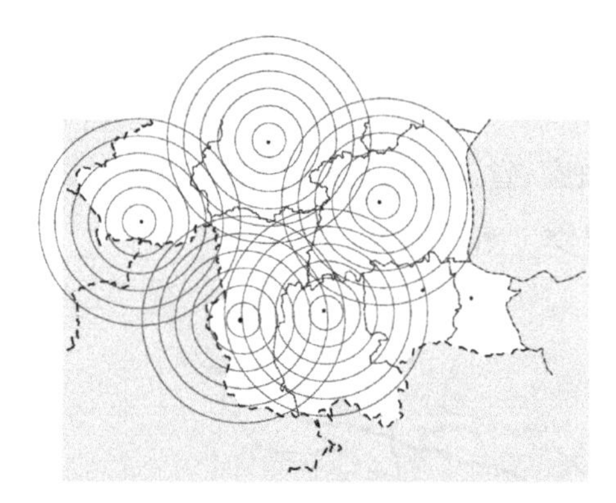

图 7-5　渭南中心城市周边区县的 5km 交通面

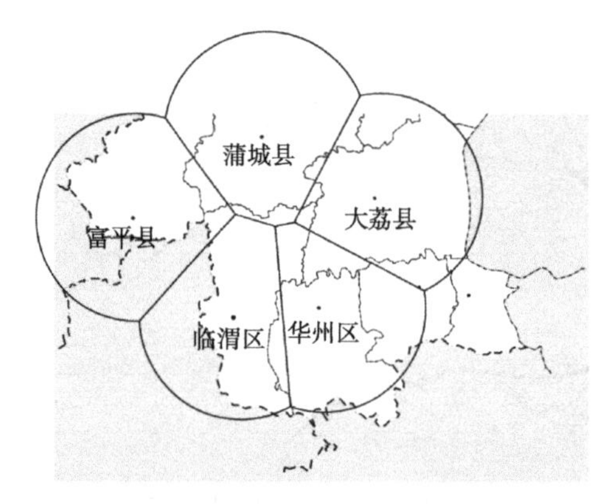

图 7-6　渭南中心城市周边区县的市场区划分

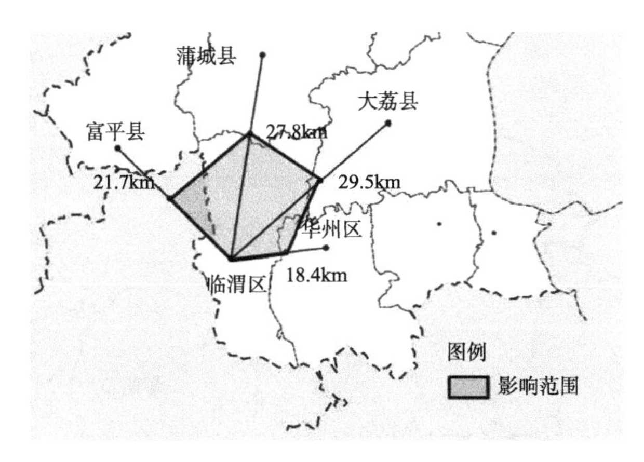

图 7-7　渭南中心城市的经济影响范围

运用断裂点理论，根据各区县至临渭区的距离及其常住人口规模，确定断裂点至临渭区的距离（表 7-5），并划出渭南中心城市的经济影响范围（图 7-7）。从图中可以看出，临渭区至周边区县的断裂点基本上都位于连接线的中点附近，说明临渭区的经济辐射能力约半径 20km，与其他区县相比，并没有明显的优势。结合现状对各圈层建设用地年均增长量的统计和分析（表 4-17），建设用地增长较快的位于 0 ~ 15km 半径范围内，15 ~ 20km 半径范围内建设用地增长速度急剧下降，因此可以初步判断目前临渭区的经济辐射能力在半径 20km 范围内。

渭南中心城市的经济影响范围　　表 7-5

区县	至临渭区的距离（km）	常住人口规模（万人）	断裂点至临渭区的距离（km）
临渭区	—	88.88	—
富平县	40.0	74.78	21.7
蒲城县	51.2	74.59	27.8
华州区	25.1	32.53	18.4
大荔县	52.6	69.75	29.5

资料来源：根据渭南市统计局．渭南统计年鉴 2013[Z]．2013．计算

（5）中心城市区域范围划定

综合以上因素，最终划定中心城市区域范围（图 7-8），西至临渭区行政边界，北部跨越卤阳湖组团至西禹高速 G5，东边北段至临渭区行政边界，南段至华州区行政边界，南至秦岭北麓区与黄土台塬区、渭中平原区的地形地貌分界线，共计 2095km^2。范围涉及临渭区与华州区除秦岭北麓区以外全部空间、富平县和蒲城县部分空间。

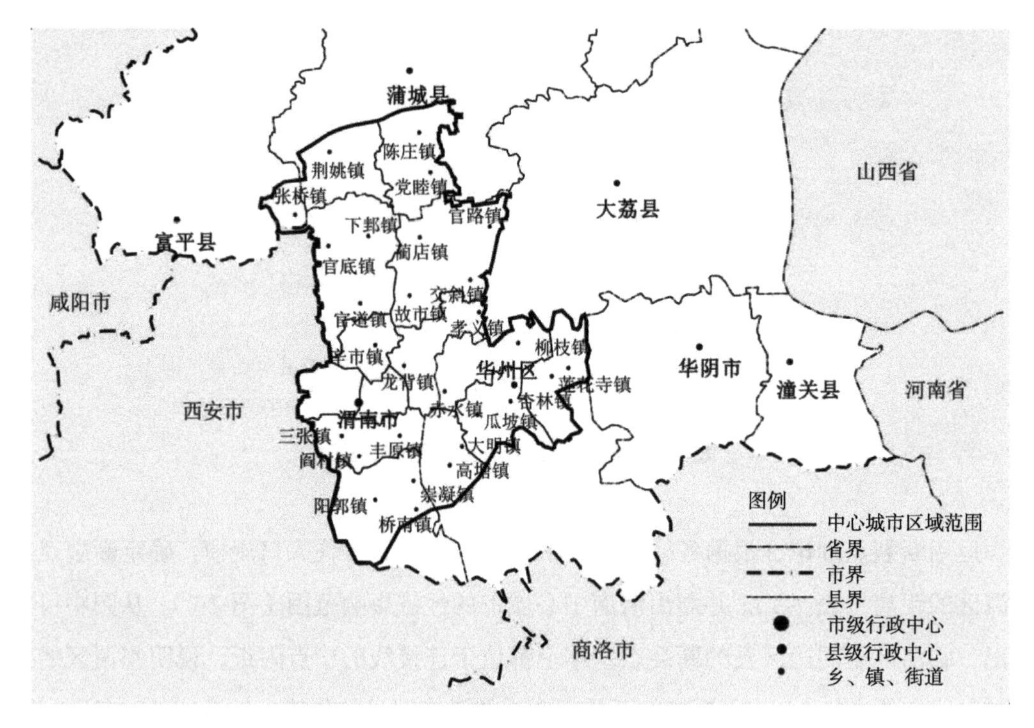

图 7-8　渭南中心城市区域范围

7.2.2.2　空间生长单元的划定及复合中枢的选择

（1）空间生长复合中枢的选择标准

渭南中心城市区域空间生长复合中枢应具备以下空间效应：

支配效应：作为渭南市域最重要的经济增长极，在技术、信息、知识等方面具有先进性，能够通过与大西安及更大范围内的要素流动和商品供求关系，对由复合中枢以外的市域空间及周边城市相关地区所构成的经济发展腹地的经济活动产生支配作用，在区域竞争格局中形成主导产业。

乘数效应：复合中枢形成后，能够对周边城区城乡经济发展起组织引导作用，强化中心城市区域与周边的经济联系。在这一过程中，经济发展呈现循环累积效果，复合中枢对周边区域城乡经济发展和空间发展带动的作用会不断放大，起到协调空间生长的作用。

示范效应：复合中枢形成后，在产业培育、设施优化、生态维育等方面的优势，将伴随城乡空间信息交流在市域起到示范带动作用，促进中心城市区域外围区域的空间协调。

（2）生产空间生长中枢

根据现状职能的相近性原则，划分若干个职能相近片区。可以看出，渭南中心城市区域空间的职能呈现明显的圈层关系，除主城区组团内老城区为综合职能，高新区为以高新科技为主的综合职能，经开区为工业生产和服务职能，卤阳湖为工业生产和服务职能，华州组团为综合服务职能以外，其余乡镇和农村地区均为以农业生产为主的职能，呈现以农业生产为基底、南部为生态旅游、综合组团和工业组团散点分布的整体特征。根据中心城市区域内城乡空间的主要产业类型进行城乡产业发展关联，划分不同的产业区，并形成相应的专业化生产中枢（图 7-9）。

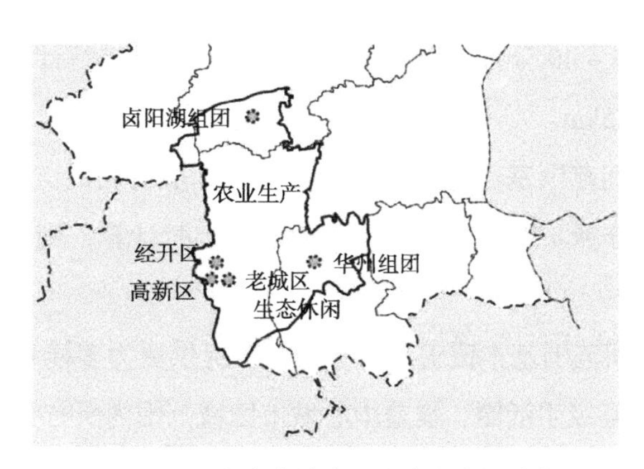

图 7-9　渭南中心城市周边生产空间分布

（3）生活空间生长中枢

1）以“生活圈”为导向的公共服务设施配置

公共服务设施是城乡公共服务的重要物质载体，是生活空间生长中枢的核心构成要素。对公共服务设施进行科学合理的配置，能够明显缩小城乡公共服务差异，是实现城乡公共服务均等化的重要途径。

乡村地区公共服务设施普遍采用自上而下的“千人指标”规划方法，在渭南乡村空间局部出现萎缩的情况下，设施配置往往难以达到门槛标准。“生活圈”模式是以基本公共服务设施的标准化配置为重点、自下而上的村镇公共服务中心设施配套方法。生活圈的划分，突破了传统公共服务设施的等级化配置体系，形成了中心城市区域城乡一体的公共服务设施配置体系，通过重组农村空间，尤其是城乡交错带生活空间，使公共服务有机融入到农村居民的生活，在保障城乡公共服务公平的同时提升了空间生长效率。

空间生长单元，也是中心城市区域的公共服务单元，“生活圈”根据人口密度，在城市和乡村地区的服务半径也有所不同。中心城区是市域人口最为密集的区域，服务半径相对较小，而外围乡村服务半径则相应扩大。

2）“生活圈”的划分标准

渭南中心城市区域生活圈共分为四级，分别是初级生活圈、基本生活圈、日常生活圈和高级生活圈（表 7-6）。

初级生活圈：与居住和生活联系最为紧密，是居民日常出行步行可达的范围，以基层村居民点为中心，出行时间为步行 0 ~ 40 分钟。以平均步行速度 2 km/ 小时进行计算，初级生活圈的半径范围约为 0.5 ~ 3.0km。

基本生活圈：借助交通工具的短出行达到的范围，以基层村居民点为中心，出行时间为电动车车程 15 ~ 40 分钟。以平均车速 15km/ 小时进行计算，则基本生活圈的半径范围约为 1.5 ~ 4.5km。

日常生活圈：空间范围基本可以覆盖乡镇，以基层村居民点为中心，出行时间为公交车车程 20 ~ 60 分钟。以平均公交车速 40km/ 小时计算，则基本生活圈的半径范围约为 5 ~ 15km。

高级生活圈：空间范围基本覆盖市域，为全市提供更为多样和专业化的公共服务。以市域为一个完整的高级生活圈，覆盖中心城市区域范围内所有乡村地区。

生活圈的等级与设施　　表 7-6

生活圈	参考交通方式	出行时间（分钟）	等效服务半径（km）	服务重点	服务中心
初级生活圈	步行	0 ~ 40	0.5 ~ 3.0	针对老人和幼儿的福利设施、活动设施	行政村中心
基本生活圈	自行车 电动车	15 ~ 40	1.5 ~ 4.5	卫生室、活动设施等公益设施	乡镇中心
日常生活圈	电动车 公共汽车	20 ~ 60	5 ~ 15	卫生院、基础教育等公益设施	生长单元中心
高级生活圈	电动车 公共汽车	40 ~ 80	15 ~ 25	较高等级的综合性服务设施	城市中心

（4）生态空间生长中枢

渭南中心城市区域自然景观丰富多样，主要有渭河湿地、沈河公园、沈河水库、石鼓山、天留山、少华山和渭中平原的多个农业产业园等，它们可以分别形成相应的生态空间生长中枢（图 7-10）。

（5）“三生”空间生长中枢的复合

根据前述分析，确定渭南城乡空间单元的划分及空间生长中枢的位置（表 7-7、图 7-11、图 7-12）。

图 7-10　渭南中心城市区域主要生态空间生长中枢

渭南中心城市区域空间单元的划分　　表 7-7

编号	名称	类型	范围	空间生长中枢	半径（km）		
					最大	最小	平均
1	荆姚单元	文化旅游小镇型	荆姚镇、张桥镇	荆姚镇	12	2	5
2	卤阳湖单元	高新技术园区型	陈庄镇、党睦镇	卤阳湖产业园	10	5	7
3	下邽单元	特色农业小镇型	下邽镇、官底镇、官道镇	下邽镇	14	6	10
4	故市单元	特色农业小镇型	官路镇、蔺店镇、故市镇、交斜镇	故市镇	14	8	9
5	经开区单元	高新技术园区型	辛市镇、经开区	经开区	6	3	5
6	高新区单元	高新技术园区型	高新区	高新区	5	3	4
7	老城区单元	城市中心综合型	老城区	老城区	5	3	4
8	三张单元	特色农业小镇型	丰原镇、阎村镇、三张镇	三张镇	10	3	6
9	龙背单元	生态休闲小镇型	孝义镇、龙背镇、	龙背镇	10	2	7
10	阳郭单元	生态休闲小镇型	阳郭镇、崇凝镇、桥南镇	阳郭镇	10	6	7
11	下庙单元	特色农业小镇型	赤水镇、下庙镇	下庙镇	10	3	6
12	高塘单元	文化旅游小镇型	大明镇、高塘镇	高塘镇	8	4	5
13	华州单元	城市中心综合型	瓜坡镇、杏林镇、华州区	华州区	8	5	6
14	莲花寺单元	文化旅游小镇型	柳枝镇、莲花寺镇	莲花寺镇	10	3	5

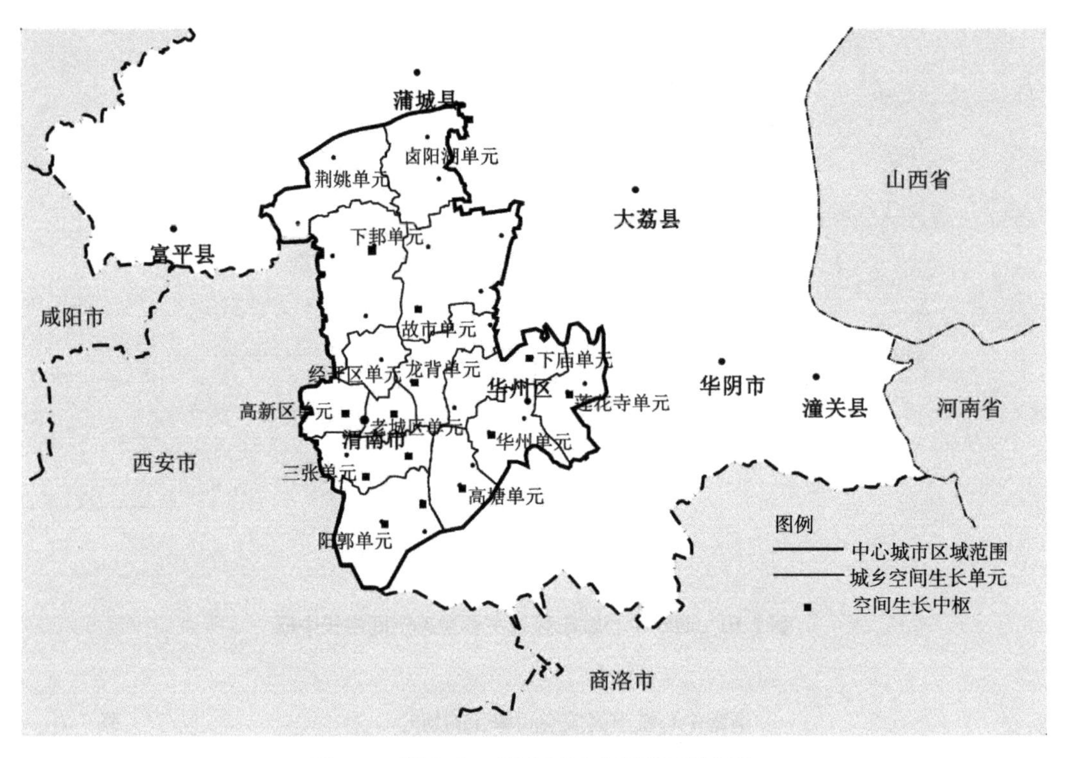

图 7-11 渭南中心城市区域空间单元的划分

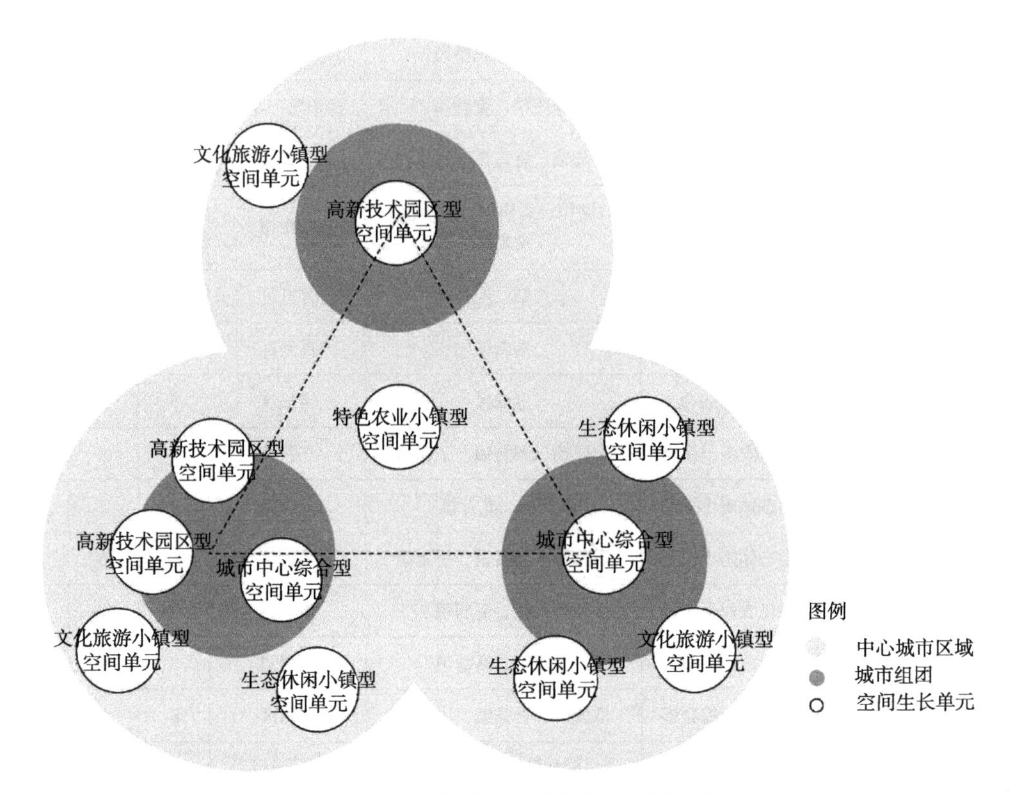

图 7-12 渭南中心城市区域空间生长单元模式图

围绕渭南中心城区的三大组团，分别形成相应的城市中心综合型和高新技术园区型空间单元。在这些组团外围，以高效农业、生态休闲和文化休闲为主要职能，与中心城区形成功能互补的空间单元。其中，主城区组团和华州组团南倚秦岭，结合山体景观资源和渭河支流水域资源，可形成多个生态休闲小镇型空间单元；依托这一地区悠久的历史文化，可形成多个文化旅游小镇型空间单元；原有以农业生产为主的乡镇，在继续“一镇一品”“一村一品”的特色农业发展路径基础上，与周边生态休闲小镇型、文化旅游小镇型空间单元职能进行互补，强化农业综合化发展，为这些空间单元生产具有地域特色的有机农副产品。三大组团之间广阔的渭中平原区，则以特色农业小镇型空间单元为主，突出农业发展的产业化、规模化、生态化，同时适当发展农业主题休闲度假产业。

7.2.2.3 城乡空间交通网络的完善

（1）快速交通网络

渭南中心城区的卤阳湖和华州区组团分别距离主城区组团 26km 和 42km，从城乡空间结构的完善角度分析，需要改善区域范围内大运量公共交通条件。在渭南中心城市区域建设 BRT（快速公交系统），以开辟公交专用道路与建造新式公交车站的途径提升城乡客运水平，一方面可以逐渐打破目前同心圆式的空间结构，使城市向多中心式空间结构演变，另一方面，能够提升交通网络沿线各个空间单元的交通区位条件，尤其是乡村地区，可以为其提供来自外部的协调动力，促进城乡人口和资源要素的流动，促进空间单元的生长。

TOD 作为一种新的空间开发模式，“构筑了一套新的土地使用和交通设计标准来重新平衡交通、步行、自行车以及小汽车在中国城市中的角色”，能够“增加出行便利性、降低碳排放、增加经济活力、提高空间质量和创建和谐、繁荣的社会”[①]，是兼公平与效率的空间开发模式。在 TOD 理念下进行渭南中心城市区域规划 BRT 网络，应根据不同城乡空间单元的特性进行交通网络的适宜性布局和 TOD 中心土地利用的规划。在老城区单元、高新区单元、经开区单元、卤阳湖单元、华州单元等以城市空间为主的区域，可按照站点间距 500 ~ 1000m 布局 BRT 站点，站点周边半径 400 ~ 600m 范围内可根据区位条件建设不同类型的空间生长复合中枢，如区域就业中心和商业中心、高密度的商业和住宅区，或包含中等密度的住宅和完备的配套服务设施的组团中心。在荆姚单元、下邽单元等以乡村空间为主的区域，可根据镇区之间的间距适当扩

① ［美］彼得·卡尔索普，杨保军，张泉等．面向低碳城市的土地使用与交通规划设计指南［M］．北京：中国建筑工业出版社，2014．

大 BRT 站点的间距，在站点 300 ~ 500m 范围内建设不同类型的空间生长复合中枢。以 600m 作为 BRT 站点的辐射半径，可形成面积为 1.13km^2 的非机动车活动区域，按照人均用地 100m^2/ 人进行计算，基本可满足规模约为 1 万人的小城镇镇区常住人口步行使用需求。重要的风景区、新型农村社区，也可根据实际需要进行站点的设置（图 7-13）。

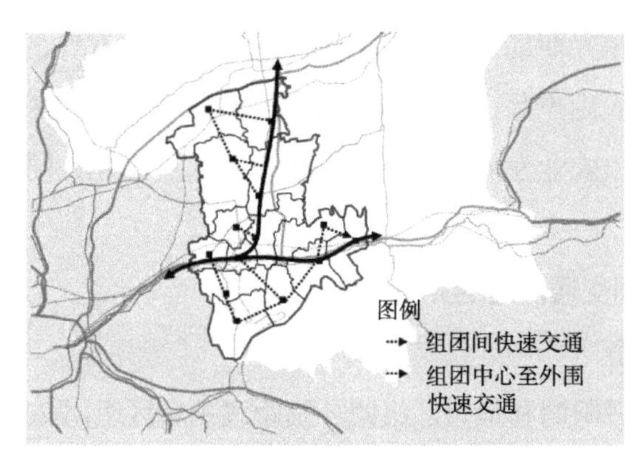

图 7-13　渭南中心城市区域快速交通网络模式图

基于城乡不同道路交通设施发展基础，BRT 在建设时可形成差异化模式。在人口密度较高的城市区域开辟 BRT 专用道，以保障车辆的通行能力；在人口密度较低的乡村区域，初期可与其他车辆共用车道，后期随着车流量的加大，再开辟 BRT 专用道，形成不断生长的快速交通网络空间。

（2）慢行交通网络

高品质的慢行系统是公共交通优先发展的基础和保障，在城市地区关注慢行交通的品质建设，可改变城市出行对小汽车的依赖；在乡村地区关注慢行交通的品质建设，可基本实现镇区 TOD 片区的完全非机动车化空间，最终实现以公共交通和慢行交通方式为主，私人交通方式为补充的低碳化交通出行结构。

依据渭南中心城市区域空间及交通特性，从空间单元共性角度，可规划日常生活慢行轴、休闲广场慢行轴等主要的慢行空间。日常生活慢行轴根据居民的日常出行需求，以生活区和出行节点为规划对象，通过慢行交通设施的布局，将出行、健身、探亲等多种活动进行有效连接，在居民区内部和不同居民区之间形成快捷、高效、安全的慢行交通出行系统。休闲广场慢行轴主要依托广场、步行街等城乡生活和生态空间，灵活衔接城乡居民的日常休闲与购物等活动。

从空间单元差异性角度，不同的空间单元可根据自身生产、生活、生态空间的特点，规划相应的特色慢行空间。如主城区单元、高新区单元、龙背单元，可依托渭河、沈河、零河等景观优美的城乡生态空间，建设滨河景观慢行轴。将滨河生态空间的环境品质改善与休闲服务提供相结合，拓展步行、自行车等慢行交通空间，并为城乡旅游休闲开辟新的空间。阳郭单元、莲花寺单元，则可与镇区外围的山体自然景观相结合，建设环绕镇区的自行车观光休闲慢行轴，丰富乡村居民的业余生活，同时也能够带动慢行轴周边空间的美化、优化，促进城乡空间的协调。

7.2.3　城乡空间单元内部的协调

7.2.3.1　城市中心综合型空间单元

渭南中心城市区域有主城区和华州等两个城市中心综合型空间单元。主城区空间单元位于渭河南岸，南部有西潼高速、连霍高速、陇海铁路、国道 G310 构成的交通廊道，中部有鼓楼、临渭区博物馆、沈河公园等旅游资源（图 7-14）。

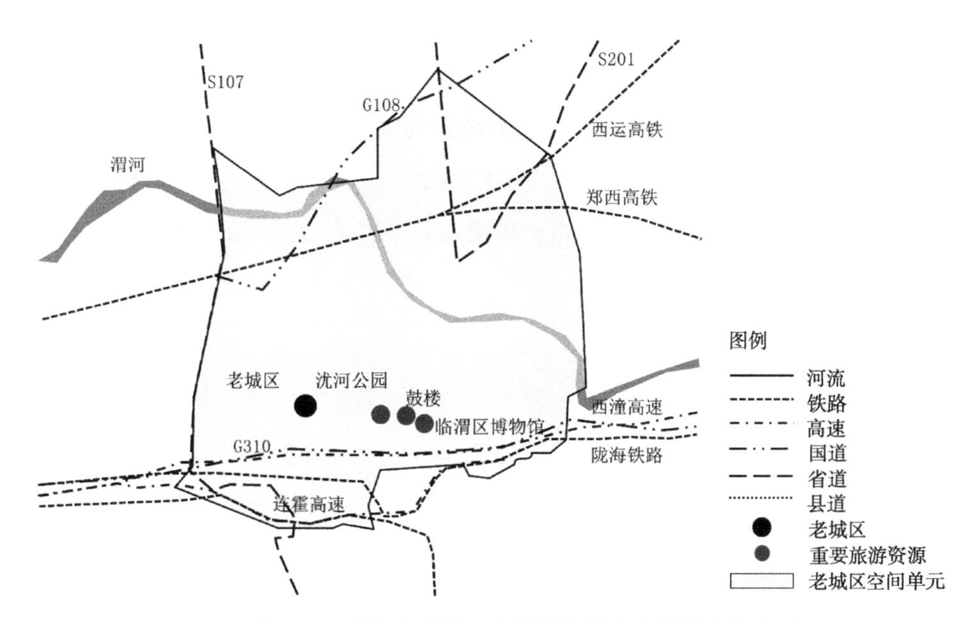

图 7-14　渭南老城区空间单元区位及主要资源分布图

（1）空间生长复合中枢的优化

渭南老城区是市域的公共服务中心，在城市产业升级过程中，老城区通过不断强化高等级产业服务和完善市级公共服务，形成空间生长复合中枢，实现空间的生长（图 7-15）。

城市主中心，需要通过快捷通勤建立紧凑的城市区域，将市级城市职能集中布局于若干个区域，建设再开发型 TOD 片区，并以用地置换、用地复合使用作为老城区空间单元生长的方向。

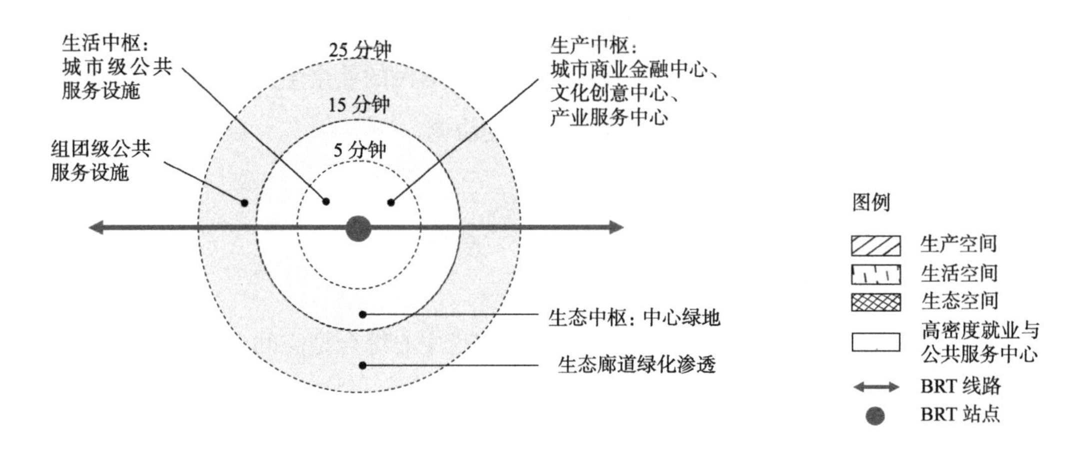

图 7-15　渭南老城区空间单元生长复合中枢模式图

（2）单元内部空间的协调

在进行单元内部协调时，也以城市职能的调整为空间协调的方向，以新兴产业集聚区等生产空间，博物馆、文化馆等生活空间，滨河公园、南塬运动休闲体验园、渭河湿地等生态空间的规划建设作为每个城市组团空间调整的动力（图 7-16）。

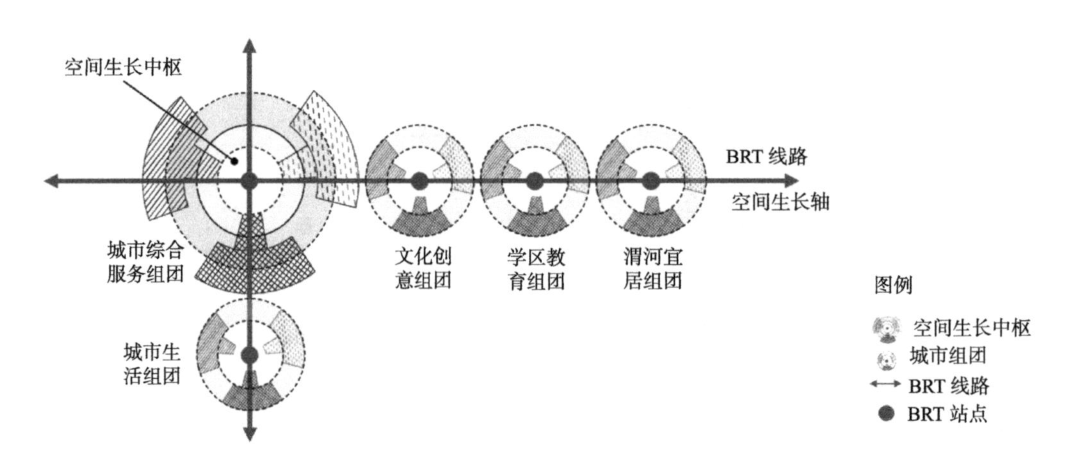

图 7-16　渭南老城区空间单元内部协调模式图

7.2.3.2　高新技术园区型空间单元

渭南中心城市区域有高新区、经济区和卤阳湖等三个高新技术园区型空间单元，目前高新区单元的城市建成区面积最大，功能也相对最为完善，在空间上可分为工业区、综合居住区和研发功能区（图 7-17）。

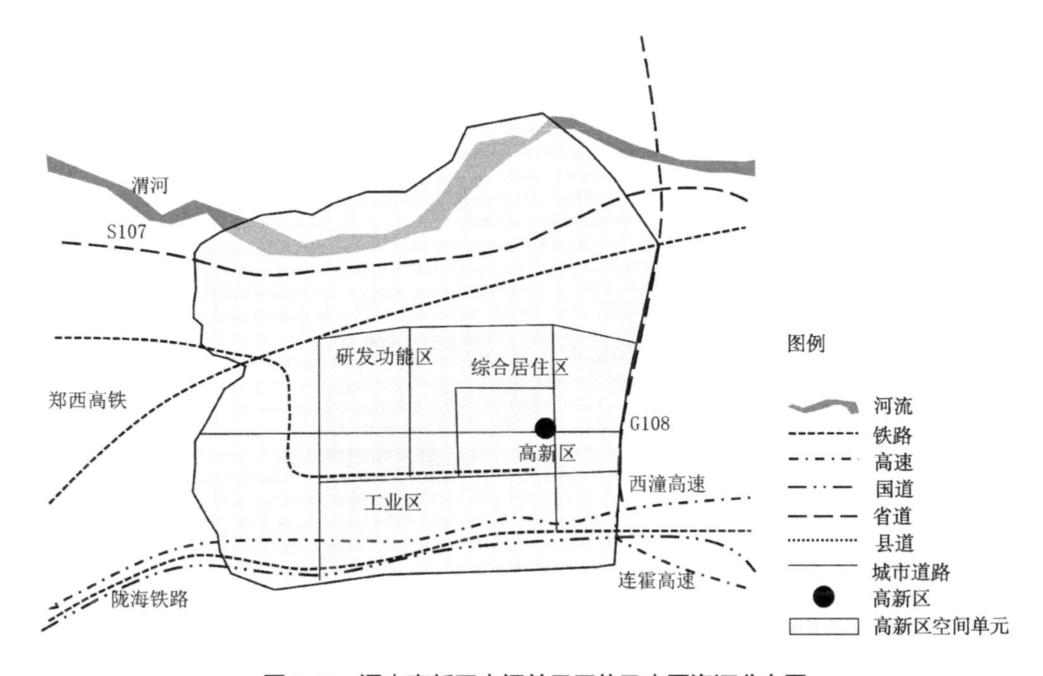

图 7-17 渭南高新区空间单元区位及主要资源分布图

（1）空间生长复合中枢的优化

高新技术园区是一种新的城市空间形态，但不仅仅是专业化的工业生产空间。应将其从“单一功能”的产业园区转变为“富有活力”的复合园区，它不再是高科技企业和研究机构的简单集中和线性空间叠加，而应结合高标准、多元化的空间需求，将休闲体验融入生产空间，成为一个兼具城乡空间环境优点，具有自然生态特色，集工作、居住和生活休闲于一体的复合化空间。

目前渭南高新区尚未全面开发建设，生活配套设施尚不健全，因此可将渭南科技产业园作为潜在的空间生长复合中枢之一，其中生产空间是复合中枢的核心。根据渭南科技产业园与高新区建成区的关系，将渭南科技产业园建成具有产品研发、总部办公、商业金融、科技展示、国际交流等职能，可作为区域的就业中心和商业中心之一。在空间生长复合中枢优化时，将其与日常性商业、娱乐、居住等功能相结合，强调多功能复合以及市民的互动参与，使中枢成为一个产、学、研、居一体，功能相互促进、土地混合利用的区域。在进行空间设计时，摒弃高层低密的传统城市设计手法，将传统的大体量科研办公建筑进行体量消解，形成若干个科研办公模块，并与其他相关功能进行组合，形成小街区的土地区划，既减少交通流，创造活泼和适宜步行的街道，又能满足市场的多元化需求（图 7-18）。

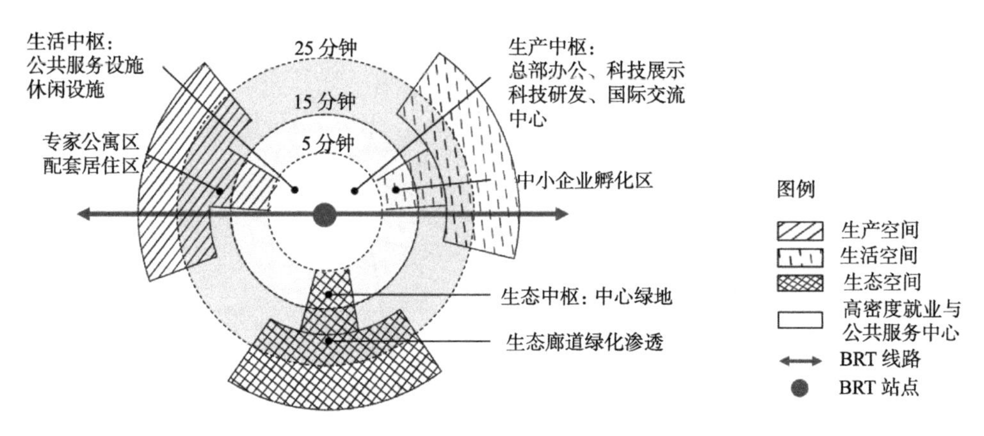

图 7-18　渭南高新区空间单元生长复合中枢模式图

（2）单元内部空间的协调

将渭南高新区空间单元进行 TOD 片区的划分，按照公共服务水平，空间生长复合中枢属于主中心，其他职能有所侧重的城市组团中心为次中心。不同职能的组团在渭南高新区整体空间生长框架下，以产业集聚为导向，满足居民不同类型的生产和生活需求（图 7-19）。

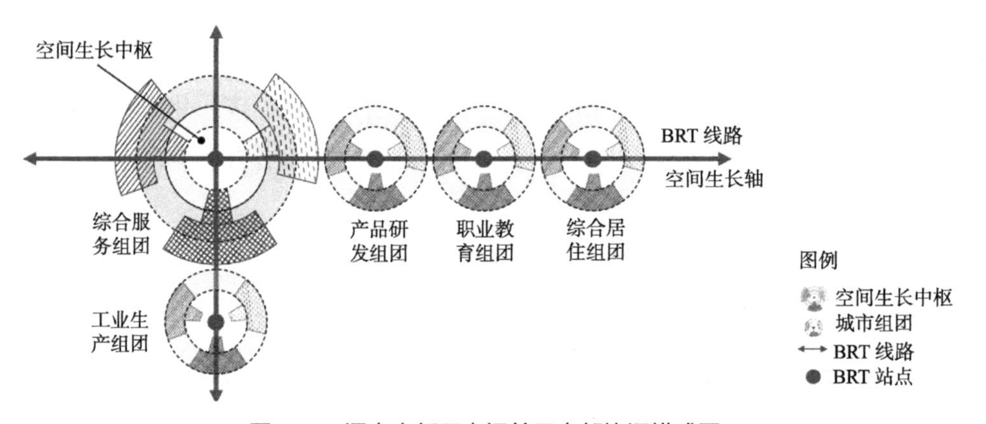

图 7-19　渭南高新区空间单元内部协调模式图

7.2.3.3　特色农业小镇型空间单元

渭南中心城市区域有下邽、故市、下庙、三张等四个特色农业小镇型空间单元。下邽空间单元包括下邽镇和官底镇，为典型的“一镇一品”特色农业型乡镇。下邽镇为古下邽县城所在地，史上唐朝名将张仁愿、诗人白居易和宋朝名相寇准均为下邽人，因此下邽素有“三贤故里”之称。下邽以农业和农副产品加工业为主导产业，2011 年下邽镇的渭北葡萄产业园被确定为全国首个葡萄“综合科技示范基地”，下邽镇依托葡萄产业发展葡萄人家农家乐旅游，先后荣获“全国休闲农业与乡村旅游示范点”、“省级旅游特色名镇”等称号。官底镇位于下邽镇以西，古代因设官邸招待来往下邽的官员而得名，后演变为官底。历史名人主要有宋代名相寇准、明代“关西夫子”薛敬、兵部尚书孙敬、清代著名皮影艺人杜升初等。现存寇准墓，为省级文物保护单位。官底镇主导产业为农业和农副产品加工业，为陕西省秦椒生产基地（图 7-20）。

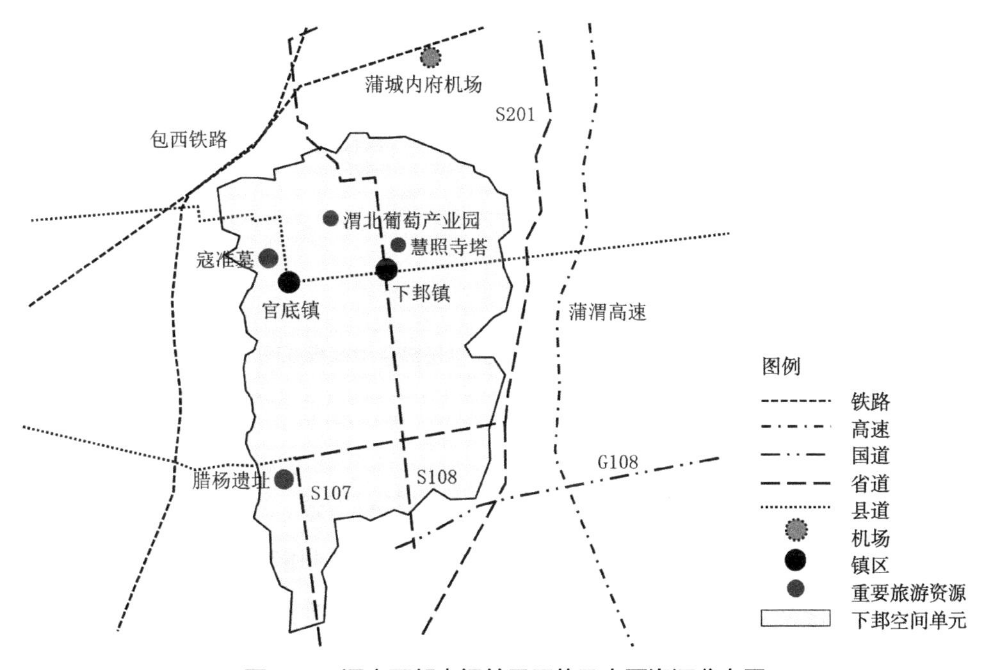

图 7-20　渭南下邽空间单元区位及主要资源分布图

（1）空间生长复合中枢的优化

下邽镇和官底镇作为特色农业镇，有试验田和推广种植区作为生产基础、农业科技和研发机构的技术支持，同时还有渐成体系的观光游览设施和及旅游服务设施，具有特色农业生产、特色农业科技和特色农业旅游三大优势，因此可围绕葡萄、秦椒等特色农产品形成产业链，实行专业化生产经营，通过产业链的完善带动这一区域综合发展。

将农业生产、农业科技和农业旅游三者进行复合作为“增长极”，形成特色农业发展中枢。中枢可为试验示范与带动推广、科技创新与成果转化、科技教育与职业培训等职能中的一种或多种，同时可适当增加一部分旅游功能。围绕特色农业发展中枢的职能，可将一部分职能进行外延，在空间上进行轴向拓展，或对某个职能进行复合，形成土地利用复合化的空间（图 7-21）。

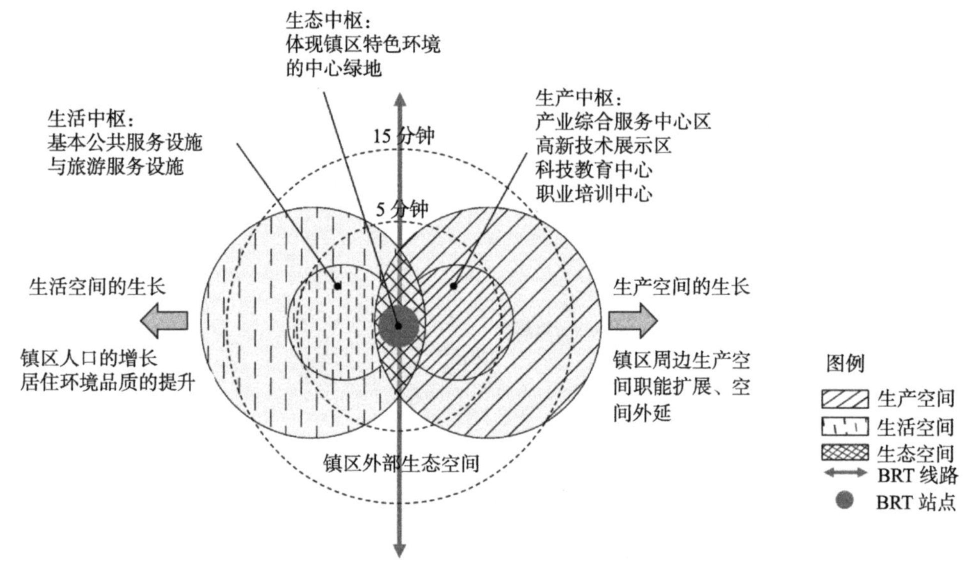

图 7-21　渭南下邽空间单元生长复合中枢模式图

（2）单元内部空间的协调

随着产业链的延伸，空间生长复合中枢的职能不断增强，越来越多的村庄以产业耦合的方式，分别承担农业生产、农业科技和农业旅游的职能，形成职能集中—产业链接—产业发展网络化的模式。一些村庄转变为以农产品生产和加工为主的村庄，为城市提供大量高品质的时鲜农产品；一些与镇区农业生产服务相结合，以农业研究开发为主导；一些村庄则迎合大西安旺盛的周末度假休闲旅游需求，向生态博览园、葡萄酒庄园、红酒温泉会所等一系列较高层级的旅游服务进行转变，吸引城市居民来此参观、学习和体验，观光收入的比重迅速增加；伴随游客规模的增长，民俗文化也将得到进一步挖掘，关中民俗风情园等民俗文化休闲服务的职能也将进一步加强（图 7-22）。

以生产空间为协调动力，生活空间也将随之改变，形成以生产空间为核心的集中与分散相结合的空间模式。大量劳动力从农业生产中脱离，转向其他产业，在居住模式上向镇区进行转移，以品质住区为主要的居住方式。原有村庄将改造成为标准化的居住社区，或以关中民居、葡萄文化为主题的美丽乡村区。

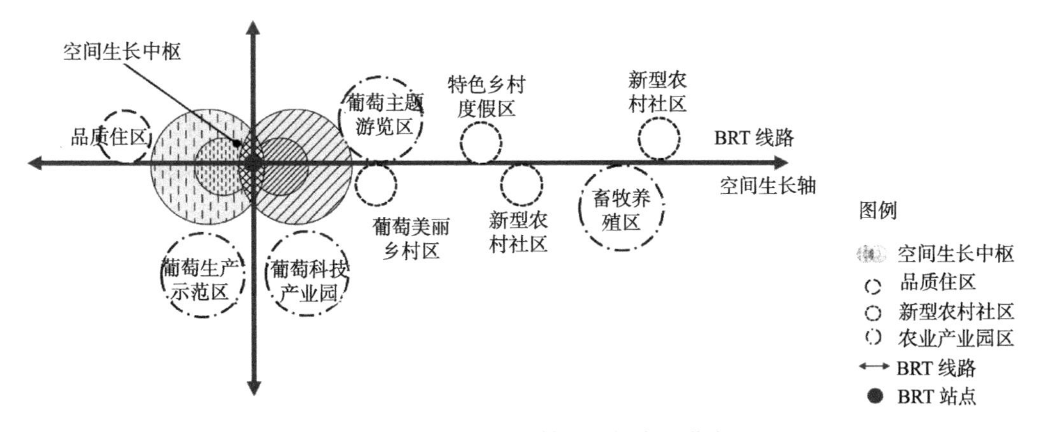

图 7-22 渭南下邽空间单元内部协调模式图

7.2.3.4 生态休闲小镇型空间单元

渭南中心城市区域有龙背和阳郭等两个生态休闲小镇型空间单元。阳郭空间单元包括阳郭镇、崇凝镇和桥南镇，均位于临渭区南部、秦岭北麓的浅山地带，天留山、石鼓山森林公园距渭南市区仅 20km。阳郭镇是著名的陕商故乡，目前农业以柿子、红薯、核桃等特色种植为主，工业以农副产品加工为主。崇凝镇历史悠久，文化积淀丰富，镇域内有明代吏部左侍郎孙宏的陵寝、秦始皇行宫步寿宫、元末将军李思齐陵地柏树坟等遗址遗迹。桥南镇农业以杂果为主，镇域内现有航天测控装备博物馆一座（图 7-23）。

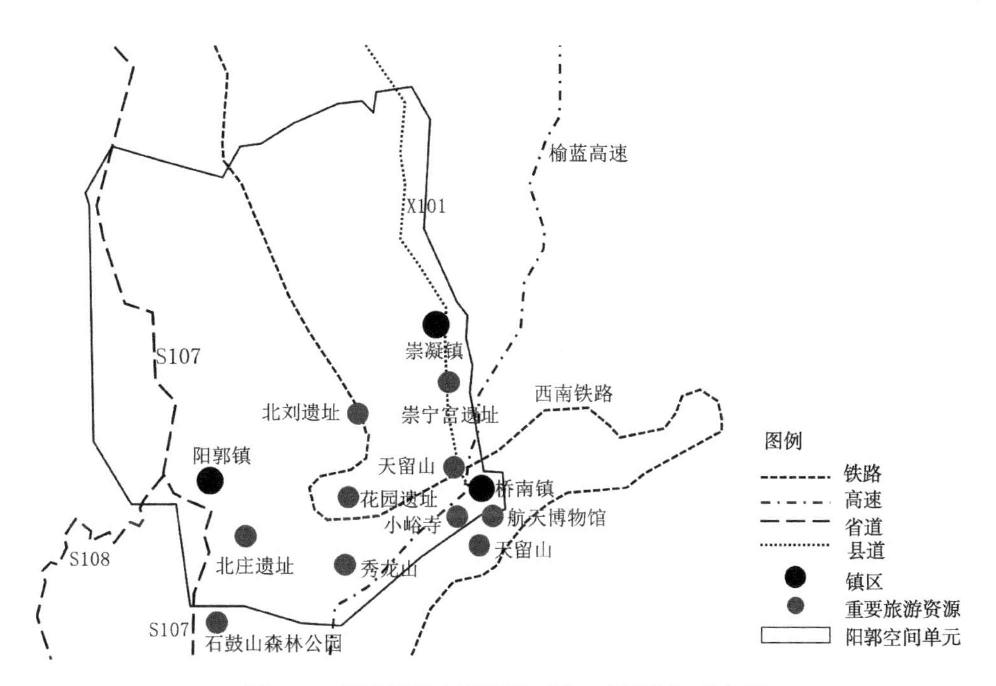

图 7-23 渭南阳郭空间单元区位及主要资源分布图

（1）空间生长复合中枢的优化

阳郭空间单元拥有森林、牧场、果园等丰富的生态资源，可根据这些资源特色形成以新兴生态休闲需求为导向的空间生长复合中枢。渭南气候温和，阳郭空间单元生态环境优越、文化资源丰富，距离渭南中心城市仅半小时，规划关中环线东段将穿越该区域，进一步强化了这一区域的交通区位优势。基于以上资源优势，可推动阳郭空间单元向生态休闲和生态养老进行发展转型，建设秦岭东塬航天基地生态健康城。

复合中枢以生态和养老产业为主，在这一产业板块的基础上配套相关的养老设施、文化旅游设施、生态休闲设施、生活服务设施，形成未来空间单元生长的集聚区域（图7-24）。

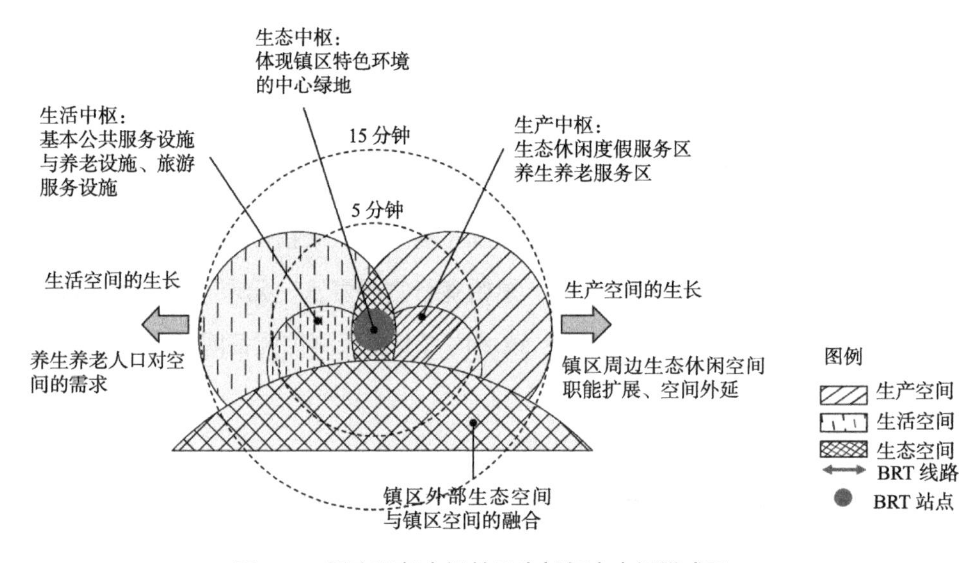

图 7-24　渭南阳郭空间单元生长复合中枢模式图

（2）单元内部空间的协调

阳郭空间单元以生态休闲和生态养老为核心的生长中枢形成后，可依据生态资源的分散性特征，在镇区建设旅游服务中心的同时，促进生态资源周边相应新型农村社区的发展。

在具有怡人自然环境或一定农业发展基础的乡村地区，可散点式地结合原有乡村，以游客生态休闲需求为导向，完善吃、住、行、游、购、娱相关旅游服务设施，如基于岭、塬、坡等地形进行核桃和牧草的种植，并由此衍生出核桃种植、核桃加工、畜牧养殖业和畜牧科普互动等一系列的延伸产业；结合特有的大地景观打造休闲农牧场，将采摘鲜果、农业科普、农产品初加工等体验融入规划设计中，打造诗情画意的生态观光园；

在用地条件适宜区域规划国际酒店、休闲养生、高端生态居住等功能。以生态休闲空间的优化，带动乡村地区空间的生长，促进“三生”空间的整体协调（图 7-25）。

养老板块的生长包括山间疗养、医疗配套、养生住宅和养生相关产品等内容。其中，山间疗养主要依托秦岭山脉打造良好的景观，为养老提供户外活动空间；医疗配套可于镇区规划一处养老型医疗设施，提供体检、日常医护及保健治疗等服务；养生住宅是专用化的养老型住区，针对老年人生活方式和生活需求，在环境绿化、公共服务及医疗设施配置上进行专门化配置；养老相关产品指镇区外围的乡村地区可依托养老产业，促进乡村生态农副产品的生产和消费。

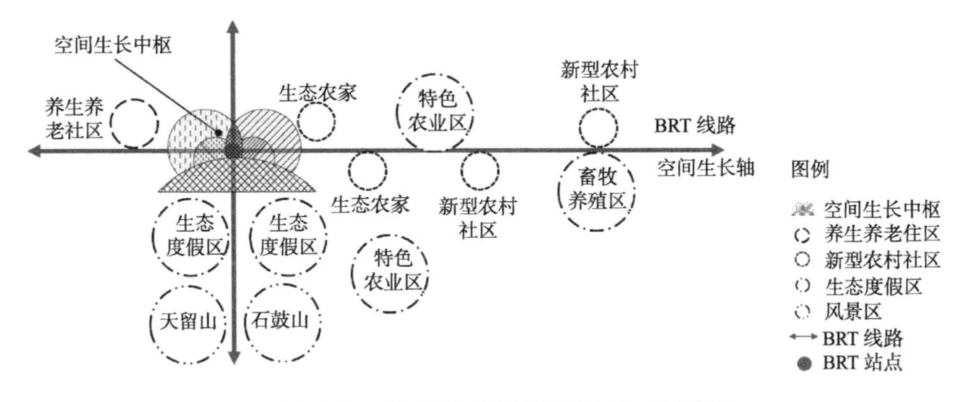

图 7-25 渭南阳郭空间单元内部协调模式图

7.2.3.5 文化旅游小镇型空间单元

渭南中心城市区域有荆姚、高塘和莲花寺等三个特色农业小镇型空间单元。莲花寺空间单元包括莲花寺镇和柳枝镇。莲花寺镇南依国家级森林公园少华山，以农业和旅游为主导产业，境内文物古迹及旅游资源丰富，有宁山寺、潜龙寺等 2 处佛教寺院，西马村为唐代著名将领郭子仪出生地。柳枝镇钾长石、铀铌铅等矿产资源丰富，以农业和建材加工为主导产业，是华州区东部的集贸中心，境内名胜古迹有永庆寺（图 7-26）。

（1）空间生长复合中枢的优化

莲花寺空间单元依靠少华山，拥有大量的历史文化资源和民俗文化资源，除作为少华山森林公园的旅游服务基地外，以历史文化、乡土民风为重点吸引游客，强调参与式深入体验。华州皮影文化突出，为我国出现最早的汉族戏曲剧种之一，2006 年被列入国家首批非物质文化遗产名录。以文物保护单位、历史遗迹集中区、非物质文化遗产体验区为主体，并沿国道 G310 少华山段建设绿道串接华州空间单元，可形成集文化体验和运动休闲于一体的空间生长复合中枢。针对现状国道司家河附近建材加工

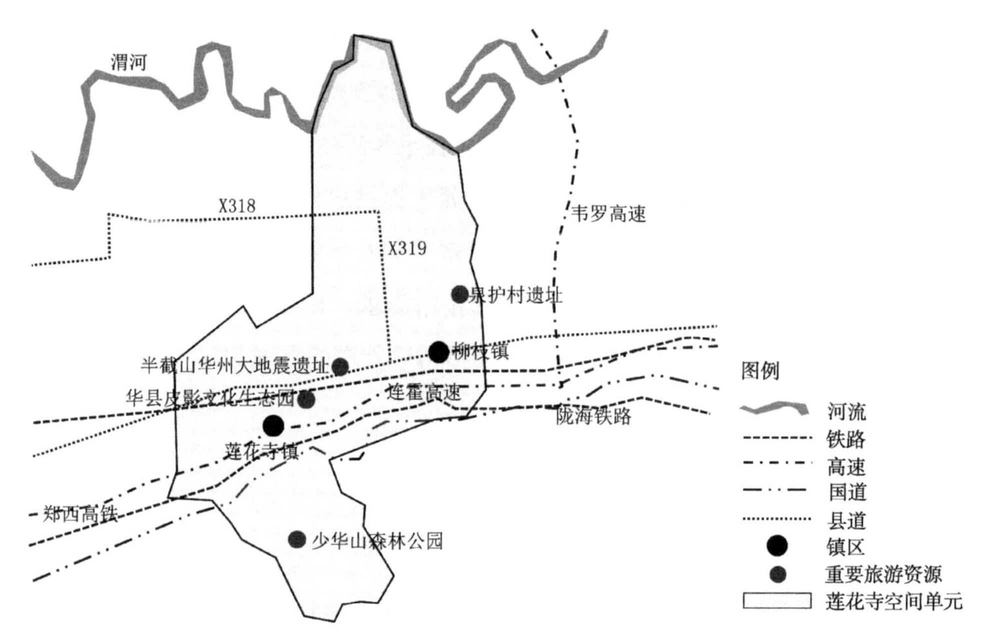

图 7-26　渭南莲花寺空间单元区位及主要资源分布图

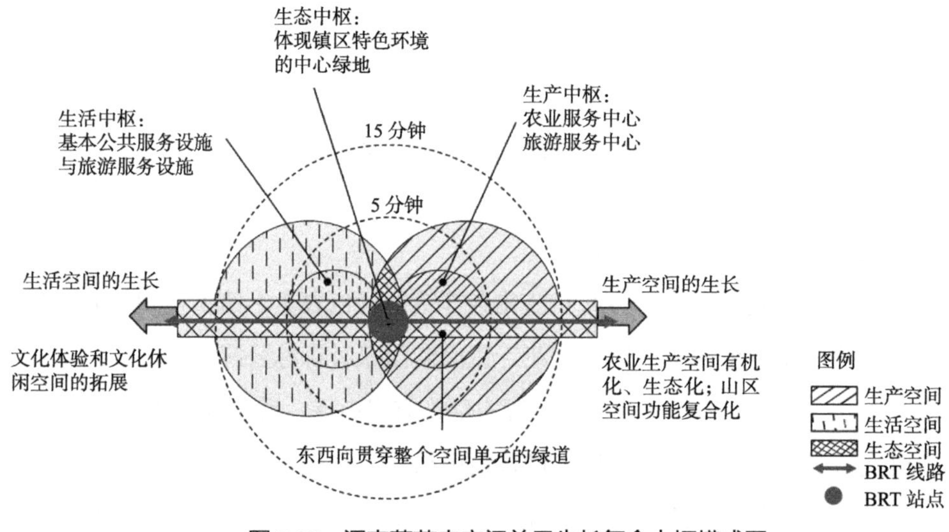

图 7-27　渭南莲花寺空间单元生长复合中枢模式图

小工厂企业整治，结合现状皮影文化园，可增设皮影表演展示馆、技艺体验馆、皮影学堂等文化旅游项目。在现有国道 G310 基础上，通过增设休憩节点等途径，完善慢行交通设施，优化慢行环境（图 7-27）。

（2）单元内部空间的协调（图 7-28）

围绕文化体验职能的完善，单元内部空间的协调可以建设少华山山寨休闲村落民俗文化综合景区为目标，以华州皮影为核心，并进一步挖掘黑陶、老腔、秧歌、面花、刺绣等特色文化资源，使这一区域成为传统民俗旅游胜地。不同村庄可根据村民特长，相应从事民俗演艺、手工艺制作、民俗商业、风味美食等旅游服务工作。

少华山绿道本身是以生态和景观为主的生态空间，在凸显生态美的同时将其与生产空间相结合，可衍生出一系列生态休闲和运动休闲项目，带动少华山文化景区外围乡村的发展。渭河与少华山之间的区域为狭长的冲积扇，这一地区农业种植历史悠久，大地景观优美，将绿道与农业观光带相结合，可开展休闲农业游，带动绿道沿线农业型乡村的旅游休闲产业发展；在临山区域，可结合山体开展户外休闲运动，带动这一地区乡村空间的生长。

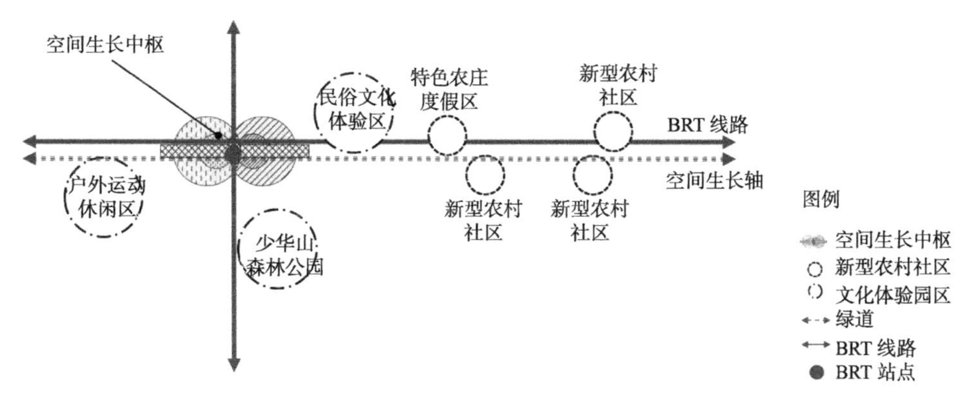

图 7-28 渭南莲花寺空间单元内部协调模式图

7.3 城乡空间协调生长的规划制度框架

现有规划往往偏重空间规划而对社会治理重视不足，规范化、制度化的规划方法可以为城乡空间协调提供稳定、持续的发展支撑，从顶层设计上保障空间协调的公平与效率。

城乡空间协调生长的制度框架主要从规划编制—实施过程中的反馈机制、经济手段、行政手段和法律手段等方面为规划的编制和实施提供社会治理的整体框架。

7.3.1 编制过程调整：空间博弈参与人的平衡

（1）增强公众整体的空间博弈能力

城乡空间的生长更多体现为空间功能、结构和形态的更新，由于空间博弈参与人的多元，目前告知式的公众参与模式已无法支撑城乡空间的更新。西北欠发达地区乡村，由于政策缺乏和资金不足，目前绝大部分乡村规划都处于非参与阶段，政府以直接公示和通知的形式主导规划的实施管理，农民在规划的编制和实施中参与权利较少。而城镇建设中，项目参与主体更加复杂，涉及地方政府、原住城镇居民、农民工、城市贫民、新购商品房市民等多元利益群体，在规划的编制和实施中若没有充分的协商，难以实现规划的公平性和合理性。

因此，在进行城乡空间协调生长规划时，应从空间博弈的参与人角度进行调整，重点增强公众博弈能力，通过选择代理人的方式进行深入参与，如在城市层面，着力培育非政府组织，在乡村层面，将农业生产的组织者培育为空间生长的博弈主体（表7-8）。

城市规划与乡村规划行动主体特征对比　　表 7-8

行动主体特征	城市规划	乡村规划
参与主体类别	官方政府、城市开发机构与商业团体、城市市民	村民
利益主体表现	“官”：城市和谐发展 “商”：经济价值 “民”：居住环境	生活、生产与娱乐环境
执行主体模式	政府营建、商业开发	村民自建
规划师主体行为	设计	设计、宣传、指导

资料来源：葛丹东，华晨．城乡统筹发展中的乡村规划新方向 [J]．浙江大学学报（人文社会科学版），2011，40（3）：148-155．

（2）实行针对小城镇与乡村规划的社区规划师制度

城乡空间协调生长要求基层公众的普遍参与，并以基层民主推进规划的编制和实施。2011 年，成都在全国范围内首创了乡村规划师制度，为全市的 196 个乡镇配备了共计 150 名乡村规划师，一定程度上解决了农村规划基础薄弱的问题①。在目前各种新农村规划模式中，乡村规划师制度最具有优越性。

乡村规划师以一个技术协作者和中间沟通者的身份参与规划编制，他们可运用专业技术在驻村的过程中深入理解规划村庄的资源特色、主导产业、文化传统、社区结构等，并在较长时间的驻村活动中充分与村民进行交谈，理解其真正的发展诉求和可能的实现路径，同时又将规划意图及时地向村民进行反馈。

（3）规划的动态维护

规划的编制和实施是一个动态过程，规划的实施管理应根据城乡空间发展中遇到

① 佚名．成都乡村规划师实现全域满覆盖 [J]．领导决策信息，2010（39）：23．

的各种现实问题，及时应对和积极解决，而不是简单地执行。还应根据不同利益主体的发展诉求，对规划本身进行不断完善。规划的实施过程中应对规划实施的效果进行定期评估，对规划内容进行调整。

小城镇和乡村地区空间发展具有更大的不确定性，这是因为农民个体对乡村空间发展影响更为直接，因此，村庄规划方案在批复后，应定期进行规划调整和动态维护。采用村庄行动计划，可将规划的实施根据重要性和时间顺序划分为若干个阶段，在完成一个阶段任务后启动下一个阶段任务，并根据现实需求对阶段任务进行适时的调整。在内容上，行动规划上建立项目决策先行的规划实施机制，明确地表述近期新型农村社区建设和整治的具体项目、建设进程、实施主体、投资收益和经费来源。

7.3.2 经济手段创新：空间投资主体共同受益

相比于空间蔓延式增长，城乡空间的更新需要更加行之有效的经济协作模式。参与城乡空间更新的利益主体主要有政府、商业利益群体和公众。政府代表整个社会的集体利益，须兼顾公平与效率的共同作用。同时，政府还应在城市更新中起到促进地方产业发展、活力提升和创造就业机遇等主导作用。

西北地区中等城市经济发展实力相对薄弱，长期以来，乡村地区的规划和建设以政府的财政收入与各种涉农资金为主体。在市场经济体制下，政府的主要职能应从直接投资转为监督管理，并尽可能调动多方主体的积极性，充分发挥市场主体的作用，通过培育多元投资主体的方式进行经济手段的创新，通过产业发展、设施布局以及小城镇和新型农村社区建设,积极开展多种方式的资金利用试点,共同促进城乡空间发展。

如成都市村镇城乡统筹规划，市场主体以实质性方式参与了从规划编制的组织、内容选择到建设实施的整个过程。政府与市场两方面的力量，通过各种融资手段，拓宽了融资渠道，放大了原始资金的效益，解决了城乡建设中的资金难题。而在政府资金投入部分，开发性金融也长期、稳定地进行了介入。开发性金融兼具政府组织优势与国开行融资优势，这一银政合作的融资模式，在若干个重点项目的规划建设和城乡统筹发展平台的建设中发挥了重要作用，促进了成都市统筹城乡目标的实现（表 7-9）。

成都村镇城乡统筹规划在编制与实施中的多元主体模式　　表 7-9

	一般模式	村镇城乡统筹规划模式
组织编制形式	政府委托	• 政府委托，项目实施方、开发性金融积极介入 • 协商式规划（政府、投资方、村镇居民等）

续表

	一般模式	村镇城乡统筹规划模式
编制内容	按《城乡规划法》《镇规划标准》进行编制	• 依据村镇规划导则进行编制，并体现“四性”，具有具体项目乡镇完成方案设计 • 重点地段完成城市设计，结合乡镇进行项目策划 • 公共设施“定点位、定规模、定标准、定投资”
实施机制	政府推动部分公共设施及新居工程建设	• 政府推动进行风貌整治、公共设施建设 • 政府融资平台整体打造 • 构筑“开发性金融＋融资平台”，批量孵化项目，整体推进公共服务设施及基础设施建设，多样化资金工具介入产业化项目

资料来源：李惟科．城乡统筹规划方法 [M]．北京：中国建筑工业出版社，2015：88.

在产业发展上，建立以政府引导、企业投资的发展模式，积极引导城乡产业合理布局，形成城乡关联的产业链；在小城镇和新型农村社区的公共设施建设上，建立政府带动、企业为主的投融资体制。具体可采用“设立分级负担的财政专项资金”“加大财政资金奖补力度”“用足用活土地政策资金”“整合涉农资金”“积极争取社会资金投入”[①]等方式。

如甘肃武威市凉州区在加快推进新型农村社区建设方面出台了一系列优惠政策措施，从财政奖补、融资渠道拓宽以及项目资金整合等方面进行经济手段创新，有效推进了建设步伐。“2012 年凉州区全年新建新农宅示范点 47 个共计 10561 户，其中新型农村社区达 23 个共计 9959 户，新型农村社区个数占新农宅示范点的 48%，新型农村社区户数则占 94%”[②]（表 7-10）。

武威市新型农村社区建设的经济手段创新　　表 7-10

扶持类型	项目内容
财政奖补	对新建 800 户以上和续建 400 户以上的社区，每户给予不低于 2 万元的基础设施配套补助资金
	示范点规划费用由区财政承担
	减免示范点建设各种行政事业性收费
融资渠道拓宽	统筹各类涉农项目资金向新型农村社区投放
	协调金融部门为农户提供 5 至 8 万元的按揭贷款
其他措施	允许农民跨乡镇、跨社区购房居住

资料来源：根据王宏山．借得春风换新颜——凉州区加快推进新型农村社区建设纪实 [EB/OL]. 2013． http://wwrb.gansudaily.com.cn/system/2013/03/11/013748837.shtml. 整理

① 喻新安，刘道兴．新型农村社区建设探析 [M]．北京：社会科学文献出版社，2013：277.

② 王宏山．借得春风换新颜——凉州区加快推进新型农村社区建设纪实 [EB/OL]. 2013．http://wwrb.gansudaily.com.cn/system/2013/03/11/013748837.shtml.

7.3.3 行政管理协调：空间实施管理的一致性

城乡空间具有生态、生活和生态等多重职能，职能在空间上复合交叉，部分在管理上存在一定交叠，因此行政手段创新的核心是在全域层面建立跨行政区域的综合管理机构。

（1）明确区域协同的规划底限

对影响区域整体生态安全格局和城乡文化格局的关于资源环境约束、水资源保护、基本农田保护，以及自然与人文资源保护相关内容进行先行研究，在空间上划定禁建区范围。

（2）通过全域规划实现多部门协同

土地利用规划中的基本农田、耕地等重要区域资源，通过用地性质进行明确，守住城乡生态空间。在行政管理中，与国土、城建、环保、文保、水利以及林业等部门建立整体统一而又分工明确的管理体系。

（3）调整行政区划，优化城镇体系

乡镇合并，扶持小城镇发展。小城镇是城镇等级结构宝塔的基座，渭南在促进小城镇发展上，应对有一定实力和发展潜力的小城镇给予政策支撑，鼓励其优先发展，并通过乡镇合并等打破行政区划的方法扩大乡镇规模，使其真正具备规模效应，起到重点镇的作用。

（4）试点先行

打破村庄界限，加强村庄整合，提高土地利用效率。新型农村社区是由两个或两个以上的自然村或行政村合并而成，但不是每个村庄都具备相应的经济基础，渭南应在对新型农村社区统一规划的基础上，逐步推动有条件的区域调整产业布局，统一规划建设乡村居民住房和公共服务设施，形成新的农民生产生活生态共同体。

7.3.4 法律途径保障：空间合作博弈的有效性

（1）通过多规合一实现综合土地管理手段合法

《国家新型城镇化规划（2014—2020年）》指出，要“加强城市规划与经济社会发展、主体功能区建设、国土资源利用、生态环境保护、基础设施建设等规划的相互衔接。推动有条件地区的经济社会发展总体规划、城市规划、土地利用规划‘多规’合一”[①]。

① 中华人民共和国中央人民政府网站:《国家新型城镇化规划（2014 — 2020年）》http://www.gov.cn/gongbao/content/2014/content_2644805.htm

多规合一的目地在于建立覆盖城乡的完整的空间规划体系，在城市总体规划与土地利用总体规划的协调上，多规合一要重点实现全域建设用地指标的协同以及建设用地—非建设用地的协同，将多规合一作为城乡空间协调的综合手段。

相对于乡村，城市具有更强的集聚特性与规模效应，加之我国的空间政策具有较强的城市偏向与路径依赖，因此城市空间在与乡村空间在争夺发展资源的竞争中必然胜出，导致西北地区中等城市建设用地指标向中心城区倾斜，而缺乏土地指标使西北地区中等城市区域外围的小城镇发展缓慢形成了恶性循环。在全域范围内实现用地指标的协同，可以在保障效率的同时更加公平地兼顾城市与乡村的发展机会，统一阶段性土地调整指标，并根据公平—效率原则“自上而下”地进行分配。

在对全域用地进行综合分析和统筹的基础上划分建设用地与非建设用地，明确城镇建设用地的发展方向、发展规模以及适宜的空间范围，更加准确地对中心城区、重点镇以及新型农村社区的空间规模进行控制。

（2）通过扩大规划区实现重点空间协调范围合法

《中华人民共和国城乡规划法》和《城市规划编制办法》都将规划区作为城乡规划的主要控制区域，但是对市域范围内城镇体系规划和城乡统筹规划控制力较弱，不能很好地解决市域范围内、规划区以外区域的城乡空间协调问题。

将中心城市区域作为扩大的规划区，纳入城乡规划控制范围，可以加大城乡规划的控制力度，着眼全域，全面统筹城乡空间，增强城乡规划在解决区域空间协调上的能力。

（3）通过完善地方性法规条例和技术标准实现协调规划体系合法

《中华人民共和国城乡规划法》出台后，全国各省、自治区普遍了开展针对《城乡规划法》的地方性实施细则。各地制定《城乡规划条例》这一地方立法行为可有针对性地就自身的城乡空间协调具体问题提供适宜的解决方案。如《哈尔滨市城乡规划条例》为解决城市待开发地区的日常性建设管理问题,通过“制定专项控制规划”和“核发临时乡村建设许可证”的手段，有效限制了城乡接合部的盲目开发和乡村地区的违法建设①。

地方性规划编制导则则可以针对不同城市的特点，在规划编制的深度上提出规划编制在城乡聚落产业和空间特色、基本公共服务设施配套等方面的具体要求。

目前，西北地区中等城市在市级城乡规划条例立法上还有很大空白，推动地方性

① 李惟科．城乡统筹规划方法[M]．北京：中国建筑工业出版社，2015：107.

法规条例和技术标准的完善，可以全面加强行政单元内规划编制和规划实施的指导。

7.4 本章小结

本章对我国既有城乡协调规划方法进行了回顾，对渭南市现有城市规划成果进行了检讨；划分了城乡空间协调生长规划的层次；在技术框架上，确立了技术流程、技术准则和技术手段；从反馈机制、经济手段、行政手段和法律手段上确立了渭南中心城市区域城乡空间协调生长的制度框架。

结论与展望

8.1 基本结论

（1）审视了西北地区中等城市区域城乡空间生长的现实问题

从城乡生产、生活和生态空间的关联出发，研究认为当前西北地区中等城市区域城乡空间协调生长中存在的主要问题包括：1）城乡空间整体层面，生态空间的生长受到挤压，景观生态格局破碎化，空间功能单一；生产空间的发展水平较低，城乡关联度弱，就业吸引能力弱；生活空间的城乡差异较大，空间更新难度高，设施差距明显。2）城市空间层面，生态空间较为匮乏，建设滞后；生产空间中工业已向外拓，但生产空间的结构有待优化；生活空间局部地区已得到改善，但建成区内部区域差异较大。3）乡村空间层面，生态空间景观破碎化，城郊农业区乡村旅游已散点式出现；生产空间中农业生产方式较为传统，而工业发展缺乏支撑；生活空间整体缺乏整理，乡土性逐渐淡化。究其原因，主要来自于西北地区的区域制约、城乡关系的阶段制约以及空间主体的博弈关系。

（2）明确了西北地区中等城市区域城乡空间协调生长的目标

在相关理论与案例借鉴的基础上，本书认为城乡空间生长存在着一定的共性，表现为：各种矛盾交织，每个历史阶段都有相应的价值导向；空间实体与空间制度是城乡空间的两个作用面，城市规划制度在协调城市空间发展上发挥了越来越重要的作用；空间是稀缺资源，提升空间配置效率是城市规划永恒的追求；城市空间与乡村空间的地位趋于平等。梳理“美好”城乡空间特征，形成了西北地区中等城市区域城乡空间协调生长的目标，为“公平”与“效率”的统一。并进一步明确了宏观、中观、微观三个层面城乡空间协调的“公平—效率”目标，认为宏观层面的协调目标是“有效率才有公平”，中观层面的目标是“效率优先、机会均等”，微观层面的目标是“效率优先、兼顾公平”。

（3）构建了西北地区中等城市区域城乡空间协调生长的评价方法

西北地区中等城市区域城乡空间协调生长的评价包括城乡空间本体、属性和制度等三个方面。其中，空间本体包括空间规模、空间结构和空间形态，空间属性包括经济属性、社会属性和生态属性，空间制度包括创新结构和制度治理。

（4）梳理了西北地区中等城市区域城乡空间协调生长的机制

西北地区中等城市总体处于城乡空间初步一体化向中度一体化的过渡阶段。分析西北地区中等城市区域城乡空间协调生长的主要因子与作用机制，本书提出以中心城市区域为重点协调区域，将城乡空间网络、城乡空间生长复合中枢和城乡空间单元三者耦合，形成西北地区中等城市区域的空间结构模式。城市空间资源要素通过这一空间结构进行重组，使城乡空间的生长更具多元性、紧凑性、平衡性和弹性。同时，这一模式也是城乡空间实现合作博弈的协议，能够满足民众对空间的需求、引导和约束空间的开发、解决先行投资匮乏问题、优化政府公共物品供给结构和引导商业利益群体进行理性的空间再生产。

（5）探讨了西北地区中等城市区域城乡空间协调生长的规划方法

（泛）“多规合一”视域下西北地区中等城市区域城乡空间协调生长的规划方法，建立在统一的基础数据与技术平台、统一的规划期限、统一的用地分类与规划建设用地标准基础上，是中心城市区域城乡空间一体的规划。规划技术框架分为整体和空间单元两个层面。整体层面包括中心城市区域范围的界定、生长空间的划定及空间生长复合中枢的选择、城乡空间交通网络的完善等内容。城乡空间单元层面主要包括空间生长复合中枢的优化，以及城乡空间单元内部的协调。

8.2 主要创新

（1）城乡空间协调生长的目标及评价方法构建

国内外相关学者很早就关注城乡空间的理想模式，但适合现阶段西北地区中等城市的城乡协调目标及空间特征却尚未明确。基于对可持续性城乡空间“美好图景”的探求，本书从经典理论和实践案例中梳理了“美好”城乡空间的特征，并从普遍价值观的公平与效率出发，探讨了城市规划视角下城乡空间协调生长的总体目标以及宏观、中观、微观三个层面的目标。在目标导向下，从城乡空间本体、属性和制度三个维度构建了城乡空间协调性的评价体系，用于规划编制前、中、后三个阶段的协调性评价，以判断城乡空间协调的水平和阶段、城市和乡村的比较优势以及空间资源重新配置的可能性。

（2）基于新价值观的城乡空间协调生长机制设计

以城乡空间产品分配的“公平与效率”为目标,本书从空间的需求与生产角度出发，将空间的再生产过程作为提升城乡空间生长协调性的机遇，以纠正经济效率主导下的空间不正义。选择中心城市区域作为城乡空间的重点协调区域，构建了城市区域的空间结构模式，形成与研究对象城乡空间一体化阶段相匹配的空间生长结构。借鉴“增长极”理论，提出以“城乡空间生长中枢”作为空间的“增长极”，诱导空间要素在城乡网络中流动和调适，从而形成城乡空间再生产过程中资源重组的空间结构模式。运用博弈论方法，将“城乡空间生长中枢”作为鼓励生长的区域和博弈参与人空间利益的契合点，引导空间建设的引导与约束。

（3）（泛）“多规合一”视域下城乡空间协调生长的规划框架创新

在国内外城市区域化发展研究的基础上，提出了适合渭南的空间结构演变的引导方法和城市区域的规划方法。通过多要素叠加的方法明确界定了中心城市区域的范围，在（泛）“多规合一”视域下将中心城市区域作为一个整体进行城乡空间单元的划分，打破了传统规划城乡空间分隔的规划模式，使每个空间单元既有“城”的空间，也有“乡”的空间，成为同时融合城市与乡村空间优点，且能够实现职住就地就近平衡的区域。借鉴 TOD 理念,提出了以“城乡空间生长中枢”高密度就业和公共服务区域为核心，进行城乡空间单元内部协调的方法。

8.3 研究展望

本书探讨了西北地区中等城市区域城乡空间协调生长的目标、机制与规划方法，尽管研究中得出了一些有意义的结论，但仍有不少方面可进行更为深入的研究。

（1）（泛）“多规合一”视域下中心城市区域城乡空间协调生长评价体系的完善

城乡空间生长的协调性可从空间的本体、属性和制度三个方面进行评价，但三者相互影响，如何评价三者之间的关系并建立量化、动态的综合评价体系，仍需进一步完善。

目前城乡空间生长的评价数据主要来源于空间影像和各类统计年鉴，但中心城市区域是一个空间功能区，涉及多个区县的部分乡镇甚至村庄，因此评价所需数据来自多个行政区划层次且数量庞大，并非个别完整区县数据的简单叠加或比较。现有规划技术手段难以获取如此复杂的面板数据，需要借助于“多规合一”的技术平台进行完善。

（2）空间生产理论导向下城乡空间生长协调路径的建立

目前空间生产理论多以批判的视角对已有空间实践进行反思，而未成为直接的解决城乡空间协调生长问题的手段。寻求城乡空间生长的公平与效率，是空间生产的永恒追求，现有空间不是一个终结状态，而是一个不断修正的趋于协调的生长过程，因此可在空间生产理论导向下进一步研究人、资本、文化等要素在城乡空间中的运动轨迹，以及如何协调参与主体的空间生产关系，以建立建设性的城乡空间协调路径。

参考文献

专著书籍类

[1] [德]克里斯塔勒著，常正文，王兴中等译. 德国南部中心地原理[M]. 北京：商务印书馆，2010.

[2] [芬兰]伊列尔·沙里宁著，顾启源译. 明日的田园城市[M]. 北京：中国建筑工业出版社，1986.

[3] [英]保罗·萨缪尔森著，萧琛等译. 经济学[M]. 北京：华夏出版社，1999.

[4] [美]奥沙利文著，苏晓燕等译. 城市经济学[M]. 北京：中信出版社，2003.

[5] [美]彼得·卡尔索普，杨保军，张泉等. 面向低碳城市的土地使用与交通规划设计指南[M]. 北京：中国建筑工业出版社，2014.

[6] [美]刘易斯·芒福德，宋俊岭，倪文彦译. 城市发展史——起源、演变和前景[M]. 北京：建筑工业出版社，2005.

[7] [日]岸根卓郎. 迈向21世纪的国土规划——城乡融合系统设计[M]. 北京：科学出版社，1990.

[8] [英]钱纳里等著，吴奇等译. 工业化和经济增长的比较研究[M]. 上海：上海三联书店，1989.

[9] [英]埃比尼泽·霍华德著，金经元译. 明日的田园城市[M]. 北京：商务印书馆，2010.

[10] [英]彼德·霍尔. 城市与区域规划[M]. 北京：中国建筑工业出版社，2008.

[11] [英]大卫·哈维著，王钦译. 新自由主义简史[M]. 上海：上海译文出版社，2010.

[12] 巴里·卡林沃思，文森特·纳丁著，陈闽齐，周剑云，戚冬瑾，等译. 英国城乡规划[M]. 南京：东南大学出版社，2011.

[13] 方创琳，等. 中国城市群可持续发展理论与实践[M]. 北京：科学出版社，2010.

[14] 费景汉，拉尼斯. 劳动剩余经济的发展[M]. 北京：经济科学出版社，1992.

[15] 冯云廷. 城市经济学[M]. 大连：东北财经大学出版社，2005.

[16] 顾朝林. 多规融合的空间规划[M]. 北京：清华大学出版社，2015.

[17] 顾朝林，甄峰，张京祥. 集聚与扩散：城市空间结构新论[M]. 南京：东南大学出版社，2000.

[18] 郭鸿懋，等. 城市空间经济学[M]. 北京：经济科学出版社，2002.

[19] 胡俊. 中国城市：模式与演进[M]. 北京：中国建筑工业出版社，2001.

[20] 胡毅，张京祥．中国城市住区更新的解读与重构——走向空间正义的空间生产 [M]．北京：中国建筑工业出版社，2015．

[21] 江曼琦．城市空间结构优化的经济分析 [M]．北京：人民出版社，2001．

[22] 厉以宁，吴易风，李懿．西方福利经济学述评 [M]．北京：商务印书馆，1984．

[23] 李惟科．城乡统筹规划方法 [M]．北京：中国建筑工业出版社，2015．

[24] 林坚．中国城乡建设用地增长研究 [M]．北京：商务印书馆，2009．

[25] 刘易斯．二元经济论 [M]．北京：北京经济学院出版社，1989．

[26] 罗震东，张京祥，韦江绿．城乡统筹的空间路径——基本公共服务设施均等化发展研究 [M]．南京：东南大学出版社，2012．

[27] 马强．走向“精明增长”：从“小汽车城市”到“公共交通城市” [M]．北京：中国建筑出版社，2007．

[28] 苗建军．城市发展路径——区域性中心城市发展研究 [M]．南京：东南大学出版社，2004．

[29] 孙施文．现代城市规划理论 [M]．北京：中国建筑工业出版社，2007．

[30] 涂序彦，韩力群，马忠贵．协调学 [M]．北京：科学出版社，2012．

[31] 王振亮．城乡空间融合论——我国城市化可持续发展过程中城乡空间关系的系统研究 [M]．上海：复旦大学出版社，2000．

[32] 邬建国．景观生态学——格局、过程、尺度与等级 [M]．北京：高等教育出版社，2001．

[33] 吴良镛．人居环境科学导论 [M]．北京：中国建筑工业出版社，2001．

[34] 谢文蕙，邓卫．城市经济学 [M]．北京：清华大学出版社，2008．

[35] 杨培峰．城乡空间生态规划理论与方法研究 [M]．北京：科学出版社，2005．

[36] 喻新安，刘道兴．新型农村社区建设探析 [M]．北京：社会科学文献出版社，2013．

[37] 曾菊新．现代城乡网络化发展模式 [M]．北京：科学出版社，2001．

[38] 张沛，孙海军，张中华，等．中国城乡一体化的空间路径与规划模式——西北地区实证解析与对策研究 [M]．北京：科学出版社，2015．

[39] 张沛．区域规划概论 [M]．北京：化学工业出版社，2006．

[40] 张泉，王晖，陈浩东，等．城乡统筹下的乡村重构 [M]．北京：中国建筑工业出版社，2006．

[41] 张天勇，王蜜．城市化与空间正义——我国城市化的问题批判与未来走向 [M]．北京：人民出版社，2015．

[42] 张维迎．博弈论与信息经济学 [M]．上海：上海人民出版社，2004．

[43] 张志斌，张小平．西北内陆地区城镇密集区发展演化与空间整合 [M]．北京：科学出版社，2010．

[44] 赵民，陶小马．城市发展和城市规划的经济学原理 [M]．北京：高等教育出版社，2001．

[45] 周平轩. 论公平与效率——关于公平与效率的理论分析和历史考察 [M]. 济南:山东大学出版社,2014.

期刊杂志类

[1] 边防，赵鹏军，张衔春，等. 新时期我国乡村规划农民公众参与模式研究 [J]. 现代城市研究，2015，(4): 27-34.

[2] 陈浩，张京祥，吴启焰. 转型城市空间再开发中非均衡博弈的透视——政治经济学的视角 [J]. 城市规划学刊，2010 (5): 33-40.

[3] 陈勇. 空间博奕理论的应用与规划启示 [J]. 城市规划汇刊，2002，(2): 62-64，80.

[4] 陈忠. 空间辩证法、空间正义与集体行动逻辑 [J]. 哲学动态，2010 (6): 40-46.

[5] 仇保兴. 城乡统筹规划的原则、方法和途径——在城乡统筹规划高层论坛上的讲话 [J]. 城市规划，2005，29 (10): 9-13.

[6] 崔功豪，马润潮. 中国自下而上城市化的发展及其机制 [J]. 地理学报，1999 (2): 106-115.

[7] 段宁，黄握瑜. 城乡总体规划编制的理念转变与内容创新——基于“两型社会”背景下城乡总体规划编制的创新思路 [J]. 城市规划，2011 (4): 36-40.

[8] 冯娟，罗静. 中国村镇主体空间行为博弈及对策分析 [J]. 人文地理，2013，28 (5): 81-86.

[9] 高中岗. 杂谈城市规划方法的变革 [J]. 现代城市研究，1994 (4): 18-19.

[10] 葛丹东，华晨. 城乡统筹发展中的乡村规划新方向 [J]. 浙江大学学报 (人文社会科学版), 2011，40 (3): 148-155.

[11] 顾朝林，彭翀. 基于多规融合的区域发展总体规划框架构建 [J]. 城市规划，2015 (2): 16-22.

[12] 顾朝林. 经济波动时期的城市与区域规划思考 [J]. 规划师，2009 (3): 41-45.

[13] 郭健. 城乡统筹背景下小城镇总体规划编制方法探析——以河北省唐山市丰南区黄各庄镇为例 [J]. 城市规划，2011，35 (9): 92-96.

[14] 何明俊. 城市规划协同机制中的公共协商 [J]. 规划师，2013，29 (12): 17-21.

[15] 贾莉，闫小培. 社会公平、利益分配与空间规划 [J]. 城市规划，2015，39 (9): 9-15+20.

[16] 江泓,张四维. 生产、复制与特色消亡——“空间生产”视角下的城市特色危机 [J]. 城市规划学刊,2009 (4): 40-45.

[17] 金经元. 再谈霍华德的明日的田园城市 [J]. 国外城市规划，1996 (4): 31-36.

[18] 兰勇，陈忠祥. 论我国城市化过程中的城乡文化整合 [J]. 人文地理，2006，(6): 39，45-48.

[19] 李兵弟. 城乡统筹规划: 制度构建与政策思考 [J]. 城市规划，2012，(12): 25-33.

[20] 李辉. 博弈论视角下城市成长管理的空间策略研究 [J]. 贵州社会科学，2014 (12): 120-125.

[21] 李康．试论建筑设计和城市规划方法的改革与现代化 [J]．新建筑，1983（1）：55-61．

[22] 李颖怡．城乡一体化背景的乡村景观价值探讨 [J]．风景园林，2013，（4）：150-151．

[23] 林坚，陈诗弘，许超诣，等．空间规划的博弈分析 [J]．城市规划学刊，2015（1）：10-14．

[24] 刘滨谊．城乡绿道的演进及其在城镇绿化中的关键作用 [J]．风景园林，2012，6：62-65．

[25] 刘玉．信息时代城乡互动与区域空间结构演进研究 [J]．现代城市研究，2003（2）：33-36

[26] 鲁奇，曾磊，王国霞，等．重庆城乡关联发展的空间演变分析及综合评价 [J]．中国人口・资源与环境，2004，（2）：82-88．

[27] 栾峰，陈洁，臧珊，等．城乡统筹背景下的乡村基本公共服务设施配置研究 [J]．上海城市规划，2014（3）：21-27．

[28] 罗彦，杜枫，邱凯付．协同理论下的城乡统筹规划编制 [J]．规划师，2013（12）：12-16．

[29] 罗震东，韦江绿，张京祥．城乡基本公共服务设施均等化发展的界定、特征与途径 [J]．现代城市研究，2011，（7）：7-13．

[30] 任平．空间的正义——当代中国可持续城市化的基本走向 [J]．城市发展研究，2006（5）：1-4．

[31] 任云英，常仲嵛．西北干旱区绿洲型城市空间演变及其动因分析——以库尔勒为例 [J]．建筑与文化，2012（3）：91-93．

[32] 申明锐，张京祥．新型城镇化背景下的中国乡村转型与复兴 [J]．城市规划，2015，39（1）：30-34+63．

[33] 沈迟，许景权．“多规合一”的目标体系与接口设计研究——从“三标脱节”到“三标衔接”的创新探索 [J]．规划师，2015，31（2）：12-16+26．

[34] 石忆邵．实施统筹城乡发展战略的意义与对策 [J]．农业经济问题，2004（2）：61-62．

[35] 苏涵，陈皓．“多规合一”的本质及其编制要点探析 [J]．规划师，2015，31（2）：57-62．

[36] 孙施文．中国的城市化之路怎么走 [J]．城市规划学刊，2005（3）：9-17．

[37] 王巍．关于城市规划方法的一些思考 [J]．山西建筑，2011（14）：1-2．

[38] 王颖，孙斌栋．运用博弈论分析和思考城市规划中的若干问题 [J]．城市规划汇刊，1999，（3）：61-63．

[39] 魏婷婷，徐逸伦．基于“反规划”生态视角下的城乡空间生长潜力研究——以河北省霸州市为例 [J]．江西农业学报，2012，24（8）：174-178．

[40] 吴良镛．芒福德的学术思想及其对人居环境学建设的启示 [J]．城市规划，1996（1）：35-41+48．

[41] 夏安桃，许学强，薛德升．中国城乡协调发展研究综述 [J]．人文地理，2003，（5）：33，56-60．

[42] 熊向宁，徐剑，孙萍．博弈论视角下城市成长管理的空间策略研究 [J]．贵州社会科学，2014（12）：120-125．

[43] 许洁，秦海田．“城市村庄”——城乡空间协同发展模式 [J]．重庆建筑，2010，9（10）：16-19．

[44] 颜文涛，萧敬豪，胡海，等．城市空间结构的环境绩效：进展与思考 [J]．城市规划学刊，2012（5）：50-57．

[45] 杨亮洁，杨永春，王录仓．城市系统中的竞争与协同机制研究 [J]．人文地理，2014，29（6）：104-108．

[46] 杨培峰．城乡空间生态规划实施制度环境分析及应对 [J]．城市发展研究，2004（11）：57-62．

[47] 杨晓娜，曾菊新．城乡要素互动与区域城市化的发展 [J]．开发研究，2004（1）：83-85．

[48] 姚士谋，等．城市群重大发展战略问题探索 [J]．人文地理，20113（1）：1-6．

[49] 姚士谋，李青，武清华，等．我国城镇群总体发展方向与趋势初探 [J]．地理研究，2010（8）：45-49．

[50] 叶超，柴彦威，张小林．“空间的生产”理论、研究进展及其对中国城市研究的启示 [J]．经济地理，2011，31（3）：409-413．

[51] 尹贻梅，刘志高，刘卫东．路径依赖理论研究进展评析 [J]．外国经济与管理，2011（8）：1-7．

[52] 余斌，曾菊新，罗静．论城乡地域系统空间组织的微观机制 [J]．经济地理，2006，（3）：14-18．

[53] 余颖，唐劲峰．“城乡总体规划”：重庆特色的区域规划 [J]．规划师，2008（4）：69-71．

[54] 袁奇峰，等．从“城乡一体化”到“真正城市化”——南海东部地区的反思和对策 [J]．城市规划学刊，2005（1）：98-101．

[55] 张红旗，许尔琪，朱会义．中国“三生用地”分类及其空间格局 [J]．资源科学，2015，37（7）：1332-1338．

[56] 张京祥，葛志兵，罗震东，等．城乡基本公共服务设施布局均等化研究——以常州市教育设施为例 [J]．城市规划，2012，36（2）：9-15．

[57] 张京祥，胡毅．基于社会空间正义的转型期中国城市更新批判 [J]．规划师，2012，28(12)：5-9．

[58] 张京祥，陆枭麟．协奏还是变奏：对当前城乡统筹规划实践的检讨 [J]．国际城市规划，2010（1）：12-15．

[59] 张尚武．城镇化与规划体系转型——基于乡村视角的认识 [J]．城市规划学刊，2013，（6）：19-25．

[60] 张庭伟．1990 年代中国城市空间结构的变化及其动力机制 [J]．城市规划，2001，（7）：6-13．

[61] 张晓瑞，宗跃光．区域主体功能规划研究进展与展望 [J]．地理与地理信息科学，2010（6）：41-45．

[62] 张孝德．中国的城市化不能以终结乡村文明为代价 [J]．行政管理改革，2012，（9）．

[63] 赵钢．城乡整体生长空间的规划建设策略 [J]．城市发展研究，2004（1）．

[64] 赵华勤，张如林，杨晓光，等．城乡统筹规划：政策支持与制度创新 [J]．城市规划学刊，2013

（1）：23-28.

[65] 赵珂，冯月．城乡空间规划的生态耦合理论与方法体系 [J]．土木建筑与环境工程，2009（2）：94-98.

[66] 赵群毅．城乡关系的战略转型与新时期城乡一体化规划探讨 [J]．城市规划学刊，2009（6）：47-52.

[67] 赵燕菁．理论与实践：城乡一体化规划若干问题 [J]．城市规划，2001（1）：23-29.

[68] 赵英丽．城乡统筹规划的理论基础与内容分析 [J]．城市规划学刊，2006（1）：32-38.

[69] 甄峰，宁登，张敏．城乡现代化与城乡文化——对城市与乡村文化发展的探讨 [J]．城市规划汇刊，1999，（1）：51-53+77.

学位论文类

[1] 陈世峰．基于博弈论的区域规划研究——以贵州习水县城市空间战略规划为例 [D]．重庆：重庆大学，2013.

[2] 陈晓华．乡村转型与城乡空间整合研究——基于“苏南模式”到“新苏南模式”过程的分析 [D]．南京：南京师范大学，2008.

[3] 成艾华．中国城乡空间融合发展中的问题与对策研究 [D]．武汉：华中师范大学，2001.

[4] 李冰．二元经济结构理论与中国城乡一体化发展研究 [D]．西安：西北大学，2010.

[5] 赵蕾．构建高速发展的城乡整体生长空间——探索绍兴中心城市城乡空间整体规划 [D]．杭州：浙江大学，2005.

[6] 朱健．城乡空间一体化规划初探——以苏南地区为例 [D]．苏州：苏州科技学院，2011.

会议论文类

[1] 董晓峰．西方城市规划方法的基本类型与演变方向分析 [C]// 东南大学出版社，2011：9524-9534.

[2] 舒沐晖，沈艳丽，蒋伟，等．法定城乡规划划分“生产、生活、生态”空间方法初探 [C]//2015 中国城市规划年会论文集，2015.

[3] 田莉．城市规划的价值导向：效率与公平消长中的困惑 [C]// 中国建筑工业出版社，2006：331-334.

外文资料

[1] Borke J. H. Economics and Economics Policy of Dual Societies as Exmplified by Indonesia[M]. New York: Institute of Pacific Relation,1953.

[2] Boudeville J. R. Porblems of Regional Economic Planning [M]. Edinburgh: Edinburgh University Press,1966.

[3] C.A.Doxiadis. Ekistics: An Introduction to the Science of Human Settlements: 147.

[4] Ciccone A.Agglomeration effects in Europe[J].European Economic Review, 2002, (46).

[5] Claudio Piga, Joanna Poyago-Theotoky. Endogenous R&D spillover sand locational choice[J].Regional Science and Urban Economics, 2005, (35).

[6] Cox K. R, Johnston R. J. Conflict, Politics, and the Urban Scene[M].London:Longman,1982:13-25.

[7] Curtis J. Simon. Industrial reallocation across US cities: 1977-1997[J].Journal of Urban Economics, 2004, (56).

[8] David D. The consumer Revolution in Urban China[M]. Barkeley,CA:University of California Press,2000.

[9] David Harvey. Social justice, postmodernism, and the city[J].International Journal of Urban and Regional Research,1992(16):588-601.

[10] David Harvey. The urban process under caplism: a framework for analysis[J].International Journal of Urban and Regional Research,1978,2(1-4):101-131.

[11] European Commison.Fact Sheet: Rural Development in the European Union[M]. European Commison, Brussels, 2003.

[12] Fei C. H,Rains G. A. Theory of Economics Development[J].American Economic Revies, 1961(9):533-565.

[13] Forman R. T. Land mosaics: the ecology of landscapes and regions[M].Cambridge:Cambridge University Press, 1995.

[14] Friedmann, The Urban Field[J].Journal of the American Planning Association, 1965.

[15] Hakimi S L. Location with spatial interactions: conmpetitive locations and games[A].P B Mirchandani,R L Francis. Discrete location theory [C] New York:John Wiley & Sons Inc, 1990:439-477.

[16] Harris J.R, Todaro M. P. Migration Unemployment and Devlopment: A Two-sector Analysis[J]. American Economic Revies,1970(3):126.

[17] Harvey,D. Space of Global Capitalism: Towards a Theory of Uneven Geographicl Development[M]. London:Verso,2006.

[18] Hicks,J.R. The Rehabilitation of Consumers' Surplus. The Reriew of Economic Studies, 1941,Feb:108-116.

[19] Kaldor,N. Welfare Propositions of Economics and Interpersonal Comparisons of Utility. Economic Journal,1939,49:549-52(Sep).

[20] Krugman P. Increasing Returns and Economic Geography[J]. J. Polit.Econ.,1991(99): 483-499.

[21] Krugman P.History Versus Expectations [J]. Quarteriy Journal of Economics,1991(106):651-657.

[22] Krugman, P. The Self-organizing Economy[M].Cambridge, Massachusetts: Blackwell Publishers, Ltd., 1996.

[23] Krugman, P. "The New Economic Geography: Where Are We?" [M] // Fujita M.ed. Regional Integgartion in East Asia: From the Viewpoint of Spatial Economics.New York:Palgqrarave MacMillan,2007.

[24] Lefebvre Henri. The production of space[M]. Oxford UK & Cambridge USA: Blackwell,1991.

[25] Lewis W. A. Eeonomic Development with Unlimited Supply of Labor[J]. The Manchester School of Economic and Social Studies,1954(5):139-191.

[26] Linda Harris Dobkins, Yannis M. Ioannides. Spatial interactions among U.S. cities 1900-1990[J]. Regional Science and Urban Economics, 2001, (31).

[27] Luis M. A. Bettencourt, Jose Lobo, Deborah Strumsky. Invention in the city: Increasing returns to patenting as a scaling function of metropolitan size[J].Research Policy, 2007, (36).

[28] McHarg I. L. Design With Nature[M].New York:John Wiley & Sons, 1969.

[29] Mills, E. S. Book Review of Urban Sprawl Causes, Consequences and Policy Response[J].Regional Science and Urban Economics,2003,(33).

[30] P. R. Gould. Man against his enwironment: A game theoretic framework[J]. Annals of the Association of American Geographers,1963,53(3):290-297.

[31] Pendall, R. Do Land-use Controls Cause Sprawl[J].Environment and Planning,1999,26.

[32] Perrux F.Economic Space: Theory and Applications [J]. Quarteriy Journal of Economics, 1950,(64):89-104.

[33] Rodney R. White. Building the ecological city[M].Woodhead Publishing Ltd and CRC Press LLC, 2002.

[34] Sandercock, L. Towords Cosmopolis:Planning for Multicultural Cities[M].New Jersey:John Wiley & Sons,1998.

[35] Shalini Sharma. Persistence and stability in city growth[J].Journal of Urban Economics, 2003, (53).

[36] Simonds J. O. Landscape Architecture:A Manual of Site Planning and Design[M].New York: McGram-Hill, 1977.

其他文献

[1] GB/T 50280—98．城市规划基本术语标准 [S]．中华人民共和国建设部，1998．

[2] 北京清华城市规划设计研究院．武威城乡融合发展核心区规划 [Z]．2010．

[3] 北京清华规划设计研究院．渭南市城市总体规划（2010—2020）[Z]．2010．

[4] 国家统计局城市社会经济调查司．中国城市统计年鉴 2013[Z]．北京：中国统计出版社，2014．

[5] 渭南市临渭区统计局．临渭统计年鉴．2007—2009[Z]．2010．

[6] 渭南市临渭区统计局．临渭统计三十年 [Z]．2006．

[7] 渭南市临渭区统计局．数字临渭 2013[Z]．2014．

[8] 渭南市统计局．渭南统计年鉴 2013[Z]．2014．

[9] 西安建大城市规划设计研究院．铜川市中心城区空间发展战略规划（2012—2030）[Z]．2012．

[10] 中国城市规划设计研究院．库尔勒市城乡总体规划（2012—2030）[Z]．2012．

[11] 中华人民共和国城乡规划法 [R]．2013．

[12] 中华人民共和国统计局．中国统计年鉴 2013[Z]．北京：中国统计出版社，2013．

[13] 中华人民共和国统计局．中国统计年鉴 2014[Z]．北京：中国统计出版社，2014．

[14] 中华人民共和国住房和城乡建设部．城市规划编制办法 [R]．2006．

[15] 中华人民共和国住房和城乡建设部．中国城市建设统计年鉴 2013[Z]．北京：中国统计出版社，2014．